高等职业教育机电类专业新形态教材

金属切削原理与刀具

主　编　夏云才　朱　宇
参　编　邹竹青　王　丹　郎雪刚

机械工业出版社

本书在编写过程中始终与机械设计与制造等装备制造大类专业岗位能力和专业课程需求紧密衔接，以职业能力为本位，以核心知识为中心组织教学内容。通过典型案例的应用构建相关理论知识体系，培养职业能力，并融合相关职业资格证书对知识、技能和素养的要求，以突出高等职业教育的特色。

本书共九章，主要内容包括金属切削基本定义、金属切削刀具材料、金属切削过程的基本规律、金属切削基本理论的应用、车刀及其选用、孔加工刀具及其选用、铣削与铣刀选用、磨削与砂轮、其他刀具简介。为便于教学与自学，每章均设有"本章小结""训练与实践"版块，同时配有多媒体教学资源，读者可以通过扫描二维码观看与相关内容配套的微课、动画等资源。

本书可作为高等职业院校机械类及近机械类相关专业的教学用书，也可供相关从业人员参考。

本书配套有电子课件，凡选用本书作为授课教材的教师可登录机械工业出版社教育服务网（http://www.cmpedu.com），注册后免费下载。咨询电话：010-88379375。

图书在版编目（CIP）数据

金属切削原理与刀具/夏云才，朱宇主编 .—北京：机械工业出版社，2022.9（2025.1 重印）

高等职业教育机电类专业新形态教材

ISBN 978-7-111-71456-9

Ⅰ.①金⋯ Ⅱ.①夏⋯ ②朱⋯ Ⅲ.①金属切削—高等职业教育—教材②刀具（金属切削）—高等职业教育—教材 Ⅳ.①TG501 ②TG71

中国版本图书馆 CIP 数据核字（2022）第 153792 号

机械工业出版社（北京市百万庄大街 22 号 邮政编码 100037）
策划编辑：于奇慧 责任编辑：于奇慧 赵文婕
责任校对：樊钟英 刘雅娜 责任印制：李 昂
北京中科印刷有限公司印刷
2025 年 1 月第 1 版第 5 次印刷
184mm×260mm · 14.75 印张 · 360 千字
标准书号：ISBN 978-7-111-71456-9
定价：45.00 元

电话服务 网络服务
客服电话：010-88361066 机 工 官 网：www.cmpbook.com
010-88379833 机 工 官 博：weibo.com/cmp1952
010-68326294 金 书 网：www.golden-book.com
封底无防伪标均为盗版 机工教育服务网：www.cmpedu.com

前言

　　"金属切削原理与刀具"课程是高等职业院校机械类相关专业的一门必修专业课程。随着国家经济技术的不断发展，装备制造行业也迎来快速发展的契机。高等职业院校的主要任务是培养应用技能型人才，为了更好地与企业衔接、建设好该课程，编者走访多家企业，了解企业对人才的素养和专业能力的综合要求，组建了校企合作的课程开发团队共同研究该课程内容。

　　本书在编写过程中始终与机械设计与制造等装备制造大类专业岗位能力和专业课程需求紧密衔接，以职业能力为本位，以核心知识为中心组织课程内容，让学生在学习理论知识的过程中，通过典型案例的应用完成相应的工作任务，培养其理论知识与实践能力相匹配的职业能力。同时注重教学内容的适量和实用性，并融合相关职业资格证书对知识、技能和素养的要求，突出了高等职业教育的特色。

　　本书由夏云才、朱宇任主编，负责全书统稿。具体编写分工为：夏云才编写第一、二、四、六、九章，朱宇编写第七章，邹竹青编写第八章，王丹编写第三章，大连华锐船用曲轴有限公司技术副总经理郎雪刚组织技术人员提供了案例支撑，并编写第五章。

　　在编写过程中，编者查阅了相关资料并得到了大连职业技术学院机械工程学院全体老师与大连华锐船用曲轴有限公司相关技术人员的大力支持，在此一并表示感谢。

　　由于编者水平有限，书中难免出现疏漏和不妥之处，请读者批评指正。

编　者

目录

第一章 金属切削基本定义

【学习目标】

◆ 掌握切削运动、加工表面切削用量、切削时间、切削层等基本概念。

◆ 掌握刀具的各组成部分，如主、副切削刃，前、后切削面，偏角和刃倾角等。

◆ 掌握刀具设计角度、工作角度和安装角度的关系。

◆ 能正确判别车刀各刃、各面、各种角度。

◆ 培养学生遵守劳动纪律以及规章制度的职业素养。

【本章要点】

金属切削加工就是用刀具切除被加工工件的多余材料，使工件达到图样规定的几何形状、尺寸精度和表面质量的机械加工方法。本章主要介绍金属切削过程中的基本概念，包括切削运动、切削用量、切削层参数、参考系（基面、切削平面、主剖面）、刀具设计角度、刀具工作角度等。

第一节 切削运动及切削参数

刀具是机械制造中用于切削加工的工具。常见的机械加工方法如图 1-1 所示。由于机械制造中使用的刀具基本上都用于切削金属材料，所以对"刀具"一词的理解通常为金属切削刀具。

一、切削运动

切削运动是指在金属切削过程中，刀具与工件之间的相对运动。金属切削机床的基本运动有直线运动和回转运动。但是，按切削时工件与刀具相对运动所起的作用的不同，可将其分为主运动和进给运动。

1. 主运动

主运动是直接切除工件上的多余材料，使之转变为切屑，从而形成工件新表面的运动。

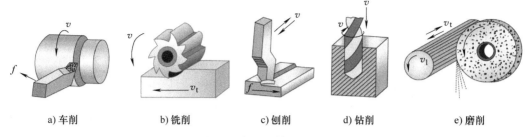

a) 车削   b) 铣削   c) 刨削   d) 钻削   e) 磨削

图 1-1　常见机械加工方法

主运动通常只有一个，且速度较高、消耗的功率较大。例如，车床上工件的旋转运动；使用龙门刨床刨削工件时，工件的直线往复运动；牛头刨床上刨刀的直线往复运动；铣床上的铣刀、钻床上的钻头和磨床上砂轮的旋转等都是切削加工时的主运动，如图 1-2 所示的 I 和图 1-3 所示的 v。

2. 进给运动

将工件上的多余材料不断投入切削区进行切削，以逐渐加工出完整表面所需的运动为进给运动。进给运动可以有一个或几个，也可能没有，且速度较低、消耗的功率较小。例如，车外圆时车刀纵向连续的直线运动；在牛头刨床上刨平面时，工件横向间断的直线移动；纵磨外圆时，工件的圆周进给运动和轴向直线进给运动等，如图 1-2 所示的 II 和图 1-3 所示的 f 或 v_f。

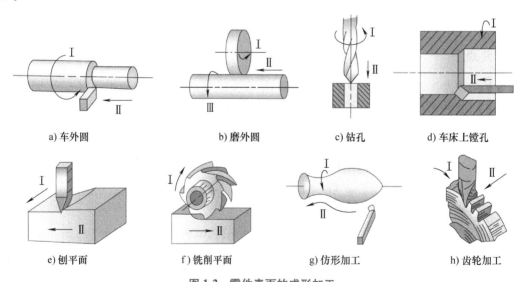

a) 车外圆   b) 磨外圆   c) 钻孔   d) 车床上镗孔

e) 刨平面   f) 铣削平面   g) 仿形加工   h) 齿轮加工

图 1-2　零件表面的成形加工

I—切削主运动　II—切削进给运动　III—圆周进给运动

二、工件表面

在切削加工中，随着切削层（加工余量）不断被刀具切除，工件上有三个变化着的表面，如图 1-3a、d 所示。

（1）待加工表面　工件上即将被切除的表面。

（2）已加工表面　工件上经刀具切削后产生的新表面。

（3）过渡表面　工件上由切削刃正在切削的表面，位于待加工表面和已加工表面之间，也称为加工表面或切削表面。

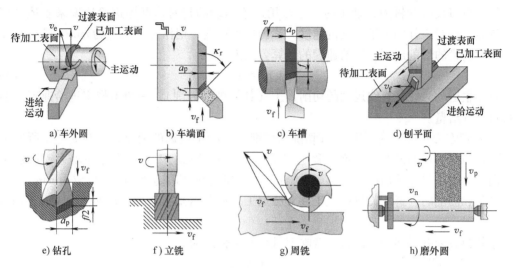

图 1-3　常见加工方法的加工表面、切削运动和切削用量

v—主运动　v_f—纵向进给运动　v_n—圆周进给运动　v_p—径向进给运动

须指出的是，在切削加工过程中，三个表面始终处于不断的变动之中：前一次进给运动的已加工表面，即为后一次进给运动的待加工表面；过渡表面则随进给运动的进行不断被刀具切除。

三、切削用量、切削层参数、切削时间与材料切除率

1. 切削用量

在生产中将切削速度、进给量和背吃刀量统称为切削用量。切削用量用于定量描述主运动、进给运动和投入切削的加工余量厚度。切削用量的选择直接影响材料切除率，进而影响生产率。有关定义如下。

微课：
切削用量

（1）切削速度 v_c　切削刃上选定点相对于工件的主运动的瞬时速度，称为切削速度，单位为 m/s 或 m/min。当主运动为旋转运动时，切削速度的计算公式为

$$v_c = \frac{\pi dn}{1000} \tag{1-1}$$

式中　d——切削刃选定点处刀具或工件的直径（mm）；

　　　n——主运动转速（r/s 或 r/min）。

动画：
切削用量
及选用原则

切削刃上各点的切削速度有可能不同，考虑到刀具的磨损和工件的表面加工质量，在计算时应以切削刃上各点中的最大切削速度为准。

（2）进给量 f　主运动的一个循环或单位时间内，刀具和工件沿进给运动方向的相对位移量，称为进给量。如图 1-1 所示，用单齿刀具（如车刀、刨刀）进行加工时，常用刀具或工件每转或每行程刀具在进给运动方向上相对工件的位移量来度量，称为每转进给量（mm/r）或每行程进给量（mm/str）。

对于齿数为 z 的多齿刀具（如钻头、铣刀），每转或每行程中每齿相对于工件在进给运动方向上的位移量，称为每齿进给量，记作 f_z，单位为 mm/z。显然有

$$f_z = f/z \tag{1-2}$$

用多齿刀具（如铣刀）加工时，也可用进给运动的瞬时速度即进给速度来表述。切削刃上选定点相对工件的进给运动的速度，称为进给速度，记作 v_f，单位为 mm/s 或 mm/min。对于连续进给的切削加工，进给速度的计算公式为

$$v_f = nf = n f_z z \tag{1-3}$$

对于主运动为往复直线运动的切削加工（如刨削、插削），一般不规定进给速度，但规定每行程进给量。

（3）背吃刀量 a_p 过实际参加切削的切削刃上相距最远的两点，且与 v_c、v_f 所确定的平面平行的两平面间的距离，称为背吃刀量（或在通过切削刃上选定点并垂直于该点主运动方向的切削层尺寸平面中，垂直于进给运动方向测量的切削层尺寸），单位为 mm。

车削和刨削时，背吃刀量就是工件上已加工表面和待加工表面间的垂直距离（图 1-1b、c、e）。

车外圆、内孔等回转表面时，背吃刀量的计算公式为

$$a_p = \frac{d_w - d_m}{2} \tag{1-4}$$

式中 d_w ——工件待加工表面的直径；

d_m ——工件已加工表面的直径。

2. 切削层参数

切削层为切削部分切过工件的一个单程所切除的工件材料层。切削层形状和尺寸直接影响刀具承受的负荷。为简化计算，规定切削层形状和尺寸在刀具基面（即切削层公称横截面）中度量。

如图 1-4 所示，当主、副切削刃为直线，且 $\lambda_s = 0°$、$\kappa_r = 0°$ 时，切削层公称横截面 $ABCD$ 为平行四边形；当 $\kappa_r = 90°$ 时，切削层公称横截面 $ABCD$ 为矩形。

切削层尺寸是指在刀具基面中度量的切削层长度与宽度，它与切削用量 a_p、f 大小有关。但直接影响切削过程的是切削层横截面及其厚度、宽度尺寸。它们的定义与符号如下。

（1）切削层公称厚度 h_D 简称切削厚度，是垂直于过渡表面度量的切削层尺寸，以 h_D 表示。其计算公式为

$$h_D = f \sin \kappa_r \tag{1-5}$$

（2）切削层公称宽度 b_D 简称切削宽度，是平行于过渡表面度量的切削层尺寸，以 b_D 表示。其计算公式为

$$b_D = a_p/\sin \kappa_r \tag{1-6}$$

（3）切削层公称横截面积 A_D 简称切削层横截面积，是在切削层尺寸平面里度量的横截面积，以 A_D 表示。其计算公式为

$$A_D = h_D b_D = f a_p \tag{1-7}$$

分析式（1-5）~式（1-7）可知：切削厚度与切削宽度随主偏角大小变化。当 $\kappa_r = 90°$ 时，$h_D = f$，$b_D = a_p$。A_D 只与切削用量 a_p、f 有关，不受主偏角的影响。但切削层横截面的形状与主偏角、刀尖圆弧半径大小有关。随主偏角的减小，切削厚度将减小，而切削宽度将

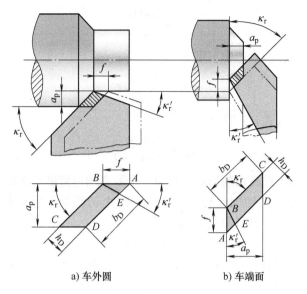

微课：
切削层

a) 车外圆　　　　　b) 车端面

图 1-4　切削层参数

增大。

按式（1-7）计算得到的 A_D 是公称横截面积，而实际切削横截面积为图 1-4b 中 $\square EBCD$ 的面积 A'，即

$$A' = A_D - \Delta A$$

式中　ΔA——残留面积，即图 1-4 所示 $\triangle ABE$ 的面积，它直接影响已加工表面的质量。

3. 切削时间与材料切除率

（1）切削时间 t_m（机动时间）　切削时直接改变工件尺寸和形状等工艺过程所需的时间，称为切削时间，以 t_m 表示，单位为 min。它是反映切削效率高低的一个指标。由图 1-5 可知，车外圆时 t_m 的计算公式为

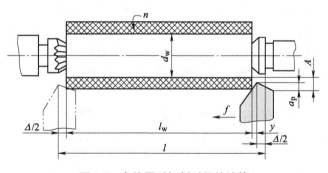

微课：
切削时间

图 1-5　车外圆时切削时间的计算

$$t_m = \frac{lA}{v_f a_p} \qquad (1-8)$$

式中　l——刀具行程长度（mm）；

　　　A——半径方向加工余量（mm）。

由式（1-1）可以求出转速 n 为

$$n = \frac{1000v_c}{\pi d} \tag{1-9}$$

将式（1-9）代入式（1-3）中，可得

$$v_f = \frac{1000\,v_c}{\pi d}f \tag{1-10}$$

再将式（1-10）代入式（1-8）中，可得

$$t_m = \frac{lA\pi d}{1000v_c a_p f} \tag{1-11}$$

由式（1-11）可知，提高切削用量中任何一个要素均可降低切削时间。

（2）材料切除率 Q 在切削过程中，单位时间内切除材料的体积，称为材料切除率，以 Q 表示，单位为 mm^3/s。其计算公式为

$$Q = 1000a_p f v_c \tag{1-12}$$

材料切除率是衡量切削效率的重要指标，切削用量的大小对其有直接影响。

第二节   刀具定义及理论角度

金属切削刀具种类繁多，结构各异，但各种刀具的切削部分的几何形状和参数都有共同特征。外圆车刀是最基本、最典型的刀具。本节将以车刀为例介绍刀具切削部分的基本定义。

一、刀具的组成

普通车刀由切削部分和刀柄两部分组成。切削部分用于切削，又称刀头；刀柄用于装夹。刀具切削部分由刀面、切削刃及刀尖组成，简称"三面两刃一尖"，如图1-6所示。

1. 刀面

（1）前刀面 A_γ（前面）   刀具上切屑流过的表面，称为前刀面。

（2）后面、主后面 A_α 与工件上切削中产生的表面相对的表面，称为后面。与工件上过渡表面相对并相互作用的表面，称为主后面。

动画：
刀具组成

（3）副后面 A'_α 与工件已加工表面相对的表面，称为副后面。

2. 切削刃

（1）主切削刃 S 前刀面与主后面的交线，称为主切削刃。

（2）副切削刃 S' 前刀面与副后面的交线，称为副切削刃。

3. 刀尖

主切削刃和副切削刃汇交的一小段切削刃，称为刀尖。通常以圆弧或短直线出现，以提高刀具的寿命。

微课：
刀具组成
与参考系

由于切削刃不可能刃磨得很锋利，总有一些刃口圆弧，例如刀楔的放大部分如图1-7a所示。刃口的锋利程度用在主切削刃上的法平面 p_n—p_n 中切削刃钝圆半径 r_n 来表示，一般高速钢刀具的 r_n 为 $0.01 \sim 0.02mm$，硬质合金刀具的 r_n 为 $0.02 \sim 0.04mm$。

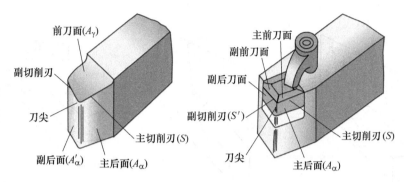

图 1-6 车刀切削部分的组成

为了提高刃口强度以满足不同加工要求，在前刀面和后刀面上均可磨出倒棱面 $A_{\gamma1}$、$A_{\alpha1}$，如图 1-7a 所示。$b_{\gamma1}$ 是前刀面 $A_{\gamma1}$ 的倒棱宽度；$b_{\alpha1}$ 是后刀面 $A_{\alpha1}$ 的倒棱宽度。

为了改善刀尖的切削性能，常将刀尖做成修圆刀尖或倒角刀尖，如图 1-7b 所示。其参数包括刀尖圆弧半径 r_ε（基面上测量的刀尖倒圆的公称半径）、刀尖倒角长度 b_ε 和刀尖倒角偏角 κ_{r1}。

不同类型的刀具，其刀面和切削刃数量不同，但组成刀具的最基本单元是两个刀面汇交形成的一个切削刃，简称"两面一刃"。任何复杂的刀具都可将其作为一个基本单元进行分析。

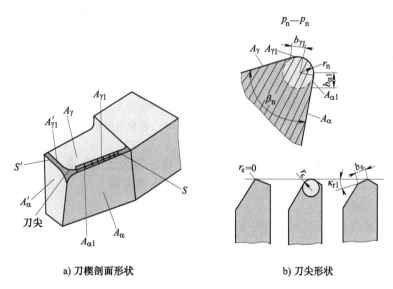

a) 刀楔剖面形状　　　　b) 刀尖形状

图 1-7 刀楔和刀尖形状参数

二、刀具角度参考系、刀具结构和几何参数

为了确定刀具切削部分的几何形状和角度，即确定各刀面和切削刃的空间位置，必须建立一个空间坐标系。ISO 标准推荐参考系有三种，即正交平面参考系、法平面参考系、假定工作平面与背平面参考系，如图 1-8 所示。

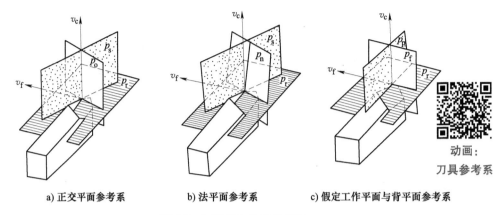

a) 正交平面参考系   b) 法平面参考系   c) 假定工作平面与背平面参考系

动画:
刀具参考系

图 1-8　刀具标注角度参考系

1. 正交平面参考系

正交平面参考系由以下三个平面组成。

（1）基面 p_r　通过切削刃上所选定的点，平行或垂直于刀具上的安装面（或轴线）的平面，称为基面。车刀切削刃上各点的基面可理解为平行刀具底面的平面。

（2）切削平面 p_s　通过切削刃上所选定的点与切削刃相切，并垂直于基面的平面，称为切削平面。

（3）正交平面 p_o　通过切削刃上所选定的点，同时垂直于切削平面与基面的平面，称为正交平面。

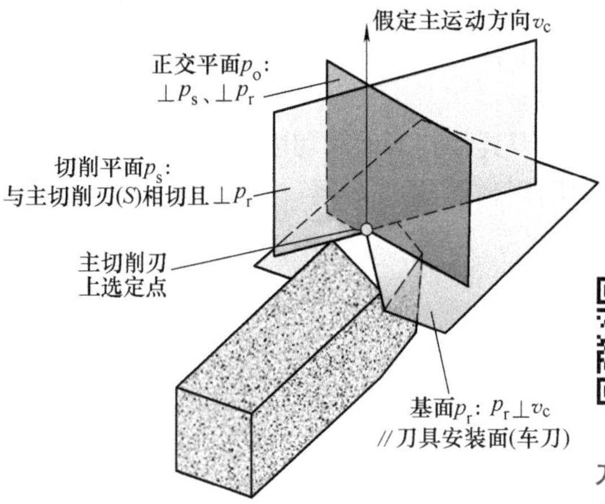

正交平面 p_o:
$\perp p_s$、$\perp p_r$

切削平面 p_s:
与主切削刃(S)相切且 $\perp p_r$

主切削刃
上选定点

假定主运动方向 v_c

基面 p_r: $p_r \perp v_c$
// 刀具安装面(车刀)

微课:
刀具参考系
与刀具角度

图 1-9　正交平面参考系

在图 1-9 中，过切削刃某一点，可以建立正交平面参考系。

2. 法平面参考系

法平面参考系由 p_r、p_s、p_n 三个平面组成。

p_r、p_s 与正交平面参考系的定义一样，法平面 p_n 为通过切削刃上某选定的点，并垂直于切削刃的平面，如图 1-10 所示。

3. 假定工作平面与背平面参考系

假定工作平面与背平面参考系由 p_r、p_f、p_p 三个平面组成。

（1）假定工作平面 p_f　通过切削刃上选定的点，平行于假定进给运动方向并垂直于基面的平面，称为假定工作平面，如图 1-11 所示。

（2）背平面 p_p　通过切削刃上选定的点，既垂直于假定工作平面又垂直于基面的平面，称为背平面，如图 1-11 所示。

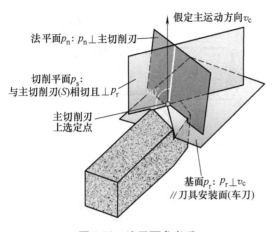

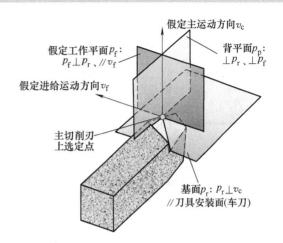

图 1-10 法平面参考系 　　　　图 1-11 假定工作平面与背平面参考系

三、刀具角度定义

描述刀具的几何形状，除必要的尺寸外都采用刀具角度。在各类参考系中最基本的刀具角度有四种类型，即前、后、偏、倾四类。

1. 正交平面参考系刀具角度

（1）前角 γ_o　在正交平面中测量的前刀面与基面间的夹角，称为前角。

（2）后角 α_o　在正交平面中测量的后刀面与切削平面间的夹角，称为后角。

（3）副后角 α_o'　在副正交平面测量的副后刀面与副切削平面间的夹角，称为副后角。

（4）主偏角 κ_r　在基面中测量的主切削平面与假定工作平面间的夹角，称为主偏角。

动画：

刀具角度

（5）副偏角 κ_r'　在基面中测量的副切削平面与假定工作平面间的夹角，称为副偏角。

（6）刃倾角 λ_s　在主切削平面中测量的主切削刃与基面间的夹角，称为刃倾角。

刀具角度标注符号下标所用的英语小写字母，应与测量该角度用的参考系平面符号下标一致。例如 r 就表示 p_r 平面，s 就表示 p_s 平面，o 表示在 p_o 平面，n 表示在 p_n 平面，f 表示在 p_f 平面，p 表示在 p_p 平面。副切削刃的角度或所在平面在右上角加一撇以示区别。

前角 γ_o 是在正交平面 p_o—p_o 中测量的前刀面 A_γ 和基面 p_r 间的夹角，如图 1-12 所示。

后角 α_o 是在正交平面 p_o—p_o 中测量的后刀面 A_α 和切削平面 p_s 间的夹角，如图 1-13 所示。

主偏角 κ_r 是在基面 p_r 中测量的主切削平面 p_s 和假定工作平面 p_f 间的夹角，如图 1-14 所示。副偏角 κ_r' 是在基面 p_r 中测量的副切削刃平面 p_s' 和假定工作平面 p_f 间的夹角，如图 1-14 所示。

刃倾角 λ_s 是在主切削平面 p_s 中测量的主切削刃 S 与基面 p_r 间的夹角，如图 1-15 所示。

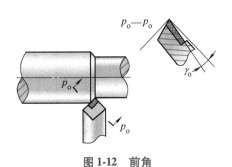

图 1-12　前角

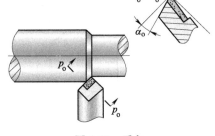

图 1-13　后角

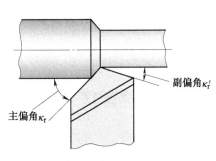

图 1-14　主偏角和副偏角

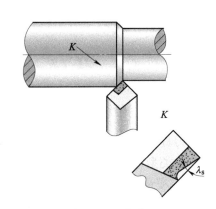

图 1-15　刃倾角

对于一般车刀而言，依据上述的刀具角度就能确定其三个刀面在空间的位置，其中前角 γ_o 和刃倾角 λ_s 确定了前刀面的方位，主偏角 κ_r 和后角 α_o 确定了主后刀面的方位，副偏角 κ_r' 和副后角 α_r' 确定了副后刀面的方位，而主偏角 κ_r 和刃倾角 λ_s 确定了主切削刃的方位，副偏角 κ_r' 和前角 γ_o 确定了副切削刃的方位。以上我们称之为刀具的基本角度，又称为静止角度或设计角度或标准角度。

此外，为了比较切削刃和刀尖的强度，还定义了刀具上的其他角度，它们属于派生角度。

（1）楔角 β_o　在正交平面内测量的前刀面和后刀面间的夹角，称为楔角，如图 1-16 所示。其计算公式为

$$\beta_o = 90° - (\gamma_o + \alpha_o) \quad (1\text{-}13)$$

（2）刀尖角 ε_r　在基面投影中，主切削刃和副切削刃间的夹角称为刀尖角，如图 1-16 所示。其计算公式为

$$\varepsilon_r = 180° - (\kappa_r + \kappa_r') \quad (1\text{-}14)$$

2. 刀具在其他参考系的标注角度

刀具几何形状除用正交平面参考系表

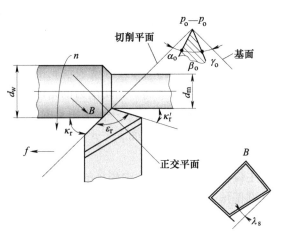

图 1-16　车刀的标注角度

示之外，还可以根据设计和工艺的需要选用其他参考系，其标注角度通过换算可得到。

（1）刀具在法平面参考系中的标注角度　刀具在法平面参考系中的标注角度基本上和正交平面参考系相类似，在基面和切削平面内测量的角度 ε_r、λ_s、κ_r 是相同的，只需将主剖面的角度 γ_o、α_o、β_o 改为法平面内的法前角 γ_n、法后角 α_n 和法楔角 β_n，如图 1-17 所示。

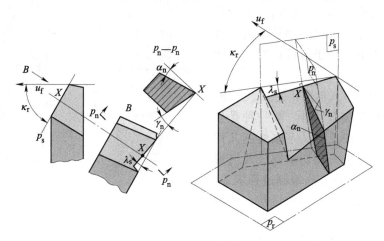

图 1-17　法平面参考系刀具角度

车刀主切削刃在正交平面和法平面内的角度有以下换算关系

$$\tan\gamma_n = \tan\gamma_o\cos\lambda_s \tag{1-15}$$

$$\cot\alpha_n = \cot\alpha_o\cos\lambda_s \tag{1-16}$$

（2）刀具在假定工作平面与背平面参考系中的标注角度　除在基面上测量的角度与上述相同外，前角、后角和楔角分别在假定工作平面内和背平面中测量，故有侧前角 γ_f、侧后角 α_f、背前角 γ_p、背后角 α_p，如图 1-18 所示。

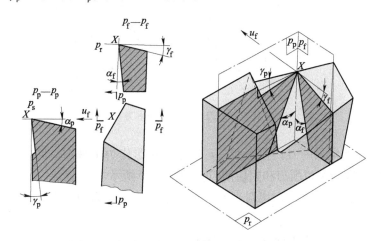

图 1-18　假定工作平面与背平面参考系刀具角度

3. 刀具角度正负值的规定

如图 1-19 所示，前刀面与基面平行时前角为 0°；前刀面与切削平面间夹角小于 90° 时，前角为正值；前刀面与切削平面间夹角大于 90° 时，前角为负值。后刀面与基面间夹角小于

90°时，后角为正值；后刀面与基面间夹角大于90°时，后角为负值。刃倾角是主切削刃与基面间的夹角，是在切削平面中测量的，其正负的判断方法与前角类似。切削刃与基面（车刀底平面）平行时，刃倾角为0°；刀尖相对车刀的底平面处于最高点时，刃倾角为正值；处于最低点时，刃倾角为负值。

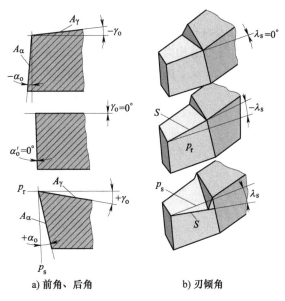

a) 前角、后角   b) 刃倾角

图 1-19　刀具角度正负值的规定

4. 车刀切削部分几何形状的图示方法

绘制刀具的方法有两种。第一种是投影作图法，即严格按投影关系来绘制几何形状，是认识和分析刀具切削部分几何形状的重要方法，但是该方法绘制过程烦琐，一般较少使用；第二种是简单画法，使用该方法绘制时，视图间大致符合投影关系，但角度与尺寸必须按比例绘制，如图 1-20 所示，这是一种常用的刀具绘制方法。

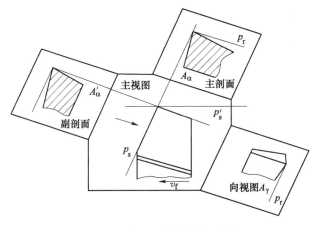

图 1-20　车刀几何角度图示方法

（1）主视图　通常采用刀具在基面（p_r）中的投影作为主视图。同时必须标注进给运动方向，以确定或判断主切削刃和副切削刃，如图 1-20 所示。

（2）向视图　通常取刀具在切削平面（p_s）中的投影作为向视图，此处要注意其放置位置。

（3）剖面图　包括正交平面（p_o）和副正交平面（p_o'）。

第三节　刀具的工作角度

前述刀具的标注角度是在假定运动条件和假定安装条件下建立的角度，而在切削过程中，不仅有主运动还有进给运动，刀具在机床上的安装位置也有可能发生变化，则刀具的参考系也将发生变化。为了较合理地分析刀具工作时的实际角度，提出了刀具工作参考系和工作角度。

一、工作参考系及工作角度

1. 工作参考系

刀具安装位置和切削合成运动方向的变化，都会引起刀具工作角度的变化。因此，研究切削过程中的刀具角度，必须以刀具与工件的相对位置和相对运动为基础建立参考系，这种参考系称为工作参考系。用工作参考系定义的刀具角度，称为工作角度。

国家标准 GB/T 12204—2010《金属切削 基本术语》推荐了三种刀具工作坐标系，即工作正交平面参考系 p_{re}、p_{se}、p_{oe}，工作背平面参考系 p_{re}、p_{fe}、p_{pe}，工作法平面参考系 p_{re}、p_{se}、p_{ne}。其中应用最多的是工作正交平面参考系。刀具工作参考系如图 1-21 所示。

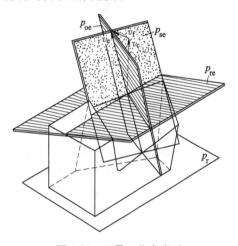

图 1-21 刀具工作参考系

其定义如下：

（1）工作基面 p_{re} 通过切削刃选定点且垂直于合成切削速度方向的平面，称为工作基面。

（2）工作切削平面 p_{se} 通过切削刃选定点与切削刃相切且垂直于工作基面的平面，称为工作切削平面。该平面包含合成切削速度方向。

（3）工作正交平面 p_{oe} 通过切削刃选定点并同时垂直于工作切削平面与工作基面的平面，称为工作正交平面。

2. 刀具工作角度

刀具工作角度的定义与标注角度类似，它是前刀面、后刀面与工作参考系平面的夹角。工作角度包括工作前角 γ_{oe}、工作后角 α_{oe}、工作主偏角 κ_{re}、工作刃倾角 λ_{se}、工作侧前角 γ_{fe}、工作侧后角 α_{fe}、工作背前角 γ_{pe}、工作背后角 α_{pe}。

动画：
刀具工作参
考系及其
几何参数

二、刀具安装对工作角度的影响

1. 刀柄偏斜对工作主、副偏角的影响

如图 1-22 所示，车刀随四方刀架逆时针转过一定角度 θ 后，工作主偏角将增大，工作副偏角将减小。例如，若取 $\theta = \kappa_r'$，则车刀的工作副偏角 κ_{re}' 就等于 0°。

2. 切削刃安装高低对工作前角、工作后角的影响

如图 1-23 所示，车刀切削刃选定点 A 高于工件中心 h 时，将引起工作前角、工作后角的变化。不论是由刀具安装引起的，还是由刃倾角引起的，只要切削刃选定点不在工件中心高度上，则点 A 的切削速度方向就不与刀柄底面垂直。若工作参考系平面 p_{se}、p_{re} 转过了一定角度 ε，则工作前角就增大 ε，工作后角就减小 ε。角度的计算公式为

$$\sin \varepsilon = 2h/d \tag{1-17}$$

式中 d——选定点 A 处工件的直径。

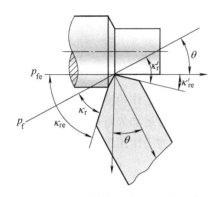

图1-22　刀柄偏斜对工作主、副偏角影响

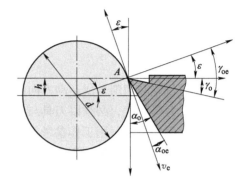

图1-23　切断时切削刃高于工件中心
对工作前角、工作后角的影响

同理，切削刃选定点 A 低于工件中心 h 时，h 与 ε 为负值，将引起工作前角减小、工作后角增大。加工内表面时，情况与加工外表面相反。不难看出：工作前角、工作后角的变化量 ε 与 h 成正比，与工件直径 d 成反比。因此，加工直径较小的零件时，例如切断到近中心处，或钻头近中心切削刃，即使将 h 值控制得很小，由于 d 值很小，引起的角度变化 ε 也不能忽略。而加工直径较大的零件时，ε 的影响可忽略不计。

三、进给运动对工作角度的影响

1. 进给运动方向与工件旋转轴线不平行时对工作主、副偏角的影响

图1-24所示为车削外圆锥面的情况。由于刀具进给方向沿工件轴线偏转了 μ（圆锥半角），所以工作主偏角减小，工作副偏角增大。

2. 纵向进给运动方向对工作前角、工作后角的影响

纵向进给车削外圆时，切削合成运动产生的加工轨迹为阿基米德螺线，如图1-25所示。过主切削刃上选定点 A 的加工表面的螺旋升角为 η，有

$$\tan\eta = f/\pi d \tag{1-18}$$

由于在假定工作平面 p_f 中加工表面倾斜了一定角度 η，所以在 p_f 中工作后角减少了 η，工作前角增加了 η。

以上讨论的刀具工作角度是单独考虑一个因素的影响，实际工作中的刀具可能既有安装的偏斜或高低，又有进给运动的影响。此时应综合考虑各项影响的结果，将各项结果叠加起来。

例如图1-26所示的梯形螺纹车刀，由于车螺纹时合成切削速度方向的变化，使加工表面倾斜了螺旋面螺纹升角 T。但若在安装刀头时绕刀柄轴线转过一定角度 L，并令 $L=T$，则这两项对工作前角、工作后角的影响正好抵消，工作前角、工作后角仍相当于刃磨的前角和后角，这就是图1-26b所示车削梯形螺纹使用的可转位刀架的设计原理。

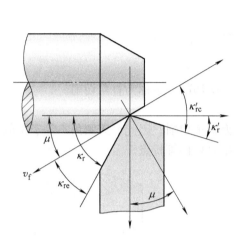

图1-24 进给运动方向对工作主、
副偏角的影响

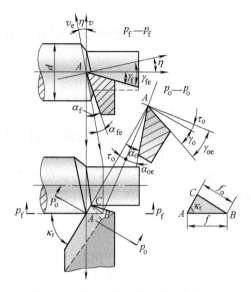

图1-25 纵向车削外圆时的工作前角、
工作后角

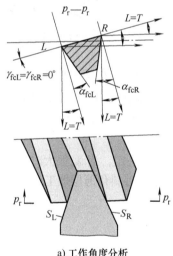

a) 工作角度分析

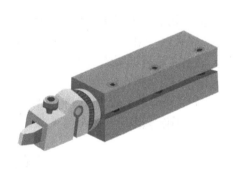

b) 可转位刀架

图1-26 梯形螺纹车刀的工作前角、工作后角

第四节 切削方式

一、自由切削与非自由切削

1. 自由切削

只有一个主切削刃参加切削的情况，称为自由切削。自由切削时切削变形过程比较简单，它是进行切削试验研究常用的方法。

2. 非自由切削

主、副切削刃同时参加切削的情况，称为非自由切削。在实际切削中，通常都是非自由切削。

二、正交切削（直角切削）与非正交切削（斜角切削）

1. 正交切削

切削刃与切削速度方向垂直的切削方式，称为正交切削，也称为直角切削。

2. 非正交切削

切削刃不垂直于切削速度方向的切削方式，称为斜角切削。因此，刃倾角不等于零的刀具均属于斜角切削刀具。斜角切削具有刃口锋利、排屑轻快等特点。

三、实际前角

切削过程中实际起作用的前角，称为实际前角。它是包含切屑流出的方向并在与基面垂直的平面中测量的前刀面与基面的夹角。斜角切削时切屑流出方向有较大的偏转，实际前角有明显的增大。图 1-27 所示为斜角切削的情况，图中 $\triangle OAD$ 是过主切削刃 OO' 上点 O 所作的基面 p_r，$\triangle OAB$ 是过主切削刃 OO' 上点 O 所作的法平面 p_n。

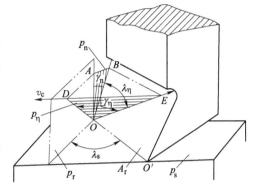

图 1-27　斜角切削与实际前角

$\triangle ODE$ 是包含切屑流出方向 OE 与切削速度方向 ED 的排屑平面，用符号 p_η 表示。在 p_η 内测量的前角（OE 与 OD 间夹角）即为实际前角，记作 γ_η。由实验可证明流屑角 $\lambda_\eta \approx \lambda_s$，从几何关系可推证如下公式

$$\sin\gamma_\eta = \sin\gamma_n\cos2\lambda_s + \sin2\lambda_s \tag{1-19}$$

分析式（1-19）可知：λ_s 较小时，γ_η 主要由法前角 γ_n 决定，当 λ_s 很大时，γ_η 主要由 λ_s 决定。当 $\lambda_s > 75°$ 时，不论 γ_n 多小，γ_η 都与 λ_s 接近。这就是大刃斜角薄层加工刀具的原理之一。

典型案例及应用

1. 切削用量计算

[案例 1-1]　车削图 1-28 所示的零件，试分析车削加工 $\phi 63_{-0.05}^{0}$ mm 的外圆、螺纹退刀槽及加工 M48×1.5-6g 螺纹时，切削运动的组成是什么？以 189m/min 的切削速度精车 $\phi 63_{-0.05}^{0}$ mm 外圆时，车床主轴的转速应该是多少？如果进给量为 0.1mm/r，则刀架移动速度是多少？

解：1）切削运动组成分为主运动及进给运动，主运动为工件旋转运动，进给运动是车刀车外圆、螺纹、退刀槽时横向或纵向的移动。

2）根据式（1-1）得

$$n = 1000\,v_c/\pi d = 1000 \times 189/3.14 \times 63\,(\mathrm{r/min}) \approx 955\,(\mathrm{r/min})$$

车床主轴的转速为 955r/min。

3）根据式（1-3）

$$v_f = nf$$
$$= 955 \times 0.1 \mathrm{mm/min} \approx 1.6 \mathrm{mm/s}$$

即刀架移动速度为 1.6mm/s。

2. 切削时间计算

［案例 1-2］ 如图 1-28 所示，夹持工件右端粗车 $\phi 63_{-0.05}^{0}$ mm 外圆，若 $a_p =$ 2.5mm，$f = 0.5$mm/r，车床主轴转速 $n =$ 630r/min，车削长度为 48mm。试问车削外圆的切削时间（机动时间）为多少？

解：在车削外圆表面时，其机动时间为

$$t_m = \frac{lA\pi d}{100 v_c a_p f}$$

上式中 $l = 48 + \Delta$，且一般取 $\Delta = 3 \sim 5$mm。

如果一次走刀，其计算公式应为

$$t_m = \frac{l\pi d}{1000 v_c f} = \frac{l}{nf} = \frac{48 + 3}{630 \times 0.5} \mathrm{min}$$
$$\approx 0.16 \mathrm{min} = 9.6 \mathrm{s}$$

工时定额是工厂用于生产调度管理和核算工人收入的一个重要依据，计算切削时间是确定工时定额的主要内容之一。

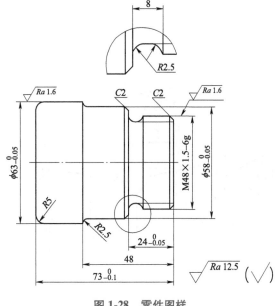

图 1-28 零件图样

3. 车刀角度绘制

（1）90°外圆车刀的绘制

1）结构分析。所谓 90°外圆车刀是指该车刀主偏角为 90°，主要用于纵向进给车削外圆，尤其适用于刚性较差的细长轴类零件的车削加工。该车刀共有三个刀面，即前刀面、后刀面和副后刀面；需要标注 6 个独立角度，即前刀面控制角前角和刃倾角，后刀面控制角后角和主偏角，副后刀面控制角副后角和副偏角。

2）绘制方法。

①画出刀具在基面中的投影，取主偏角为 90°，并标注进给运动方向，以明确后刀面与副后刀面、主切削刃与副切削刃的位置，标注主偏角 90°和副偏角角度。

②画出切削平面（向视图）中主切削刃的投影，注意放置位置，并标注出刃倾角。

③画出正交平面内的前角、后角，副正交平面内的副后角。

④标注相应角度数值（此处用符号表示），如图 1-29 所示。

（2）切断刀的绘制

1）结构分析。切断刀采用横向进给方式对工件进行切削加工，主要用于工件的车槽或切断。切断刀共有四个刀面：一个前刀面、一个后刀面、两个副后刀面。切断刀有左右两个刀尖，一条主切削刃，两条副切削刃。切断刀可以看作是两把端面车刀的组合，进刀时同时切削左右两个端面。由于它有四个刀面，所以需要标注 8 个独立角度：控制前刀面的前角和刃倾角，控制后刀面的主偏角和后角，控制左、右副后刀面的两个副偏角和两个副后角。

2）绘制方法。绘制步骤与外圆车刀相同，如图 1-30 所示。需要指出的是，切断刀有两个副后刀面，需要画出两个副正交平面。

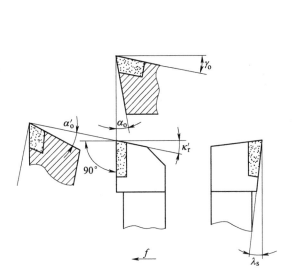

图 1-29　90°外圆车刀的绘制

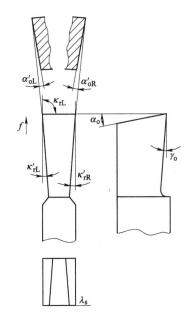

图 1-30　切断刀的绘制

本 章 小 结

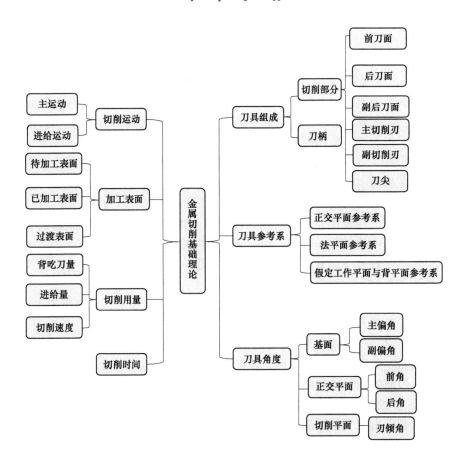

训练与实践

1. 填空题

（1）将工件上的被切削层转化成切屑所需要的运动是_____。

（2）切削加工时与_____的相对运动称为切削运动。

（3）切削运动分为_____和_____两类。

（4）工件在切削过程中形成三个不断变化着的表面，即_____表面、_____表面和_____表面。

（5）切削用量是衡量_____和_____大小的参数，包括_____、_____、_____三个要素。

（6）描述金属切屑层的参数有_____、_____及_____。

（7）车削外圆时，当主、副切削刃为直线，刃倾角为0°。主偏角小于90°时，切削层横截面为_____形。

（8）当刃倾角为0°，主偏角为90°，切削深度为5mm，进给量为0.4mm/r时，切削宽度是_____，切削厚度是_____，切削面积是_____。

（9）普通外圆车刀的切削部分可由_____、_____、_____来加以概括。

（10）刀具上切屑所流经的表面称为_____，与工件上加工表面相对的刀具表面称为_____，而_____是指与工件上已加工表面相对的刀具表面。

（11）控制前刀面方位的刀具角度是_____和_____，控制后刀面方位的刀具角度是_____和_____，控制副后刀面方位的刀具角度是_____和_____。

（12）刀具几何角度是确定刀具切削部分_____和_____的重要参数。

（13）用来确定刀具几何角度的参考系有两大类：_____参考系和_____参考系。

（14）刀具的六个基本角度是_____、_____、_____、_____、_____与_____。

（15）由于进给运动的影响，工作时_____和_____的位置发生了变化，引起工作角度也发生了变化。

（16）车刀安装位置的高低会引起车刀_____和_____的变化。

2. 判断题

（1）使新的切削层不断投入切削的运动称为主运动。　　　　　　　　（　　）

（2）切削用量就是用来表征切削运动大小的参数，是金属切削加工之前操作者调整机床的依据。　　　　　　　　　　　　　　　　　　　　　　　　　　　　（　　）

（3）无论采用哪种切削加工方式，其主运动往往不止一个。　　　　　（　　）

（4）工件的旋转速度就是切削速度。　　　　　　　　　　　　　　　（　　）

（5）工件每转一分钟，车刀沿着进给方向运动的距离称为进给量。　　（　　）

（6）由于在切削刃上各点相对于工件的旋转半径不同，所以切削刃上各点的切削速度也不同。　　　　　　　　　　　　　　　　　　　　　　　　　　　　（　　）

（7）主运动的特征是速度高，消耗功率大。　　　　　　　　　　　　（　　）

（8）进给运动的速度较低，消耗功率小，进给运动可以是一个、两个或多个。（　　）

（9）进给量是衡量进给运动大小的参数。 （　　）

（10）车削时，工件的旋转运动是主运动；刨削时，刨刀的往复直线运动是主运动。

（　　）

（11）切削面积由切削深度和进给量决定。 （　　）

（12）切屑层的参数通常在平行于主运动方向的基面内测量。 （　　）

（13）从结构上看，任何车刀切削部分的组成可概括为"三面两刃一尖"。 （　　）

（14）车刀的切削平面是通过切削刃并垂直于基面的平面。 （　　）

（15）在正交平面内度量的基面与前刀面间的夹角是刀具的前角，有正负之分。（　　）

（16）在正交平面内度量的后刀面与切削平面间的夹角是刀具的后角，有正负之分。

（　　）

（17）刀具几何参数对切削过程中的切削变形、切削力、切削温度、刀具磨损及工件的加工质量都有重要影响。 （　　）

（18）当刀具后角不变时，增大前角，使楔角增大，刀具强度提高。 （　　）

（19）由于进给运动在合成切削运动中所起的作用很小，通常可用标注角度代替工作角度。 （　　）

3. 选择题

（1）在各种切削加工中，（　　）只有一个。

    A. 切削运动 　　　　　　 B. 主运动 　　　　　　 C. 进给运动

（2）主切削刃正在切削着的表面称为（　　）表面。

    A. 已加工 　　　　　　 B. 待加工 　　　　　　 C. 过渡

（3）车削加工的切削运动形式属于（　　）。

    A. 工件转动，刀具移动 　　　 B. 工件转动，刀具往复运动

    C. 工件不动，刀具作回转运动

（4）（　　）的大小直接影响刀具主切削刃的工作长度，反映其切削负荷的大小。

    A. 切削深度 　　　　　　 B. 进给量 　　　　　　 C. 切削速度

（5）切削厚度与切削宽度随刀具（　　）大小的变化而变化。

    A. 前角 　　　　　　 B. 后角 　　　　　　 C. 主偏角

（6）定义刀具标注角度的参考系是（　　）。

    A. 标注参考系 　　　　　 B. 工作参考系 　　　　 C. 直角坐标系

（7）刃倾角是在（　　）内测量的基本角度。

    A. 基面 　　　　　　 B. 切削平面 　　　　　 C. 正交平面

（8）主切削刃和副切削刃在基面上投影的夹角称为（　　）。

    A. 前角 　　　　　　 B. 刃倾角 　　　　　　 C. 刀尖角

（9）在基面内测量的角度有（　　）。

    A. 前角和后角 　　　　　 B. 刃倾角 　　　　　 C. 副偏角

（10）当刀尖处在切削刃的最高位置时，刃倾角取（　　）；当主切削刃与基面平行时，刃倾角取（　　）。

    A. 正、负 　　　　　　 B. 负、正 　　　　　　 C. 正、零

（11）切断过程中，随着工件直径减小，车刀的工作后角（　　）。

　　　A. 减小　　　　　　　　　B. 增大　　　　　　　　C. 不变

4. 简答题

（1）切削用量包括哪几个参数？指出各参数的含义。

（2）什么是主运动？什么是进给运动？它们之间有什么区别？

（3）切削运动有哪些形式？请举例说明。

（4）已知外圆车刀的几何角度：主偏角 = 90°、副偏角 = 25°、前角 = 8°、后角 = 5°、刃倾角 = -3°，试画出刀具切削部分的几何角度。

5. 计算题

（1）车削 ϕ60mm 的钢件外圆，已知车床主轴转速为 400r/min，若采用同样的切削速度精车 ϕ40mm 的外圆，试完成以下任务：

　　①计算车削 ϕ60mm 外圆的切削速度。

　　②计算车削 ϕ40mm 外圆的主轴转速。

（2）车削 ϕ50mm 的轴，现要一次进给车至 ϕ42mm，若车床主轴转速为 100r/min，则切削深度及切削速度各是多少？

（3）钻 ϕ40mm 的孔，若钻头转速为 200r/min，试求切削深度及切削速度。

2

第二章　金属切削刀具材料

【学习目标】

◆ 掌握各种刀具材料及性能。
◆ 掌握各种刀具材料的适用性。
◆ 能根据加工条件的不同合理选择刀具材料。

【本章要点】

本章主要介绍刀具材料应具备的性能、常用刀具材料（高速钢、硬质合金）和其他刀具材料（涂层、陶瓷、人造金刚石、立方氮化硼）。在切削过程中，刀具直接切除工件上的余量并形成已加工表面，刀具材料对金属切削的生产率、成本和质量有很大的影响，因此要重视刀具材料的正确选择与合理使用。

第一节　刀具材料应具备的性能和种类

一、刀具材料应具备的性能

在切削过程中，刀具和工件直接接触的切削部分要承受极大的切削力，尤其是切削刃及紧邻的前、后刀面长期处在切削高温环境中工作，并且切削过程中的各种不均匀和不稳定因素还将对刀具切削部分造成不同程度的冲击和振动。例如，切削钢材时，切屑对前刀面的挤压应力高达 2~3MPa；高速切削钢材时，切屑与前刀面接触区的温度常保持在 800~900℃ 范围内，中心区甚至超过 1000℃。为了适应如此繁重的切削负荷和恶劣的工作条件，刀具材料应具备以下几方面性能。

1. 足够的硬度和耐磨性

硬度是刀具材料应具备的基本性能。刀具的硬度应高于工件材料的硬度，其常温硬度一般要求在 60HRC 以上。

耐磨性是指材料抵抗磨损的能力。它与材料的硬度、强度和组织结构有关。材料硬度越高，耐磨性越好；若组织中碳化物和氮化物等硬质点的硬度越高、颗粒越小、数量越多且分布越均匀，则耐磨性越好。

2. 足够的强度与韧性

切削时刀具要承受较大的切削力、冲击力和振动。为避免崩刀和折断，刀具材料应具有足够的强度和韧性。材料的强度和韧性通常用抗弯强度和冲击韧度表示。

3. 较高的耐热性和传热性

耐热性是指刀具材料在高温下保持足够的硬度、耐磨性、强度和韧性、抗氧化性、抗黏结性和抗扩散性的能力（亦称为热稳定性）。通常把材料在高温下仍保持高硬度的能力称为热硬性（又称为高温硬度），它是刀具材料保持切削性能的必备条件。刀具材料的高温硬度越高，耐热性越好，允许的切削速度越高。

刀具材料的传热系数大，有利于将切削区的热量传出，降低切削温度。

4. 较好的工艺性和经济性

为了便于刀具的加工与制造，刀具材料要有良好的工艺性能，如热轧、锻造、焊接、热处理和机械加工等性能。刀具材料的选用应立足于本国资源，注意经济效益，力求价格低廉。

应当指出，上述几项性能之间可能相互矛盾（如硬度高的刀具材料，其强度和韧性较低）。没有一种刀具材料能具备所有性能的最佳指标，而是各有所长。因此，在实际应用中，应根据具体的加工对象合理选用刀具材料。

二、刀具材料的类型

1. 刀体材料

一般刀体均用普通碳钢或合金钢制作。例如，焊接车刀和镗刀的刀柄，钻头和铰刀的刀体常用45钢或40Cr制造。尺寸较小的刀具或切削负荷较大的刀具宜采用合金钢或高速工具钢整体制成，如螺纹刀具、成形铣刀和拉刀等；尺寸较小的精密刀具，如小镗刀和小铰刀，也可用硬质合金整体制成。

机夹、可转位硬质合金刀具，镶硬质合金钻头，可转位铣刀等可用合金工具钢（如9SiCr或GCr15等）制成刀体。

2. 切削部分材料

常用的刀具材料分三大类：工具钢（包括碳素工具钢、合金工具钢、高速钢），硬质合金和超硬刀具材料。一般机加工使用最多的是高速钢与硬质合金。各类刀具材料的硬度与韧性如图2-1所示。一般情况下，硬度越高者可允许的切削速度越高，而韧性越高者，其抗冲击能力越强。

工具钢耐热性差，但抗弯强度高，价格低廉，焊接与刃磨性能好，故广泛用于中、低速切削的复杂刀具或成形刀具，不宜用于高速切削的刀具。硬质合金耐热性好，切削效率高，但其强度和韧性不及工具钢，焊接与刃磨性能也比工具钢差，多用于制作车刀、铣刀及各种高效切削刀具。

2004年国际标准化组织在国际标准 ISO 513：2004（对应我国的国家标准为 GB/T 2075—2007《切削加工用硬切削材料的分类和用途　大组和用途小组的分类代号》）中对切削加工用硬质合金及一些新型刀具材料采用颜色管理法进行标示，见表2-1。

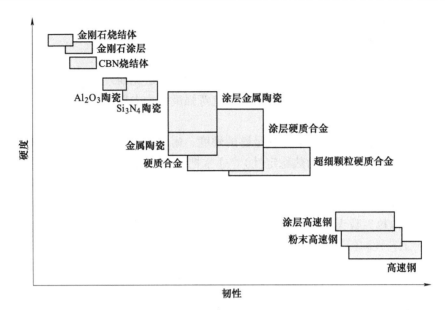

图 2-1 各类刀具材料硬度与韧性

表 2-1 硬切削材料的分类和用途

字母符号	识别颜色	被加工材料
P	蓝色	钢:除不锈钢外所有带奥氏体结构的钢和铸钢
M	黄色	不锈钢:不锈奥氏体钢或铁素体钢,铸钢
K	红色	铸铁:灰铸铁,球状石墨铸铁,可锻铸铁
N	绿色	非铁金属:铝,其他非铁金属,非金属材料
S	褐色	超级合金和钛:基于铁的耐热特种合金,镍,钴,钛,钛合金
H	灰色	硬材料:硬化钢,硬化铸铁材料,冷硬铸铁

第二节 工 具 钢

掌握工具钢的性能及应用,本节任务将主要介绍高速钢。

一、碳素工具钢

碳素工具钢是碳的质量分数为 0.65% ~ 1.3% 的优质碳素钢,常用牌号有 T7A、T8A、T10A、T12A 等。这类钢工艺性能良好,经适当热处理后硬度可达 60 ~ 64HRC,有较高的耐磨性,价格低廉。缺点是热硬性差,在温度范围为 200 ~ 300℃时其硬度开始降低,故允许的切削速度较低 (5 ~ 10m/min)。因此,只能用于制造手用刀具、低速及小进给量的机用刀具。

二、合金工具钢

合金工具钢是在碳素工具钢中加入适当的合金元素铬 (Cr)、硅 (Si)、钨 (W)、锰 (Mn)、钒 (V) 等炼制而成的 (合金元素总含量不超过 3% ~ 5%),提高了刀具材料的韧性、耐磨性和耐热性，切削温度可达 325~400℃，因此切削速度（10~15m/min）较碳素工具钢有所提高。合金工具钢可用于制造细长的或横截面积大、刃形复杂的刀具，例如铰刀、丝锥和板牙等。

三、高速钢

高速钢是在碳素工具钢中加入较多的钨（W）、钼（Mo）、铬（Cr）、钒（V）等合金元素的高合金工具钢。它具有较高的强度、韧性和耐热性，是目前应用较为广泛的刀具材料。因其在刃磨时易获得锋利的刃口，故又称为锋钢。

微课：
高速钢

高速钢的强度高，其抗弯强度为一般硬质合金的 2~3 倍；韧性也好，冲击韧度比硬质合金高几十倍；硬度为 63~69HRC；热处理变形较小。更主要的是，高速钢有较高的耐热性，在温度达 500~650℃时，尚能进行切削。与碳素工具钢和合金工具钢相比，高速钢能将切削速度提高 1~3 倍，将刀具寿命延长 10~40 倍。用于切削中碳钢时，切削速度一般不大于 30mm/min，被加工材料的硬度一般不大于 30HRC。高速钢的加工性能良好，目前是制造各种复杂刀具（如钻头、拉刀、成形刀具、丝锥、齿轮刀具等）的主要材料，可以加工从非铁合金到高温合金的各种材料。

高速钢按用途不同，可分为通用型高速钢和高性能高速钢。

常用高速钢的牌号及力学性能见表 2-2。

表 2-2　常用高速钢的牌号及力学性能

类别		牌号	常温硬度 HRC	抗弯强度 /GPa	冲击韧度 /（MJ/m^2）	高温（600℃）硬度 HRC
通用型高速钢		W18Cr4V	63~66	2.94~3.33	0.18~0.32	48.5
		W6Mo5Cr4V2	63~66	3.43~3.92	0.30~0.40	47~48
高性能高速钢	钴高速钢	W2Mo9Cr4VCo8	67~70	2.65~3.72	0.23~0.30	55
	铝高速钢	W6Mo5Cr4V2Al	67~69	2.84~3.82	0.23~0.30	55

1. 通用型高速钢

通用型高速钢应用较为广泛，约占高速钢总量的 75%。其碳的质量分数为 0.7%~0.9%，按钨、钼质量分数的不同，可分为钨系和钨钼系。主要牌号有以下三种。

（1）W18Cr4V 钨系高速钢　钨系高速钢具有较好的综合性能。因含钒量少，故其刃磨工艺性好；淬火时过热倾向小，热处理控制较容易。缺点是碳化物分布不均匀，不宜用于制造大截面的刀具；热塑性较差。因钨的价格高，国内使用逐渐减少，国外已很少采用。

（2）W6Mo5Cr4V2 钨钼系高速钢　钨钼系高速钢是国内外普遍应用的牌号。因一份钼可代替两份钨，能减少钢中的合金元素含量，降低钢中碳化物的数量及分布的不均匀性，有利于提高热塑性、抗弯强度与韧度。加入 3%~5%（质量分数）的钼，即可改善刃磨工艺性。因此，钨钼系高速钢的高温塑性及韧性优于钨系高速钢，可用于制造热轧刀具，如扭槽麻花钻等。缺点是淬火温度范围窄，脱碳和过热敏感性大。

（3）W9Mo3Cr4V 钨钼系高速钢　　钨钼系高速钢的抗弯强度高、韧性和高温热塑性好，而且淬火过热倾向性和脱碳敏感性小，有良好的加工性能。

2. 高性能高速钢

高性能高速钢是指在通用型高速钢中增加碳、钒，并添加钴或铝等合金元素的新钢种。其常温硬度可达 67~70HRC，耐磨性与耐热性有显著的提高，能用于不锈钢、耐热钢和高强度钢的加工。

高碳高速钢的含碳量提高，使钢中的合金元素能全部形成碳化物，从而提高钢的硬度与耐磨性，但其强度与韧性略有下降，目前已很少使用。

高钒高速钢是将钢中的钒的质量分数增加到 3%~5%。由于碳化钒的硬度较高，可达到 2800HV，比普通刚玉高，所以一方面增加了钢的耐磨性，同时也增加了此钢种的刃磨难度。

钴高速钢的典型牌号是 W2Mo9Cr4VCo8。在钢中加入了钴，可提高高速钢的高温硬度和抗氧化能力，因此能用于较高的切削速度。钴在钢中能促进钢在回火时从马氏体中析出钨、钼的碳化物，提高回火硬度。钴的热导率较高，对提高刀具的切削性能是有利的。钢中加入钴还可降低摩擦系数，改善其磨削加工性能。

铝高速钢是我国研发的超硬高速钢，典型的牌号是 W6Mo5Cr4V2Al。铝不是碳化物的形成元素，但它能提高钨、钼等元素在钢中的溶解度，并可阻止晶粒长大。因此铝高速钢的高温硬度、热塑性与韧性均有所提高。铝高速钢在切削温度的作用下，刀具表面可形成氧化铝薄膜，减轻了与切屑的黏结。W6Mo5Cr4V2Al 高速钢的力学性能和切削性能与 W2Mo9Cr4VCo8 相当，且价格较低廉，但其热处理工艺要求较高。

3. 粉末冶金高速钢

粉末冶金高速钢是通过高压惰性气体或高压水雾化高速钢水而得到的细小的高速钢粉末，然后将其压制或热压成形，再经烧结而成的高速钢。粉末冶金高速钢在 20 世纪 60 年代由瑞典首先研制成功，20 世纪 70 年代国产的粉末冶金高速钢就开始得到应用。由于其使用性能好，故应用范围日益增加。

粉末冶金高速钢与熔炼高速钢相比有如下优点：

1）由于可获得细小均匀的结晶组织，完全避免了碳化物的偏析，从而提高了钢的硬度与强度，硬度能达到 65~70 HRC，抗弯强度可达 2.73~3.43GPa。

2）由于力学性能各向同性，可减少热处理变形与应力，所以可用于制造精密刀具。

3）由于钢中的碳化物细小均匀，使其磨削加工性能得到显著改善。含钒量多者，改善程度就更显著。这一独特的优点，使得粉末冶金高速钢能用于制造新型的增加合金元素的、加入大量碳化物的超硬高速钢，而不降低其刃磨工艺性。

4）粉末冶金高速钢提高了材料的利用率。粉末冶金高速钢目前应用尚少的原因是成本较高，其价格与硬质合金相差无几。因此，粉末冶金高速钢的主要使用范围是制造成形复杂刀具，如精密螺纹车刀、拉刀、切齿刀等，以及加工高强度钢、镍基合金、钛合金等难加工材料用的刨刀、钻头、铣刀等刀具。

4. 高速钢刀具的表面涂层

高速钢刀具的表面涂层是采用物理气相沉积（Physical Vapor Deposition，PVD）方法，在刀具表面涂覆 TiN 系列超硬膜，以提高刀具性能的新工艺。这种工艺要求在高真空、500℃环境下进行，气化的钛离子与氮反应，在阳极刀具表面上生成 TiN，一般厚度为 2μm，对刀具的尺寸精度影响不大。

涂覆涂层的高速钢是一种复合材料，基体是强度和韧性较好的高速钢，而表层是高硬度、高耐磨的材料。TiN 有较高的热稳定性，与钢的摩擦系数较低，而且与高速钢结合牢固，表面硬度可达 2200HV，呈金黄色。

涂层高速钢刀具的切削力和切削温度约下降 25%，切削速度和进给量可提高一倍左右，刀具寿命显著提高。即使刀具重磨后，其性能仍优于普通高速钢刀具。目前，涂层高速钢已广泛应用于钻头、丝锥、成形铣刀、切齿刀。除 TiN 涂层外，新开发的 TiC 和 TiAlN 涂层在切削不锈钢、铸铁时性能更好。

第三节　硬　质　合　金

硬质合金是由硬度和熔点很高的碳化物（硬质相）和起黏结作用的金属（黏结相）通过粉末冶金工艺制成的（图 2-2）。硬质合金刀具中常用的碳化物有 WC、TiC、TaC、NbC 等。常用的黏结剂是 Co，碳化钛基的黏结剂是 Mo、Ni。

图 2-2　各类硬质合金刀具

一、硬质合金的组成与性能

硬质合金的力学性能取决于合金的成分、粉末颗粒的粗细及合金的烧结工艺。含高硬度、高熔点的硬质相越多，合金的硬度与高温硬度越高。含黏结剂越多，强度越高。

常用的硬质合金中含有大量的 WC、TiC，因此其硬度、耐磨性、耐热性均高于工具钢。常温硬度可达 89~94HRA，耐热温度可达 800~1000℃。切削钢时，切削速度可达 220m/min。

在合金中加入熔点更高的 TaC、NbC，有利于细化晶粒，可使耐热温度提高到 1000~1100℃。切削钢时，切削速度可进一步提高到 200~300m/min。

常用硬质合金牌号及用途见表 2-3。

二、普通硬质合金分类、牌号与使用性能

普通硬质合金按其化学成分与使用性能分为三类：P 类，即钨钴钛类（WC+TiC+Co）；K 类，即钨钴类（WC+Co）；M 类，即添加稀有金属碳化物类［WC+ Co + TiC+TaC（NbC）］。

表 2-3　常用硬质合金牌号及用途

组别		基本成分	被加工材料	性能提高方向			
类别	分组号			切削性能		合金性能	
P	01	以 TiC、WC 为基，以 Co（Ni+Mo、Ni+Co）作黏结剂的合金/涂层合金	钢、铸钢	切削速度↑	进给量↓	耐磨性↑	韧性↓
	10		钢、铸钢				
	20		钢、铸钢、长切屑可锻铸铁				
	30		钢、铸钢、长切屑可锻铸铁				
	40		钢、含砂眼和气孔的铸钢件				
M	01	以 WC 为基，以 Co 作黏结剂，添加少量 TiC（TaC、NbC）的合金/涂层合金	不锈钢、铁素体钢、铸钢	切削速度↑	进给量↓	耐磨性↑	韧性↓
	10		不锈钢、铸钢、锰钢、合金钢、合金铸铁、可锻铸铁				
	20		不锈钢、铸钢、锰钢、合金钢、合金铸铁、可锻铸铁				
	30		不锈钢、铸钢、锰钢、合金钢、合金铸铁、可锻铸铁				
	40		不锈钢、铸钢、锰钢、合金钢、合金铸铁、可锻铸铁				
K	01	以 WC 为基，以 Co 作黏结剂，或添加少量 TaC、NbC 的合金/涂层合金	铸铁、冷硬铸铁、短切屑可锻铸铁	切削速度↑	进给量↓	耐磨性↑	韧性↓
	10		布氏硬度高于 220 的铸铁、短切屑的可锻铸铁				
	20		布氏硬度低于 220 的灰口铸铁、短切屑的可锻铸铁				
	30		铸铁、短切屑的可锻铸铁				
	40		铸铁、短切屑的可锻铸铁				
N	01	以 WC 为基，以 Co 作黏结剂，或添加少量 TaC、NbC 或 CrC 的合金/涂层合金	非铁金属、塑料、木材、玻璃	切削速度↑	进给量↓	耐磨性↑	韧性↓
	10						
	20		非铁金属、塑料				
	30						
S	01	以 WC 为基，以 Co 作黏结剂，或添加少量 TaC、NbC 或 TiC 的合金/涂层合金	耐热和优质合金：含镍、钴、钛的各类合金材料	切削速度↑	进给量↓	耐磨性↑	韧性↓
	10						
	20						
	30						
H	01	以 WC 为基，以 Co 作黏结剂，或添加少量 TaC、NbC 或 TiC 的合金/涂层合金	淬硬钢、冷硬铸铁	切削速度↑	进给量↓	耐磨性↑	韧性↓
	10						
	20						
	30						

1. P 类硬质合金（曾用代号 YT）

P 类硬质合金有较高的硬度，特别是有较高的耐热性，较好的抗黏结、抗氧化能力。主要用于加工以钢为代表的塑性材料。加工钢时，塑性变形大、摩擦剧烈，切削温度较高。P 类硬质合金磨损慢，刀具寿命较长。

硬质合金中 TiC 含量较多者，含 Co 量较少，耐磨性、耐热性更好，适合精加工。但当 TiC 含量增多时，硬质合金导热性变差，焊接与刃磨时容易产生裂纹。TiC 含量较少时，则适合粗加工。

微课：
硬质合金

常用的牌号有 P30、P10、P01 等，其中的数字表示 TiC 含量的百分数，TiC 含量越高，则耐磨性较好、韧性越低。采用这三种牌号的硬质合金制造的刀具分别适用于粗加工、半精加工和精加工。

2. K 类硬质合金（曾用代号 YG）

K 类硬质合金的抗弯强度与韧性比 P 类硬质合金的高，可减少切削时的崩刃，但耐热性比 P 类的差，因此主要用于加工铸铁、非铁金属与非金属材料。在加工脆性材料时，切屑呈崩碎状，能承受对刀具的冲击。K 类硬质合金的导热性较好，有利于降低切削温度。此外，K 类硬质合金的磨削加工性好，可以刃磨出较锋利的刃口，故也适用于加工非铁金属及纤维层压材料。

常用的牌号有 K30、K20、K01，它们制造的刀具依次适用于粗加工、半精加工和精加工。数字表示 Co 含量的百分数，合金中 Co 含量越高，韧性越好，适于粗加工；Co 含量少时，用于精加工。

3. M 类硬质合金（曾用代号 YW）

M 类硬质合金加入了适量稀有难熔金属碳化物，以提高合金的性能。其中效果显著的是加入 TaC 或 NbC，质量分数为 4% 左右。

TaC 或 NbC 在合金中的主要作用是提高合金的高温硬度与高温强度。在 K 类硬质合金中加入 TaC，可使其在 800℃ 时的强度提高 0.15~0.20GPa。在 P 类硬质合金中加入 TaC，可使其高温硬度提高 50~100HV。

由于 TaC 或 NbC 与钢的黏结温度较高，可减缓合金成分向钢中的扩散，从而延长刀具寿命。TaC 或 NbC 还可提高合金的常温硬度，提高 P 类硬质合金的抗弯强度与冲击韧度，特别是提高合金的抗疲劳强度；能阻止 WC 晶粒在烧结过程中的长大，有助于细化晶粒，提高合金的耐磨性。此外，TaC 或 NbC 可改善合金的焊接性、刃磨工艺性，提高合金的使用性能。

当 TaC 在硬质合金中的质量分数达 12%~15% 时，可增加抵抗周期性温度变化的能力，防止产生裂纹，并提高抗塑性变形的能力。这类硬质合金能适应断续切削及铣削，不易发生崩刃。

三、细晶粒、超细晶粒合金

普通硬质合金中 WC 的粒度为几个微米，细晶粒合金的平均粒度约为 1.5μm；超细晶粒合金的粒度范围为 0.2~1μm，其中绝大多数在 0.5μm 以下。

细晶粒、超细晶粒合金由于硬质相和黏结相高度弥散，增加了黏结面积，提高了黏结强度。因此，其硬度与强度都比同样成分的合金高，硬度可提高 1.5~2HRA，抗弯强度可提高 0.6~0.8GPa，而且高温硬度也能提高一些，可减少中低速切削时产生的崩刃现象。

生产超细晶粒合金，除必须使用细的 WC 粉末外，还应添加微量抑制剂，以控制晶粒长大。并采用先进的烧结工艺，生产成本较高。超细晶粒合金可用于以下场合：

1）高硬度、高强度的难加工材料。

2）难加工材料的间断切削，如铣削等。

3）有低速切削刃的刀具，如切断刀、小钻头、成形刀等。

4）要求有较大前角、较大后角、较小刀尖圆弧半径的，能进行薄层切削的精密刀具，如铰刀、拉刀等。

四、涂层硬质合金

涂层硬质合金是 20 世纪 60 年代出现的新型刀具材料。采用化学气相沉积（Chemical Vapor Deposition，CVD）工艺，在硬质合金表面涂覆一层或多层（$5\sim13\mu m$）难熔金属碳化物（图 2-3）。涂层硬质合金有较好的综合性能，基体的强度和韧性较好，表面耐磨、耐高温。但涂层硬质合金的刃口锋利程度与抗崩刃性不及普通硬质合金，因此，涂层硬质合金多用于普通钢材的精加工或半精加工。涂层材料主要有 TiC、TiN、Al_2O_3 及其复合材料。

图 2-3 涂层刀具

TiC 涂层具有很高的硬度与耐磨性，抗氧化性也好，切削时能产生氧化钛薄膜，降低摩擦系数，减少刀具磨损。一般切削速度可提高 40% 左右。TiC 与钢的黏结温度高，表面晶粒较细，切削时很少产生积屑瘤，适合于精加工。TiC 涂层的缺点是其线膨胀系数与基体差别较大，与基体间形成脆弱的脱碳层，降低了刀具的抗弯强度。因此，在重切削、加工硬材料或带夹杂物的工件时，TiC 涂层易崩裂。

TiN 涂层在高温时能形成氧化膜，与铁基材料之间的摩擦系数较小，抗黏结性能好，能有效降低切削温度。

TiN 涂层刀片的抗月牙洼及后刀面磨损能力比 TiC 涂层刀片强，适合切削钢与易粘刀的材料，加工工件的表面质量好，刀具寿命较长。此外，TiN 涂层的抗热振性能也较好。TiN 涂层的缺点是与基体的结合强度不及 TiC 涂层，而且涂层较厚时易剥落。

TiC-TiN 复合涂层，即第一层涂覆 TiC，与基体黏结牢固，不易脱落，第二层涂覆 TiN，可减少表层与工件间的摩擦。

TiC-Al_2O_3复合涂层，即第一层涂覆 TiC，与基体黏结牢固，不易脱落，第二层涂覆 Al_2O_3，使表层具有良好的化学稳定性与抗氧化性能。这种复合涂层能同陶瓷刀那样高速切削，刀具寿命比 TiC、TiN 涂层刀具长，同时又能弥补陶瓷刀的脆性、易崩刃的不足。

目前单涂层刀片已很少应用，大多采用 TiC-TiN 复合涂层或 TiC-Al_2O_3-TiN 复合涂层。

五、钢结硬质合金

钢结硬质合金是由 WC、TiC 作为硬质相，高速钢作为黏结相，通过粉末冶金工艺制成。它可以用于锻造、切削加工、热处理与焊接工艺。淬火后，钢结硬质合金的硬度高于高性能高速钢，强度和韧性胜过硬质合金。钢结硬质合金可用于制造模具、拉刀、铣刀等形状复杂的工具或刀具。

第四节 陶 瓷

一、陶瓷刀具的特点

陶瓷刀具是以氧化铝（Al_2O_3）或氮化硅（Si_3N_4）为基体再添加少量金属，在高温下烧结而成的一种刀具（图2-4）。

陶瓷刀具有以下特点：

1）高硬度与耐磨性。陶瓷刀具的常温硬度可达91~95HRA，超过硬质合金，因此可用于切削硬度为60HRC以上的材料。

2）高耐热性。在温度为1200℃时，硬度为80HRC，强度和韧性降低较少。

3）高化学稳定性。在高温下仍有较好的抗氧化、抗黏结性能，因此刀具的热磨损较少。

4）较低的摩擦系数。切屑不易粘刀，不易产生积屑瘤。

图2-4 陶瓷刀具　　微课：陶瓷

5）低强度与韧性。由于强度只有硬质合金的1/2，所以陶瓷刀具在切削时需要选择合适的几何参数与切削用量，避免承受冲击载荷，以防止崩刃与破损。

6）热导率低。陶瓷刀具的热导率仅为硬质合金的1/5~1/2，热膨胀系数比硬质合金高10%~30%，这就使陶瓷刀具的抗热冲击性能较差。因此，陶瓷刀具在切削时不宜有较大的温度变化，切削过程中一般不加切削液。

陶瓷刀具一般适用于在高速下精细加工硬材料，如在 $v_c = 200m/min$ 条件下车削淬硬钢。但近年来发展的新型陶瓷刀也能半精加工或粗加工多种难加工材料，有的还可用于铣削、刨削等断续切削。

二、陶瓷刀具的种类与应用特点

20世纪50年代使用的是纯氧化铝陶瓷，由于其抗弯强度低于45MPa，使用范围很有限。20世纪60年代使用了热压工艺，可使其抗弯强度提高到50~60MPa。20世纪70年代开始使用氧化铝添加碳化钛混合陶瓷，20世纪80年代开始使用氮化硅基陶瓷，抗弯强度可达70~85MPa，至此陶瓷刀的应用有了较大的发展。近几年来，陶瓷刀具在开发与性能改进方面取得很大成就，其抗弯强度已可达到90~100MPa。因此，新型陶瓷刀具的应用前景十分广阔。

1. 氧化铝-碳化物系陶瓷

这类陶瓷是将一定量的碳化物（一般多用TiC）添加到 Al_2O_3 中，并采用热压工艺制成的，称为混合陶瓷或组合陶瓷。TiC的质量分数达30%左右时即可有效地提高陶瓷的密度、强度与韧性，改善其耐磨性及抗热振性，使刀片不易产生热裂纹、不易破损。

混合陶瓷适用于在中等切削速度下切削难加工材料，如冷硬铸铁、淬硬钢等。在切削硬度为60~62HRC的淬火工具钢时，可选用的切削用量为：$a_p = 0.5mm$，$f = 0.08mm/r$，$v_c = 150~170m/min$。氧化铝-碳化物系陶瓷中添加Ni、Co、W等作为黏结金属，可提高氧化铝与碳化物的结合强度，可用于加工高强度的调质钢、镍基或钴基合金及非金属材料。由于抗热振性能提高，混合陶瓷也可用于断续切削条件下的铣削或刨削。

2. 氮化硅基陶瓷

氮化硅基陶瓷是将硅粉经氮化、球磨后，添加助烧剂置于模腔内热压烧结而成的。氮化硅基陶瓷的主要特点如下：

1）硬度高。氮化硅基陶瓷的硬度可达 1800~1900HV，耐磨性好。

2）耐热性和抗氧化性好。在 1200~1300℃时仍可进行切削。

3）氮化硅与碳和金属元素的化学反应倾向较小，摩擦系数也较低。实践证明，氮化硅基陶瓷用于切削钢、铜、铝时均不粘屑，不易产生积屑瘤，从而提高了加工表面的质量。

氮化硅基陶瓷的最大特点是能进行高速切削，车削灰铸铁、球墨铸铁、可锻铸铁等材料时效果更为明显。切削速度可提高到 500~600m/min，只要机床条件许可，还可进一步提高切削速度。由于抗热冲击性能优于其他陶瓷刀具，氮化硅基陶瓷在切削与刃磨时都不易发生崩刃现象。

氮化硅基陶瓷适用于精加工（精车、精铣）、半精加工（半精车、半精铣），可用于精车铝合金，以车代磨，还可用于车削硬度为 51~54HRC 的镍基合金、高锰钢等难加工材料。

第五节　超硬刀具材料

超硬刀具材料多指金刚石与立方氮化硼。

一、金刚石

金刚石分为天然和人造两种，都是碳的同素异形体，是目前最硬的物质，其显微硬度接近于 10000HV。金刚石刀具有以下三类。

1. 天然单晶金刚石刀具

主要用于非铁金属及非金属的精密加工。单晶金刚石结晶界面有一定的方向，不同的晶面上硬度与耐磨性有较大的差异，刃磨时须选定某一平面，否则影响刃磨与使用质量。

2. 聚晶金刚石刀具

人造金刚石通过合金触媒的作用，在高温高压下由石墨转化

图 2-5　聚晶金刚石刀具

微课：
金刚石

而成。聚晶金刚石是将人造金刚石微晶在高温高压下再次烧结而成的，可制成所需形状及尺寸的刀片（图 2-5），镶嵌在刀杆上使用。由于抗冲击强度提高，所以使用聚晶金刚石刀具加工时可选用较大的切削用量。聚晶金刚石结晶界面无固定方向，可自由刃磨。

3. 复合金刚石刀具

复合金刚石即在硬质合金基体上烧结一层厚度约为 0.5mm 的聚晶金刚石。复合金刚石刀具的强度较好，允许切削的断面较大，也能间断切削，可多次重磨使用。

4. 金刚石刀具的主要优点

金刚石刀具有以下优点：

1）金刚石刀具有极高的硬度与耐磨性，可加工硬度为 65~70HRC 的材料。

2）金刚石刀具有很好的导热性，较低的热膨胀系数。因此，切削加工时不会产生很大

的热变形，有利于精密加工。

3）金刚石刀具刃面质量好，刃口非常锋利。因此，能用于薄层切削，可用于超精密加工。聚晶金刚石主要用于刃磨硬质合金刀具、切割大理石等石材制品。

4）金刚石刀具主要用于非铁金属（如铝硅合金）的精加工、超精加工，高硬度的非金属材料（如压缩木材、陶瓷、刚玉、玻璃等）的精加工，以及难加工的复合材料的加工。由于金刚石的耐热温度只有 $700 \sim 800℃$，所以其工作温度不能过高。因其易与碳亲和，故金刚石刀具不宜用于加工含碳的钢铁材料。

二、立方氮化硼（CBN）

微课：
立方氮化硼

立方氮化硼是由六方氮化硼（俗称白石墨）在高温高压下转化而成的，是 20 世纪 70 年代发展起来的新型刀具材料。立方氮化硼刀具有以下优点：

1）立方氮化硼刀具有很高的硬度与耐磨性，硬度达到 $3500 \sim 4500HV$，仅次于金刚石。

2）立方氮化硼刀具有很高的热稳定性，$1300℃$ 时不发生氧化，与大多数非铁金属、钢铁材料都不起化学作用。因此立方氮化硼刀具能高速切削高硬度的钢铁材料及耐热合金，刀具的黏结与扩散磨损较小。

3）立方氮化硼刀具有较好的导热性，与钢铁的摩擦系数较小。

4）立方氮化硼刀具的抗弯强度与断裂韧性介于陶瓷与硬质合金之间。

由于立方氮化硼的一系列的优点，使它能用于对淬硬钢、冷硬铸铁进行粗加工与半精加工，还能用于高速切削高温合金、热喷涂材料等难加工材料。

立方氮化硼可与硬质合金热压成复合刀片，复合刀片的抗弯强度可达 $147GPa$，能经多次重磨使用。应指出的是，加工一般材料时，大量使用的还是高速工具钢与硬质合金。只有对高硬度的材料或超精加工时使用超硬材料，才有较好的经济效益。

第六节　新型刀具材料的发展方向

研发新型刀具材料的目的在于改善现有刀具材料的性能，使其具有更广泛的应用空间，满足新的难加工材料的切削加工要求。近年来，刀具材料发展与应用的主要方向是发展高性能的新型材料，提高刀具材料的使用性能，增加刃口的可靠性，延长刀具寿命；大幅度提高切削效率，满足各种难加工材料的切削要求。具体方向如下。

1）开发加入增强纤维须的陶瓷材料，进一步提高陶瓷刀具的性能。与钢铁材料相容的增强纤维须可以提高陶瓷刀具的韧性，可用于直接压制成形带有正前角及断屑槽的陶瓷刀具，使陶瓷刀具能更好地控制切屑，可大幅度提高切削用量。

2）改进碳化钛、氮化钛基硬质合金材料，提高其韧性及刃口的可靠性，使其能用于半精加工或粗加工。

3）开发应用新的涂层材料。目前涂层硬质合金已普遍用于车削、铣削刀具。新的涂层材料使用更韧的基体与更硬的刃口组合，采用更细颗粒和改进涂层与基体的黏结性，以提高刀具的可靠性。此外，也须扩大 TiC、TiN、TiCN、TiAlN 等多层高速钢涂层刀具的应用。

4）进一步改进粉末冶金高速工具钢的制造工艺，扩大其应用范围，开发挤压复合材料。例如用挤压复合材料制成的整体立铣刀（SANDVIK Coronite）由两层组成：外层是分布于钢基体中的质量分数为 50% 的氮化硅，内层是高速工具钢。它的生产率是传统高速钢立铣刀的三倍，特别适合加工硬度达 40HRC 的淬硬钢和钛合金，铣削加工键槽也特别有效。

5）推广应用金刚石涂层刀具，扩大超硬刀具材料在机械制造业中应用。人们期望在硬质合金基体上加一层金刚石薄膜，能获得金刚石的抗磨性，同时又具有最佳刀具形状和高的抗振性能，这样就能在非铁金属加工中兼备高速切削能力和最佳的刀具形状。

典型案例及应用

图 2-6 所示为轴类零件图样，毛坯为 45 钢热轧棒材，现要根据图样要求完成其加工。工艺人员在制订粗加工 $\phi30\text{mm}$ 外圆工序时，选择外圆车刀进行加工，现有高速钢、硬质合金、立方氮化硼车刀，该选择哪种材料的车刀进行加工？刀具几何参数该如何选择？

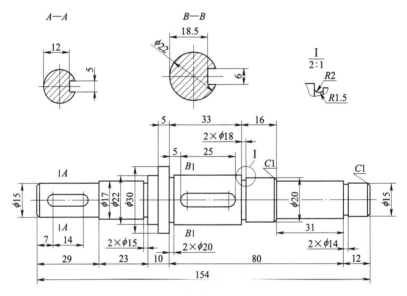

图 2-6　轴类零件图样

（1）刀具材料的选择　已知所要加工的材料为 45 钢，选用 P（YT）类硬质合金。由于粗加工或半精加工时刀具所受的切削力比较大，要求刀具材料有比较高的强度和韧性，所以选用含钴量比较多的硬质合金 P10（YT15）。

（2）刀具几何参数的选择　粗车时可以选择 75° 外圆车刀，加工时选用较大的背吃刀量 a_p 和进给量 f，略低的切削速度 v_c（$v_c < 100\text{m/min}$）。强力切削时，由于 a_p、f 较大，所以切削力大，易产生振动，切屑不易断，且易引起加工表面粗糙。75° 外圆车刀在几何参数的选择上充分考虑了强力车削的特点，适应了机床、工件的要求，并可满足加工需要。

1）增加刃口锋利程度。选择较大的前角，使切削刃锋利，同时减小其在切削中的变形，以防止切削力减小，降低功率消耗。而较大的主偏角 κ_r 使径向力减小，避免引起振动，为使用大前角刀具提供了条件。

2）提高刀具强度。在刃口磨出负倒棱，以改善因前角增大而引起的刃口强度不足的问题。同时，取较小的后角，当刃倾角为负值时，可增加刀头强度，改善散热条件，延长刀具寿命。

3）提高工件表面质量。选用主偏角 κ_r 大的车刀，可避免产生振动，使切削过程稳定；外斜式断屑槽有良好的断屑效果，切屑不缠绕工件；选用副偏角 κ'_r 较小的车刀及一定长度的修光刃，在提高刀头强度的同时还可改善由于增大进给量 f 而带来的表面粗糙的问题，确保获得良好的表面质量。

粗加工时和半精加工时刀具几何角度见表 2-4。

表 2-4 粗加工时和半精加工时刀具几何角度

工序	前角 γ_o	后角 α_o	副后角 α'_o	主偏角 κ_r	副偏角 κ'_r	刃倾角 λ_s	刀尖圆弧半径 r_ε
粗加工	15°	6°	6°	75°	15°	−6°	0.75mm
半精加工	15°	8°	8°	90°	10°	4°	0.5mm

本 章 小 结

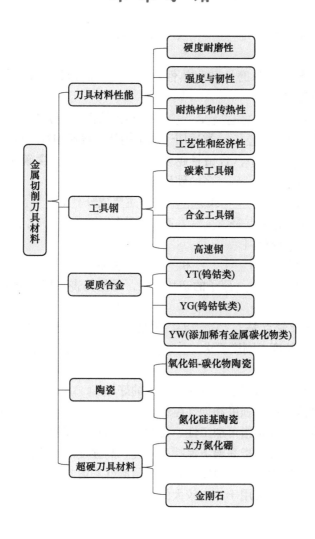

训练与实践

1. 填空题

（1）在金属切削过程中，刀具切削部分是在 _____、_____、_____ 和 _____ 剧烈的恶劣条件下工作的。

（2）刀具材料的硬度必须 _____ 工件材料的硬度。

（3）常用的刀具材料分为 _____、_____ 和 _____ 三类。

（4）碳素工具钢及合金工具钢的耐热性较差，故只用于制造 _____ 切削刀具和 _____ 刀具，如 _____、_____、_____。

（5）普通高速钢的 _____ 不高，其耐热温度为 _____，通常允许的最大切削速度为 _____。

（6）制造形状复杂的刀具通常选用 _____ 材料。

（7）普通高速钢按钨、钼质量分数的不同分为 _____ 高速钢和 _____ 高速钢，主要牌号有 _____、_____。

（8）硬质合金的主要缺点是 _____、冲击韧度 _____、_____ 大，因此不耐冲击和振动。

（9）硬质合金的硬度、耐磨性和耐热性都 _____ 高速钢，耐热温度可达 _____，切削速度为高速钢的数倍。

（10）常用硬质合金分为 _____、_____ 和钨钛钽（铌）类等。其中 _____ 适合用于加工铸铁等脆性工件，_____ 类适用于加工钢类等普通塑性工件。

（11）各类硬质合金牌号中，含钴量越多，_____ 越好；含碳化物越多，_____、耐 _____ 越高。粗加工时应选用含 _____ 多的硬质合金刀具。

（12）陶瓷刀具材料以 _____ 或 _____ 为主要成分。

（13）陶瓷刀具材料的优点是 _____ 高、耐热性 _____、化学稳定性 _____ 及抗黏结性好，一般用于加工硬材料。

（14）超硬刀具材料主要有 _____ 和 _____ 两种。

（15）由于金刚石与 _____ 原子的亲和性强，易使其丧失切削能力，故不宜用于加工 _____ 材料。

（16）金刚石的主要缺点是 _____ 差、强度 _____、脆性 _____，故对冲击、振动敏感，因而对机床的精度、刚度要求 _____，一般只适用于非铁金属的精加工。

2. 判断题

（1）刀具切削部分的材料影响刀具切削性能的好坏。　　　　　　　　　（　）

（2）刀具材料硬度越高，强度和韧性越低。　　　　　　　　　　　　（　）

（3）刀具材料的工艺性是指可加工性、可磨削性和热处理特征等。　　（　）

（4）刀具材料的耐热性是指高温下保持高硬度、高强度的性能。　　　（　）

（5）高速钢具有比碳素工具钢强度、硬度、耐磨性和耐热性高的特点。（　）

（6）普通高速钢车刀不仅用于冲击较大的场合，也常用于高速切削。　（　）

（7）硬质合金的性能主要取决于金属碳化物的种类、性能、数量、粒度和黏结剂的含量。

　　　　　　　　　　　　　　　　　　　　　　　　　　　　　　　　　　（　　）

（8）K（YG）类硬质合金一般用于高速切削钢料；P（YT）类硬质合金一般用于加工铸铁、有色金属及其合金。　　　　　　　　　　　　　　　　　　　　　　　　（　　）

（9）涂层硬质合金是在韧性较好的硬质合金基体上，涂覆一层硬度和耐磨性极高的难熔金属化合物获得的。　　　　　　　　　　　　　　　　　　　　　　　　　　（　　）

（10）涂层硬质合金车刀中的涂层有单涂层、双涂层和多涂层之分，各种涂层材料性质不同，可用于不同的场合。　　　　　　　　　　　　　　　　　　　　　　　　（　　）

（11）硬质合金是粉末冶金制品。　　　　　　　　　　　　　　　　　　　（　　）

（12）M（YW）类硬质合金既可切削铸铁，又可切削钢料及难加工材料。　（　　）

（13）硬质合金的硬度、耐磨性、耐热性、抗黏结性均高于高速钢。　　　（　　）

（14）陶瓷材料的特点为强度低，韧性和导热性能差。　　　　　　　　　（　　）

（15）陶瓷材料适合用于粗加工硬度高的材料。　　　　　　　　　　　　（　　）

（16）金刚石的热稳定性极好，可在 800℃ 的高温下进行切削加工。　　（　　）

（17）金刚石车刀的切削刃可磨得非常锋利，能对有色金属进行精密和超精密高速车削加工。　　　　　　　　　　　　　　　　　　　　　　　　　　　　　　　　　（　　）

（18）立方氮化硼的热稳定性和化学惰性比金刚石好得多，立方氮化硼可耐 1300～1500℃ 的高温。　　　　　　　　　　　　　　　　　　　　　　　　　　　　　（　　）

（19）刀具材料中，耐热性由低到高的排列次序是：碳素工具钢、合金工具钢、高速钢、硬质合金。　　　　　　　　　　　　　　　　　　　　　　　　　　　　　　（　　）

3. 选择题

（1）切削加工时，由于刀具要承受切削力和冲击力，所以必须具有（　　）。

　　A. 高硬度　　　　　B. 高耐磨性　　　　　C. 耐热性　　　　D. 足够的强度和韧性

（2）精加工 45 钢应选用牌号为（　　）的硬质合金刀具。

　　A. P01　　　　　　B. K01　　　　　　　　C. K30　　　　　　D. P30

（3）精加工铸铁件应选用牌号为（　　）的硬质合金刀具。

　　A. K01　　　　　　B. K20　　　　　　　　C. K30　　　　　　D. K40

（4）刀具材料硬度越高，耐磨性（　　）。

　　A. 越差　　　　　B. 越好　　　　　　　C. 不变

（5）在高温下能保持刀具材料的切削性能，称为（　　）。

　　A. 硬度　　　　　B. 强度　　　　　　　C. 耐磨性　　　　D. 耐热性

（6）刀具材料允许的切削速度取决于其（　　）。

　　A. 硬度　　　　　B. 强度　　　　　　　C. 耐磨性　　　　D. 耐热性

（7）高速切削钢料宜选用（　　）。

　　A. 高速钢　　　　B. 钨钴类硬质合金　　C. 钨钛类硬质合金

（8）切削难加工材料宜选用（　　）类硬质合金。

　　A. P　　　　　　　B. K　　　　　　　　　C. M

（9）在普通高速钢中加入一些其他合金元素，如（　　）等，以提高其耐热性和耐磨性，这就是高性能高速钢。

A. 镍、铝   B. 钒、铝   C. 钴、铝

（10）硬质合金是由高硬度、高熔点的金属（   ）粉末，用钴或镍等金属作为黏结剂烧结而成的粉末冶金制品。

A. 碳化物   B. 氧化物   C. 氮化物

（11）与无涂层刀具比，使用涂层刀具后切削力和切削温度（   ）。

A. 降低了   B. 提高了   C. 不变

（12）陶瓷刀具对冲击力（   ）敏感。

A. 很不   B. 十分   C. 一般

（13）使用陶瓷刀具可加工钢、铸铁，对于冷硬铸铁、淬火钢的车削效果（   ）。

A. 一般   B. 很好   C. 较差

4. 简答题

（1）简述刀具材料应具备的性能。

（2）简述各种高速钢的应用范围。

（3）简述陶瓷刀具的特点及应用范围。

3

第三章 金属切削过程的基本规律

【学习目标】

◆ 了解金属切削变形三区域、变形四要素、切屑的基本形式。

◆ 了解切削力及其影响因素。

◆ 了解切削热的产生、切削温度的分布、散热介质和散热比例等。

◆ 掌握刀具磨损阶段的特征及磨损原因。

◆ 能依据切屑的颜色判断切削温度，并采取合理的改进措施。

◆ 能对积屑瘤的产生进行有效控制。

【本章要点】

本章主要介绍了金属切削过程的基本规律。在切削过程中，产生了切削变形、切削力、切削热与切削温度、刀具磨损与寿命变化等各种物理现象，影响加工过程及质量。针对上述现象，本章分析了产生诸现象的原因及对切削过程的影响，并在此基础上总结出切削变形、切削力、切削热与切削温度、刀具磨损与刀具寿命变化的规律。学习这些规律、讨论这些现象，对合理设计并使用刀具、合理使用机床、分析并解决切削加工中的质量和效率等问题具有重要意义。

第一节 切削变形与切屑形成

金属切削过程就是利用刀具切除零件上多余金属层，形成切屑和已加工表面的过程。这一过程的实质是材料受到刀具前刀面的挤压后，产生弹性变形、塑性变形和剪切滑移，继而使切削层与基体断裂分离的过程。

一、切削变形特点

从图 3-1a 所示的正交平面中可以看出，当切削层临近切削刃时，切削层受刀具的正压力 F_n 与摩擦力 F_f 的作用产生塑性变形。当切削层达到 OA 面时，切应力达到材料屈服强度，产生剪切滑移；当切削层移到 OM 面上时，剪切滑移终止。切削层离开切削刃后形成了切屑，沿前刀面流出。

图 3-1b 所示为切削变形模型，图中表明，切削层在 OA、OM 之间区域内产生剪切滑移，即金属晶格在晶面上滑移、晶粒伸长，但滑移与伸长方向并不重合，其夹角为剪切角，用 ϕ 表示。

切屑沿前刀面流出时，又受到前刀面的挤压与摩擦，进一步加剧了变形，特别是在贴近前刀面厚度为 h_{ch} 的切屑层内，因急剧变形使晶粒拉长呈纤维化，在 Δh_{ch} 层内不同高度上的流动速度是变化的，由 v_{ch} 到 0，亦称 Δh_{ch} 层为滞流层。

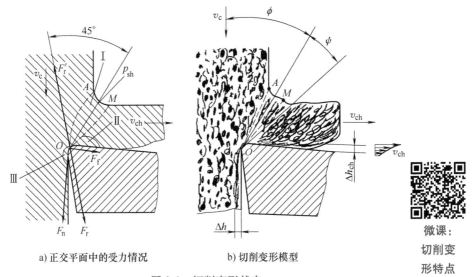

a) 正交平面中的受力情况   b) 切削变形模型

图 3-1 切削变形状态

微课：
切削变
形特点

此外，受刀具切削刃钝圆部分的挤压与后刀面摩擦作用，使已加工表面层 Δh 内产生严重变形而使晶粒拉长、纤维化、扭曲，甚至碎裂，致使已加工表面产生硬化。

综上所述，切削时，刀具切削刃附近的切削层可划分为以下三个变形区。

1. 第 I 变形区

靠近切削刃处，首先被切削的金属层（即切削层）在刀具的作用下产生弹性变形，进而产生塑性变形的区域，称为第 I 变形区，如图 3-2 所示。在该区域内，塑性材料在刀具作用下产生剪切滑移变形（塑性变形），使切削层转变为切屑。由于加工材料性质和加工条件的不同，滑移变形程度有很大的差异，因而将产生不同种类的切屑。在第 I 变形区，切削层的变形最大，它对切削力和切削热的影响也最大。

2. 第 II 变形区

与前刀面接触的切屑底层内产生变形的一薄层金属区域，称为第 II 变形区，如图 3-2 所示。切屑形成后，在前刀面的推挤和摩擦力作用下，必将发生进一步的变形，这就是第 II 变形区的变形。这种变形主要集中在和前刀面摩擦的切屑底层，是切屑与前刀面的摩擦区。它对切削力、切削热和积屑瘤的形成与消失及刀具的磨损有直接影响。

3. 第Ⅲ变形区

靠近切削刃处，已加工面表面层内产生变形的一薄层金属区域，称为第Ⅲ变形区，如图3-2所示。由于受到切削刃钝圆半径和刀具后刀面对加工表面，以及副后刀面对已加工表面的推挤和摩擦作用，这两个表面均产生了变形。第Ⅲ变形区主要影响刀具后刀面和副后刀面的磨损，造成已加工表面

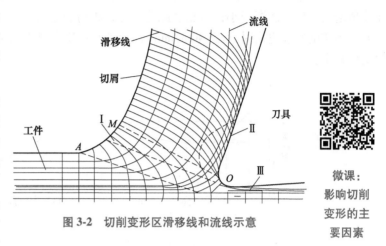

图3-2 切削变形区滑移线和流线示意

微课：影响切削变形的主要因素

的纤维化、加工硬化和残余应力，从而影响工件已加工表面的质量。

这三个变形区汇集在切削刃附近，该处应力比较集中且复杂，被切金属层在此与材料本体分离成切屑和已加工表面。由此可见，切削刃对于切屑和已加工表面的形成起着很重要的作用。

二、影响切削变形的主要因素

1. 工件材料

工件材料的强度和硬度越高，塑性越小，则变形越小。

2. 前角

若前角增大，相应的楔角减小，则变形减小，如图3-3所示。前角γ_o增大，改变了正压力F_n的大小和方向，使合力F_r减小，剪切角增大，切屑厚度减小，使变形减小；反之，若前角γ_o减小，甚至为负值（图3-3a），则变形增大，切屑厚度增大。

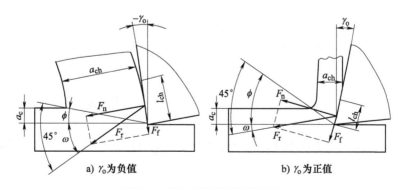

a) γ_o为负值   b) γ_o为正值

图3-3 前角对变形系数的影响

3. 切削速度

切削速度是通过切削温度和积屑瘤影响切削变形的，在一定速度范围内（$v_c = 20 \sim 30\text{m/}$

min）易产生积屑瘤，如图3-4所示。积屑瘤的高度随着切削速度的增加而增高，使刀具实际前角增大，变形逐渐减小；当超过此范围时，积屑瘤逐渐消失，刀具实际前角减小，变形增大；当切削速度更高时（$v_c > 40\text{m/min}$），切削温度随着切削速度增大而增高，摩擦减小，故变形减小。

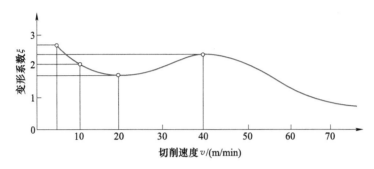

图3-4 切削速度对变形的影响

加工条件：工件材料为45钢，刀具材料为W18Cr4V，$\gamma_o = 5°$，$f = 0.3\text{mm/r}$，直角自由切削

4. 进给量

改变进给量f实际是改变了切削厚度。进给量大，相应的切削厚度增大，从而使摩擦系数μ减小，引起剪切角ϕ增大，使变形减小，如图3-5所示。

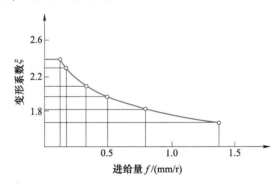

图3-5 进给量对变形的影响

加工条件：工件材料为50钢，刀具材料为硬质合金，$\gamma_o = 10°$，$\kappa_r = 60°$，$\lambda_s = 0°$，$r_s = 15\text{mm}$

第二节 切屑类型与变形程度

由于工件材料和切削条件不同，切削过程中产生的变形程度也不尽相同，因而所形成的切屑形态也各式各样。

一、切屑类型

切屑是由前刀面对切削层金属的推挤而形成的。通过对金属切削过程进行有限元模拟，可以看到切屑的形成过程，如图3-6所示。图3-7所示为切屑根部金相照片。

a) 初始位置　　　　b) 13步时切屑变形　　　c) 72步时切屑变形

d) 107步时切屑变形　　e) 141步时切屑变形　　f) 172步时切屑变形

图 3-6　切削变形及切屑的形成过程

切削塑性金属材料（如钢等）时，被切削金属层一般经过弹性变形、塑性变形（滑移）、挤裂和切离四个阶段形成切屑。切削脆性材料（如铸铁等）时，被切削金属层一般经过弹性变形、挤裂和切离三个阶段形成切屑。根据剪切滑移后形成切屑的外形不同，可将切屑分为带状切屑、节状切屑、粒状切屑和崩碎切屑四种类型，如图 3-8 所示。

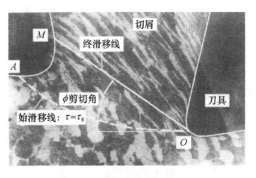

图 3-7　切屑根部金相照片

a) 带状切屑

b) 节状切屑

c) 粒状切屑

d) 崩碎切屑

图 3-8　切屑形态照片

1. 带状切屑

切屑呈带状，底面光滑，背面呈毛茸状，用显微镜才能观察到剪切面的条纹。一般在加工塑性材料时，采用较大的刀具前角、较小的切削厚度、较高的切削速度，易形成此类切屑。它是最常见的切屑形态，如图 3-9a 所示。这种切屑变形程度较小，它的切削过程比较平稳，已加工表面的表面粗糙度值小。

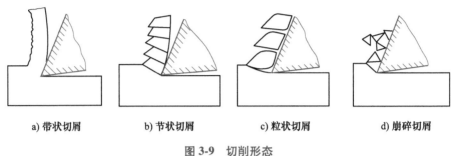

| a) 带状切屑 | b) 节状切屑 | c) 粒状切屑 | d) 崩碎切屑 |

图 3-9　切削形态

2. 节状切屑（挤裂切屑）

切屑底面一般比较光滑，背面呈锯齿形，侧面有明显裂纹。这是由于切削层滑移变形程度大，加工硬化严重，局部超过材料的抗剪强度所致。此种切屑的形成一般是在加工塑性材料时，由于采用较小的前角、较大的切削厚度、较低的切削速度而造成的，如图 3-9b 所示。

3. 粒状切屑（单元切屑）

切削塑性很大的材料时（如铅、退火铝、纯铜等），切屑黏结在前刀面上，不易流出，裂纹扩展至整个剪切面上，使整个切屑中一个个单元被切断而形成此类切屑，如图 3-9c 所示。出现这种切屑时，切削力波动很大，已加工表面的表面粗糙度值增大。

4. 崩碎切屑

切削脆性材料时（如铸铁、铸黄铜等），切屑层未经明显塑性变形就断裂，切屑呈片状或不规则的碎片，如图 3-9d 所示。此时，已加工表面凹凸不平，切削力波动很大，并集中在切削刃附近，会缩短刀具寿命。

此外，切屑的形状还与刀具切削角度及切削用量有关。当切削条件改变时，切屑形状会随之改变，例如在车削钢类工件时，如果逐渐增加车刀的锋利程度（如加大前角等），提高切削速度，减小进给量，切屑将由粒状逐渐变为节状，甚至变为带状。同样，采用大前角车刀车削铸铁工件时，如果背吃刀量较大，切削速度较高，也可以使切屑由通常的崩碎状转化为节状，但这种切屑用手一捏即碎。

在上述几种切屑中，带状切屑的变形程度较小，而且切削时的振动较小，有利于保证加工精度与工件表面质量，这种切屑是我们在加工时所希望得到的，但应着重注意它的断屑问题。

为使切削过程正常进行和保证工件表面质量，应使切屑卷曲和折断。切屑的卷曲是切屑基本变形或经过卷屑槽使之产生附加变形的结果，如图 3-10 所示。断屑是对已变形的切屑再附加一次变形（常需要配置断屑装置，如图 3-11 所示）。

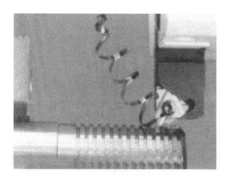

图 3-10 切屑的卷曲

图 3-11 断屑的产生

二、变形程度的表示方法

切削变形是材料微观组织的动态变化过程，因此变形量的计算很复杂。但为研究切削变形的规律，通常用相对滑移 ε、切屑厚度压缩比 Λ_h（或变形系数 ξ）和剪切角 ϕ 的大小来衡量切削变形程度。

相对滑移 ε 是指切削层在剪切面上的相对滑移量；切屑厚度压缩比 Λ_h 是表示切屑外形尺寸的相对变化量；剪切角 ϕ 是从切屑根部金相组织中测定的晶格滑移方向与切削速度方向之间的夹角。ε、Λ_h（ξ）和 ϕ 均可以用来定量研究切削变形规律。

1. 相对滑移 ε

相对滑移 ε 与切削变形的关系如图 3-12 所示，切削层产生了剪切滑移，在相邻距离为 Δy 的切削层上，沿切削层产生的相对滑移为 Δs。相对滑移 ε 可用下式计算

$$\varepsilon' = \frac{\Delta s}{\Delta y} = \frac{B'C + CB''}{\Delta y} = \cot\phi + \tan(\phi - \gamma_o) \tag{3-1}$$

2. 切屑厚度压缩比 Λ_h

切屑厚度压缩比 Λ_h 与切削变形的关系如图 3-13 所示，切削层经过剪切滑移后形成的切屑，在流出时又受到前刀面的摩擦，使切屑的外形尺寸相对于切削层的尺寸产生了变化，即切屑厚度增加（$h_{ch} > h_D$）、切屑长度缩短（$l_{ch} < l_D$）、切屑宽度几乎不变。切屑尺寸的相对变化量可以用切屑厚度压缩比 Λ_h 来表示，即

$$\Lambda_h = \frac{l_D}{l_{ch}} = \frac{h_{ch}}{h_D} > 1 \tag{3-2}$$

$$\Lambda_h = \frac{h_{ch}}{h_D} = \frac{AB\cos(\phi - \gamma_o)}{AB\sin\phi} = \frac{\cos(\phi - \gamma_o)}{\sin\phi} \tag{3-3}$$

式（3-3）表明：影响切削变形的主要因素是前角 γ_o 和剪切角 ϕ，其中剪切角随着切削条件不同而变化。如图 3-14 所示，根据"剪切应力与主应力方向呈 45°"的剪切理论，在切削过程中主应力 F_a 与作用力的合力 F_r' 的方向一致，则确定剪切角 ϕ 为

$$\phi = 45° - (\beta - \gamma_o) \tag{3-4}$$

式中 β——由刀具前刀面上摩擦系数 μ 而确定的摩擦角，即 $\tan\beta = \mu$。

分析式（3-3）和式（3-4）可知，增大刀具的前角 γ_o，减小刀具前刀面与切屑之间的摩擦，使剪切角 ϕ 增大，是减小切削变形的重要途径。

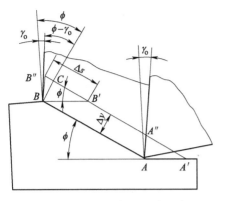

图 3-12 切削层相对滑移示意

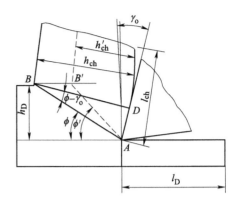

图 3-13 切屑厚度压缩比

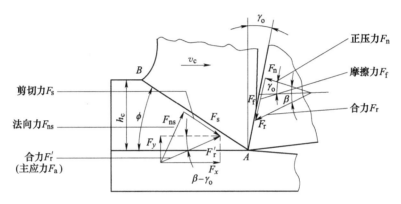

图 3-14 剪切角 ϕ 的确定

利用 Λ_h 值来表示切削变形有一定的局限性，因为这是根据剪切理论提出的，忽略了摩擦、挤压和温度的作用。此外，对有些材料而言，切屑厚度压缩比 Λ_h 不能表示切削变形的实际情况，但用 Λ_h 值表示切屑和切削层尺寸的变化及相互关系规律较为直观，并易测定和计算。

利用相对滑移 ε 表示变形，不便于测定和计算。

第三节　积　屑　瘤

在一定切削速度范围内，切削塑性金属材料时（如低碳钢），在切削刃附近的前刀面上会黏附着一块楔形金属硬块，这个金属硬块称为积屑瘤，如图 3-15 所示。积屑瘤一般发生在第 $\mathbb{I}$ 变形区。

一、积屑瘤的成因

当切屑沿刀具的前刀面流出时，在一定的温度与压力作用下，与前刀面接触的切屑底层受到很大的摩擦阻力，致使这一层金属的流出速度减慢，形成一层很薄的"滞流层"。当前刀面对滞流层的摩擦阻力超过切屑材料的内部结合力时，就会有一部分金属黏结或冷焊在切削刃附近，形成积屑瘤。图 3-16 所示为积屑瘤的显微照片。

塑性材料的加工硬化倾向越强，越易产生积屑瘤。形成黏结与加工硬化是产生积屑瘤的必要条件。形成积屑瘤的主要原因是压力和切削温度。

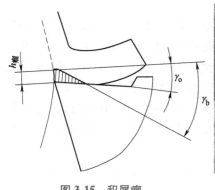

图 3-15　积屑瘤

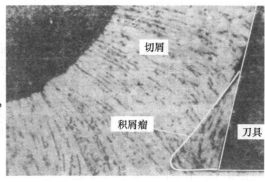

图 3-16　积屑瘤的显微照片

微课：
积屑瘤的
形成及控
制措施

二、积屑瘤的特点

1）积屑瘤的硬度是工件硬度的 2~3 倍，可以代替切削刃进行切削。（这也说明在积屑瘤的形成过程中，切屑金属的变形引起的加工硬化十分严重。）

2）积屑瘤在切削过程中是一个不断发生、长大、脱落的周期性动态过程，如图 3-17 所示。

三、积屑瘤对切削过程的影响

1. 保护刀具

如图 3-18 所示，积屑瘤包围着切削刃，同时覆盖着一部分前刀面。积屑瘤一旦形成，它将代替切削刃和前刀面进行切削。切削刃和前刀面、后刀面都得到积屑瘤的保护，减少了刀具的磨损。

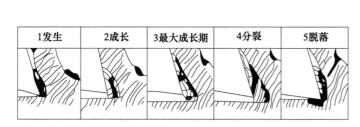

图 3-17　积屑瘤周期

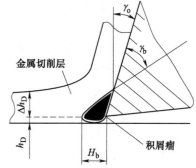

图 3-18　积屑瘤

2. 增大刀具实际前角

积屑瘤具有 30°~50° 的前角，因而减少了切屑的变形，降低了切削力，对粗加工有利。

3. 增大切削厚度

积屑瘤的前端伸出切削刃之外，有积屑瘤时的切削厚度比没有积屑瘤时有所增大，因而影响了工件的加工尺寸。

4. 使已加工表面变得粗糙

积屑瘤在切削过程中不稳定，易破裂，一部分积屑瘤被切屑带走，另一部分留在工件已加工表面上而形成硬点和毛刺（图 3-19），对已加工表面的粗糙度有影响，并引起振动，影响工件表面质量。在精加工时，一定要避免积屑瘤的产生。即使是粗加工，采用硬质合金刀具时，一般也不希望产生积屑瘤，因为刀具材料脆性大，易引起崩刃。

某些没有残留面积的切削加工，如拉削、成形切削和自由切削，由切削刃直接加工获得的表面粗糙度值可达 $Ra2.5 \sim 0.63 \mu m$。如果有积屑瘤形成，那么已加工表面的粗糙程度便增大，表面粗糙度值通常达到 $Ra10 \sim 5 \mu m$。

积屑瘤对粗加工是有利的，对精加工是不利的。对一般切削过程而言，弊大于利，应尽量避免积屑瘤的产生。

四、影响积屑瘤的因素

1. 工件材料的影响

切削塑性金属材料时，金属材料的塑性越大，切屑底层金属越容易"冷焊"在前刀面上，因此越容易产生积屑瘤。切削脆性材料时，一般不会产生积屑瘤。

2. 切削速度的影响

切削速度主要通过切削温度影响积屑瘤。合理控制切削条件，调节切削参数，尽量不形成中温区域，就能较有效地抑制或避免积屑瘤的产生。以切削中碳钢为例，从图 3-19 所示曲线可知，低速（$v_c \leq 3m/min$）切削时，产生的切削温度很低；较高速（$v_c > 60m/min$）切削时，产生的切削温度较高，这

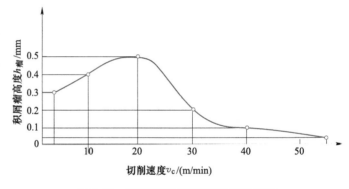

图 3-19　切削速度对积屑瘤高度的影响

两种情况下的摩擦系数均较小，故不易形成积屑瘤。在中速（$v_c \approx 20m/min$）切削时，积屑瘤的高度达到最大值。

3. 刀具前角的影响

采用小前角比用大前角容易产生积屑瘤。刀具的前角小时，切屑变形剧烈，与前刀面的摩擦较大，产生的切削温度较高，容易产生积屑瘤。前角较大时则相反。

4. 刀具前刀面表面粗糙度的影响

减小刀具前刀面的表面粗糙度值，可减小切屑与前刀面的摩擦，积屑瘤不易产生。

5. 切削液的影响

切削液能迅速渗入工件过渡表面和刀具之间，减小切屑与刀具前刀面的摩擦，并能降低切削温度，因此不易产生积屑瘤。

6. 抑制或消除积屑瘤的措施

1）提高或降低切削速度，避开容易形成积屑瘤的切削速度；以切削 45 钢为例，在低速 $v_c < 3\text{m/min}$ 和较高速度 $v_c \geqslant 60\text{m/min}$ 范围内，摩擦系数都较小，故不易形成积屑瘤。

2）采用大前角切削，减小进给量，减小切削变形，同时减小切屑与刀具的接触压力。

3）提高刀具刃磨质量，减小前刀面的表面粗糙度值。

4）对工件材料进行适当的热处理，提高硬度，降低塑性，减小加工硬化倾向。

5）采用润滑性能良好的切削液，减小切屑与前刀面之间的摩擦。

第四节　已加工表面变形与加工硬化

已加工表面变形是发生在第Ⅲ变形区内的物理现象。

一、加工硬化的概念和原因

任何刀具的刃口都不可能磨得绝对锋利，总是存在切削刃钝圆半径 r_n，当用钝圆弧切削刃或后角很小的刀具切削时，在切削、挤压和摩擦作用下，使已加工表面内的金属晶粒产生扭曲、挤紧和破碎（图 3-20），这种经过严重塑性变形而使已加工表面层硬度升高的现象，称为加工硬化，也称为冷作硬化（冷硬）。

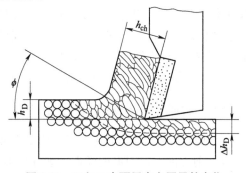

图 3-20　已加工表面层内金属晶粒变化

二、加工硬化对切削加工和已加工表面的影响

1）加工硬化会对下一道工序的加工造成困难，使刀具容易磨损。

2）硬化层表面常会出现细微裂纹和残余应力，降低已加工表面的质量和疲劳强度。在切削加工中应设法减轻或避免已加工表面的加工硬化。

三、加工硬化的度量

衡量加工后硬化程度的指标有加工硬化程度 N 和硬化层深度 Δh_D。

1. 加工硬化程度 N

加工硬化程度 N 是表示已加工表面显微硬度 H_1 与金属材料基体显微硬度 H 之间的相对变化量，用公式可表示为

$$N = \frac{H_1 - H}{H} \times 100\% \qquad (3-5)$$

2. 硬化层深度 Δh_D

硬化层深度 Δh_D 是指硬化层深入基体的距离。材料塑性越大，金属晶格滑移越严重，加工硬化越严重，如图 3-21 所示。

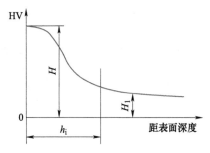

图 3-21　加工硬化与表面深度的关系

四、加工硬化的控制

采取以下措施可控制加工硬化程度。

1）磨出锋利的切削刃，以减小切削变形；提高切削速度，减小刃口半径等。

2）增大前角（可减小切削变形），增大后角（可减小摩擦），提高刀具刃磨质量等。

3）对加工材料进行适当的热处理。

4）合理选择切削液。

第五节　切削力和切削功率

金属切削加工的目的是通过刀具的作用从毛坯上切下多余的金属材料，得到满足加工要求的工件。在切削加工过程中，刀具必须克服被加工材料的切削变形阻力，这个阻力的反作用力就是切削力。切削力是设计机床、夹具和刀具的重要数据，也是分析切削过程工艺质量问题的重要参考数据。减小切削力，不仅可以降低功率消耗、降低切削温度，而且可以减小加工中的振动和工件的变形，还可以延长刀具寿命。因此，必须掌握切削力和切削功率的计算方法，熟悉切削力的影响因素及变化规律，并能采取有效措施减小切削力。

一、切削力的来源、切削合力及分力

切削时作用在刀具上的力来自两个方面，如图 3-22a 所示，即

1）前刀面、后刀面的弹性、塑性变形抗力 F_{nr}、F_{na}。

2）切屑、工件与前刀面、后刀面间的摩擦力 F_{fr}、F_{fa}。

作用在刀具上所有的力可合成为合力 F。为便于分析切削力的作用、测量和计算，将合力 F 分解为相互垂直的 F_c、F_p、F_f 三个分力，如图 3-22b 所示。

1）主切削力 F_c（主切削力 F_z）：在主运动方向上的分力。

2）背向力 F_p（切深抗力 F_y）：在垂直于假定工作平面上的分力。

3）进给力 F_f（进给抗力 F_x）：在进给运动方向上的分力。

微课：
切削力
的来源

微课：
切削力
的分解

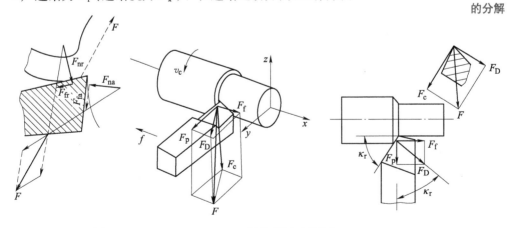

a) 作用在刀具上的力　　　　b) 切削时的合力及分力

图 3-22　切削力分析

三个分力与合力的关系如下为

$$\begin{cases} F = \sqrt{F_c^2 + F_p^2 + F_f^2} \\ F_p = F_D \cos\kappa_r \\ F_f = F_D \sin\kappa_r \end{cases} \tag{3-6}$$

式（3-6）中，F_D 为切削力在垂直于主运动方向的平面上的分力，属于中间分力。一般情况下，就车削加工而言，F_c 最大，F_p 次之，F_f 最小。各切削力的作用见表3-1。

表 3-1　切削分力的作用

切削分力	符号	各分力的作用
主切削力	F_c	主运动方向上的切削分力，也称切向力。它是最大的分力，消耗功率最多（占机床功率的90%），是计算机床动力、机床和刀具的强度和刚度、夹具夹紧力的主要依据
背向力	F_p	吃刀方向上的分力又称径向力。它使工件产生弯曲变形和引起振动，对加工精度和工件表面质量影响较大。因切削时沿工件直径方向的运动速度为零，所以背向力不做功
进给力	F_f	在进给方向上的分力，又称轴向力。它与进给方向相反。它只消耗机床很少的功率（约1%~3%），是计算（或验算）机床进给机构强度的依据

二、切削力实验指数公式

在切削加工中，计算切削力具有很实用的意义。切削力的计算可利用理论公式和实验得到的实验公式。切削力的理论计算较复杂，而用实验指数公式或实验图表求得比较容易，但其结果是一个近似的数值。切削力实验指数公式是将测力后得到的实验数据通过数学整理或计算机处理后建立的，切削力实验后整理的指数公式为

$$\left. \begin{array}{l} F_c = C_{F_c} a_p^{\,x_{F_c}} f^{\,y_{F_c}} v_c^{\,n_{F_c}} K_{F_c} \\ F_p = C_{F_p} a_p^{\,x_{F_p}} f^{\,y_{F_p}} v_c^{\,n_{F_p}} K_{F_p} \\ F_f = C_{F_f} a_p^{\,x_{F_f}} f^{\,y_{F_f}} v_c^{\,n_{F_f}} K_{F_f} \end{array} \right\} \tag{3-7}$$

式中　F_c、F_p、F_f——各切削分力（N）；

C_{F_c}、C_{F_p}、C_{F_f}——公式中的系数，根据加工条件由实验确定；

x_F、y_F、n_F——各因素对切削力的影响程度指数；

K_{F_c}、K_{F_p}、K_{F_f}——不同加工条件对各切削分力的影响修正系数。

以上公式中的相关系数，可以查阅相关手册选取。

三、切削力及功率的计算

切削力的计算可由经验公式（3-7）计算得到，但是比较麻烦，在实际生产中可查有关工艺手册。目前，国内外许多资料中都利用单位切削力 k_c 来计算切削力 F_c 和切削功率 P_c，这是较为实用和简便的方法。

单位切削力 k_c 是切削单位切削层面积所产生的作用力，单位为 N/mm^2，其计算公式为

$$k_c = \frac{F_c}{A_D} = \frac{C_{F_c} a_p^{x_{F_c}} f^{y_{F_c}}}{a_p f} = \frac{C_{F_c}}{f^{1-y_{F_c}}} \tag{3-8}$$

在式（3-8）中，实验得到 $x_{F_c} \approx 1$，因此在不同切削条件下影响单位切削力的因素是进给量 f。增大进给量，可使切削变形减小，因此单位切削力减小。

表 3-2 为硬质合金外圆车刀切削几种常用材料的单位切削力。

表 3-2　硬质合金外圆车刀切削几种常用材料的单位切削力

工件材料				单位切削力 /(N/mm²)	实验条件		
名称	牌号	制造、热处理状态	硬度 HBW		刀具几何参数		切削用量范围
钢	45	热轧或正火	187	1962	$\gamma_o = 15°$ $\kappa_r = 15°$ $\lambda_s = 0°$	前刀面带卷屑槽	$b_{r1} = 0$	$v_c = 1.5 \sim 1.75$m/s (90~105m/min) $a_p = 1 \sim 5$mm $f = 0.1 \sim 0.5$mm/r
		调质（淬火及高温回火）	229	2305			$b_{r1} = 0.1 \sim 0.15$mm $\gamma_{o1} = -20°$	
		淬硬（淬火及低温回火）	44 HRC	2649				
	40Cr	热轧或正火	212	1962			$b_{r1} = 0$	
		调质（淬火及高温回火）	285	2305			$b_{r1} = 0.1 \sim 0.15$mm $\gamma_{o1} = -20°$	
灰铸铁	HT 200	退火	170	1118		$b_{r1} = 0$ 平前刀面，无卷屑槽		$v_c = 1.17 \sim 1.42$m/s (70~85m/min) $a_p = 2 \sim 10$mm $f = 0.1 \sim 0.5$mm/r

1. 主切削力 F_c

因生产条件与实验条件有差异，若已知单位切削力 k_c、背吃刀量 a_p、进给量 f 时，用式（3-8）计算主切削力 F_c（单位为 N）时需要进行修正，即

$$F_c = F_z = k_c a_p f v_c^{n_{F_c}} K_{F_c} \tag{3-9}$$

2. 切削功率 P_c

切削功率是指主运动消耗的功率，用 P_c 表示，单位为 kW，可按下式计算

$$P_c = F_c v_c \times 10^{-3} \tag{3-10}$$

式中　F_c——切削力（N）；

　　　v_c——切削速度（m/s）。

机床主电动机功率 P_E 为

$$P_E \geqslant P_c / \eta \tag{3-11}$$

式中　η——机床传动效率，一般为 $\eta = 0.75 \sim 0.9$。

四、影响切削力的因素

凡影响切削过程中的变形和摩擦的因素均影响切削力，主要包括切削用量、工件材料和刀具几何参数三个方面。现介绍其中主要因素对切削力的影响规律。

1. 切削用量

（1）背吃刀量 a_p　如图 3-23 所示，背吃刀量 a_p 与进给量 f 增加，使切削力 F_c 增加，但

影响程度是不同的。其原因是：若f不变，a_p增大一倍，由于切削宽度b_D和切削层横截面积A_D随着增大一倍，使切削变形和摩擦成倍增大，故切削力也增大一倍；若a_p不变，f增大一倍，使切削厚度h_D和切削层横截面积A_D都增大一倍，但因进给量f的增大使得切削变形减小，摩擦面积不成倍增大，故切削力约增大70%~80%。

微课：
影响切削
力的因素

　　a_p和f对切削力的影响规律，对于指导生产具有重要作用。例如相同的切削层横截面积，切削效率相同，但增大进给量与增大背吃刀量比较，前者既减小了切削力，又节省了切削功率的消耗；如果消耗相等的机床功率，则允许选用更大的进给量切削，可达到切除更多的金属层和提高生产率的目的。

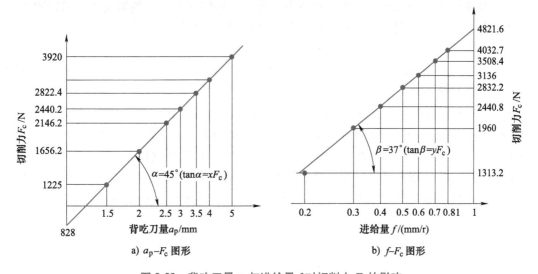

图 3-23　背吃刀量 a_p 与进给量 f 对切削力 F_c 的影响

　　（2）切削速度 v_c　加工塑性金属时，切削速度对切削力的影响主要表现为积屑瘤对实际工作前角和摩擦系数的影响。

　　以车削45钢为例，从实验求得的参数（图3-24）可知：当切削速度 $v_c > 5\text{m/min}$ 时，积屑瘤高度逐渐增加，切削力 F_c 减小；切削速度继续在 $20~35\text{m/min}$ 范围内增加时，积屑瘤逐渐消失，切削力 F_c 增大；当切削速度 $v_c > 35\text{m/min}$ 时，由于切削温度上升，摩擦系数减小，所以切削力 F_c 下降。一般情况下，当切削速度 v_c 超过 90m/min 时，切削力 F_c 处于变化甚小的较稳定状态。

　　加工脆性金属时，变形和摩擦均较小，故切削速度 v_c 对切削力的影响不大。上述分析表明，如果刀具材料和机床性能允许，采用高速切削既能提高生产率，又使切削力减小。

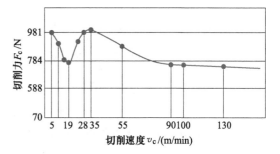

图 3-24　切削速度v_c对切削力 F_c 的影响
加工条件：工件材料为45钢、刀具材料为YT15，
$\gamma_o = 15°$，$\kappa_r = 45°$，$\kappa_r' = 15°$，
$\alpha_o = 8°$，$\lambda_s = 0°$，$a_p = 2\text{mm}$，$f = 2\text{mm/r}$

2. 工件材料

工件材料是通过材料的抗剪强度 τ_b、塑性变形程度及其与刀具间的摩擦等条件影响切削力的。

工件材料的硬度和强度越高，虽然切削变形减小，但由于抗剪强度 τ_b 越高，产生的切削力越大。例如与 45 钢比较，加工 60 钢时切削力 F_c 增大了 4%，加工 35 钢时切削力 F_c 减小了 13%。

工件材料的塑性和韧性越高，切削变形越大，切屑与刀具前刀面之间的摩擦增大，故切削力越大。例如不锈钢 1Cr18Ni9Ti 的延伸率是 45 钢的 4 倍，因此在切削时产生的切削变形大，切屑不易折断，加工硬化严重，产生的切削力 F_c 较加工 45 钢时增大 25%。

由于切削铸铁时的切削变形小、摩擦小，故产生的切削力小。例如灰铸铁 HT200 与 45 钢的硬度较接近，但切削灰铸铁时的切削力 F_c 较切削 45 钢时减小 40%。

3. 刀具几何参数

（1）前角 γ_o　前角 γ_o 增大，切削变形减小，故切削力减小。尤其是加工材料的韧性、延伸率越高，增大前角 γ_o，使切削力下降更为显著。

前角 γ_o 对切削力 F_f、F_p、F_c 的影响曲线如图 3-25a 所示。

（2）刃倾角 λ_s　图 3-25b 所示为刃倾角 λ_s 对切削力 F_f、F_p、F_c 的影响曲线。实验表明，刃倾角 λ_s 的变化对切削力 F_c 影响不大。刃倾角 λ_s 对切削力 F_p 影响较大，当刃倾角 λ_s 由正值向负值变化时，致使指向工件轴线的背向力 F_p 增大。通过切削实验可知，λ_s 负值每增加 1°，可使 F_p 增加 2%~3%，所以生产中常因 λ_s 负值的增加，而使轴类工件产生弯曲变形并引起振动。

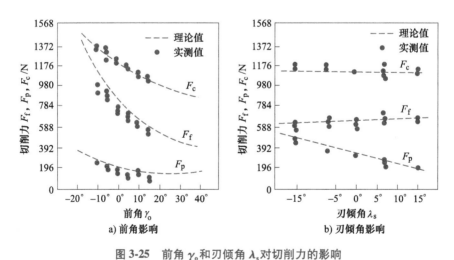

图 3-25　前角 γ_o 和刃倾角 λ_s 对切削力的影响

加工条件：工件材料为 50 钢、刀具材料为 YT15、$f = 0.25\text{mm/r}$、$a_p = 2\text{mm}$、$v_c = 100\text{mm/min}$

（3）主偏角 κ_r　如图 3-26a 所示，主偏角 κ_r 在 30°~60° 范围内增大时，由于切削厚度 h_D 增大，切削变形减小，故切削力 F_c 减小。若主偏角 κ_r 从 60° 增至 90°，则圆弧刀尖在切削刃上所占的切削宽度增大（图 3-26b），使切屑流出时受到的挤压加剧，切削力 F_c 逐渐增大。通常在主偏角 $\kappa_r = 60°~75°$ 时，切削力 F_c 较小。主偏角的变化，改变了切削分力 F_f、F_p 的分配比例，即 κ_r 增大，使 F_p 减小，F_f 增大。

由于主偏角 κ_r 在 $60° \sim 75°$ 的范围内时能减小切削力 F_c 和 F_p，所以在生产中主偏角 $\kappa_r = 75°$ 的车刀被广泛使用。

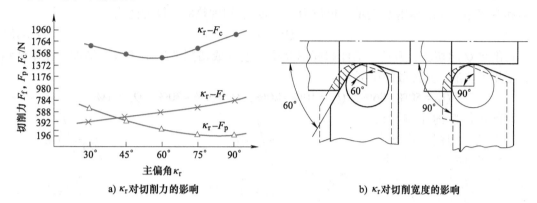

a) κ_r 对切削力的影响   b) κ_r 对切削宽度的影响

图 3-26　主偏角对切削力的影响

加工条件：工件材料为正火 45 钢，刀具材料为 YT15，$\gamma_o = 15°$，$\alpha_o = 6° \sim 8°$，$r_\varepsilon = 0.2\text{mm}$，

$f = 0.3\text{mm/r}$，$a_p = 3\text{mm}$，$v_c = 100\text{mm/min}$

（4）刀尖圆弧半径 r_ε　刀尖圆弧半径 r_ε 增大，切削变形增大，使切削力增大。此外，圆弧切削刃上各点主偏角 κ_r 的平均值越小，背向力 F_p 越大。实验表明，当 r_ε 由 0.25mm 增大到 1mm 时，F_p 增加 20%；当 r_ε 由 0.5mm 增大到 5mm，F_p 增加 1 倍。

4. 其他因素

（1）刀具磨损　刀具后刀面磨损，使刀具与加工表面间的摩擦加剧，故切削力 F_p、F_c 增大。

（2）切削液　切削时加注切削液，可使刀具、工件与切屑接触面间的摩擦减少，因此能较为显著地减小切削力。例如选用效果良好的切削液，切削力比干切削时的减小 $10\% \sim 20\%$。

（3）刀具材料　各种刀具材料对切削力的影响取决于刀具材料与工件材料之间亲和力和摩擦系数等因素。如果刀具材料与工件材料之间的摩擦系数小，则切削力小，例如选用 YT30 刀具切削钢较使用 YT15 刀具时的切削力小；使用陶瓷刀具切削比用硬质合金刀具切削产生的切削力降低 10% 左右。

在计算切削力时，考虑到各个参数对切削力不同的影响，须对切削力数值进行相应的修正，修正系数是通过切削实验确定的。

第六节　切削热与切削温度

切削热和由此产生的切削温度，会使加工工艺系统产生热变形，不但影响刀具寿命，而且影响工件的加工精度和表面质量。因此，研究切削热和切削温度具有重要的实用意义。

微课：
切削热的
来源与传散

一、切削热的来源与传散

在切削加工过程中，由于切削变形和摩擦而产生热量，即切削热来源于三个变形区的变形热和摩擦热。切削热用 Q 表示，单位为 N·m/s。切削热的计算方法为

$$Q = F_c v_c \tag{3-12}$$

切削热 Q 向切屑、刀具、工件和周围介质（空气或切削液）中传散。例如，在车削钢时，采用干切削，其传散的比例为

$$Q_屑 = 50\% \sim 86\%，\quad Q_刀 = 10\% \sim 40\%，\quad Q_工 = 9\% \sim 30\%，\quad Q_介 = 1\%$$

切削热传散的比例与切削速度有关，切削速度增大时，由摩擦生成的热量增多，虽然切屑带走的热量也有所增加，但刀具和工件的传热能力没什么变化。所以高速切削时，切屑的温度很高，工件和刀具的温度较低，这有利于切削加工的顺利进行（图3-27）。

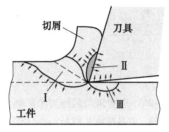

a) 切削热的来源

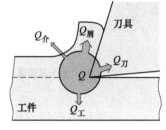

b) 切削热的传散

图 3-27　切削热的产生与传散

二、切削温度测定原理与切削温度分布

1. 切削温度测定原理

在生产中，切削热对切削过程的影响是通过切削温度起作用的。切削温度是指切削过程中切削区域的温度。切削温度的确定，以及切削温度在切屑、工件、刀具中的分布可利用热传导和温度场的理论计算确定，但常用的是通过实验的方法来测定。

测量切削温度的方法很多，例如热电偶法、热辐射法、远红外法和热敏涂色法等。热电偶法用得最多，它的测温装置简单、测量方便。图3-28所示为利用热电偶原理的两种测量方法。

（1）自然热电偶法（图3-28a）　使用自然热电偶法可测定切削区域的温度。利用工件和刀具的不同材料作为热电偶的两极，并分别连接测量仪表，组成测量电路，刀具切削工件的切削区域（A 端）产生高温形成热端，刀具（B 端）与工件（C 端）为热电偶冷端，冷、热端之间的热电势可由仪表进行（毫伏表）测量。工件引出端通过电刷将输出导线接入仪表。刀具和工件分别与机床绝缘。

切削温度越高，测得的热电势越大，它们之间的对应关系可利用专用装置经标定得到。

（2）人工热电偶法（图3-28b）　利用人工热电偶法可测定刀具和工件上的定点温度值。在刀具前刀面和加工表面的被测点处钻出直径为0.05mm左右的不通孔，在孔中插入一对标准热电偶丝，两根热电偶丝的一端焊接点置于被测点处，另一端分别接入毫伏表的两极，通过毫伏表测得冷、热端热电势差。需要注意的是，孔中热电偶丝应保持绝缘。

利用人工热电偶法可测出刀具、工件和切屑中的温度分布。

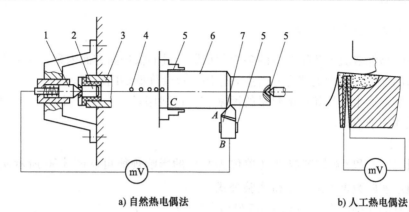

a) 自然热电偶法　　　　　　　　　　b) 人工热电偶法

图 3-28　热电偶法

1—电刷　2—铜塞　3—主轴　4—切屑　5—绝缘层　6—工件　7—刀具

微课：
切削温度
的分布

2. 切削温度分布

图 3-29 所示为利用人工热电偶法测得的刀具、工件和切屑中的温度分布。

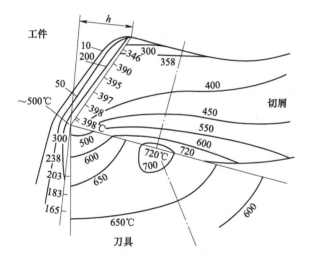

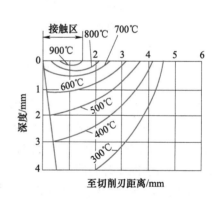

a) 刀具、工件和切屑中的温度分布(刀具材料为YT14)　　　　　b) 刀具中的温度分布

图 3-29　切削温度分布

加工条件：工件材料为30Mn4，$a_p = 3mm$，$v_c = 60m/min$，$f = 0.25mm/r$

1）因刀具与切屑摩擦大，热量不易传散，故产生的温度值最高。

2）切削区域的最高温度点在刀具前刀面上近切削刃处，图 3-29 表明，距切削刃 1mm 处的最高温度约为 900℃，该处压力高，热量集中。在刀具主后刀面上距切削刃约 0.3mm 处的最高温度约为 700℃。

3）切屑带走的热量最多，它的平均温度高于刀具和工件上的平均温度。因在剪切面上各点的剪切变形功大致相同，故各点的温度值较为接近。工件上的最高温度在近切削刃处，其平均温度较刀具上最高温度点低 20~30 倍。

微课：
影响切削
温度的因素

三、影响切削温度的因素

切削温度的高低取决于产生热量的多少和传散热量的快慢两方面因素。如果生热少、散热快，则切削温度低，或者上述之一占主导作用，也会降低切削温度。

切削时，影响产生热量和传散热量的因素有：切削用量、工件材料的力学与物理性能、刀具几何参数和切削液等。

1. 切削用量

切削用量 v_c、a_p 和 f 对切削温度（单位为℃）的影响规律可从图 3-30 所示实验曲线中看出，并可通过实验数据处理后求得实验公式：

高速钢刀具的切削温度 $\quad \theta = (140 \sim 170) a_p^{0.08 \sim 0.1} f^{0.2 \sim 0.3} v_c^{0.35 \sim 0.45}$ （3-13）

硬质合金刀具的切削温度 $\quad \theta = 320 a_p^{0.05} f^{0.15} v_c^{0.26 \sim 0.41}$ （3-14）

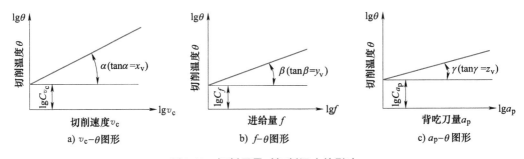

a) $v_c-\theta$ 图形　　　　b) $f-\theta$ 图形　　　　c) $a_p-\theta$ 图形

图 3-30　切削用量对切削温度的影响

加工条件：刀具材料为 W18Cr4V、工件材料为 45 钢、刀具角度 $\gamma_o = 15°$、$\kappa_r = 45°$、$\alpha_o = 8°$

实验表明，a_p、v_c 和 f 增加，使切削变形功和摩擦功增大，故切削温度升高。其中，切削速度 v_c 对切削温度的影响最大，v_c 增大一倍，切削温度升高约 32%；进给量 f 对切削温度的影响次之，f 增大一倍，切削温度升高约 18%；背吃刀量 a_p 对切削温度的影响最小，a_p 增大一倍，切削温度升高约 7%。

上述影响规律产生的原因是 v_c 增大时，摩擦生热增多；f 增大时，因切削变形增加较少，故热量增加不多，此外，使刀具与切屑的接触面积增大，改善了散热条件；a_p 增大时，使切削宽度 b_p 增大，显著增大了热量的传散面积。

切削用量对切削温度的影响规律在切削加工中具有重要的实用意义。例如，分别增加 v_c、a_p 和 f 均能使切削效率按比例提高，但为了减少刀具磨损、延长刀具寿命，减少对工件加工精度的影响，可先设法增大背吃刀量 a_p，其次增大进给量 f，但是在刀具材料与机床性能允许的条件下，应尽量提高切削速度 v_c，以进行高效率、高质量切削。

2. 工件材料的力学与物理性能

工件材料主要通过硬度、强度、塑性和导热系数影响切削温度。

工件材料的强度、硬度越高，产生的切削热越多，切削温度就越高；强度、硬度大致相同时，塑性好的金属材料变形大，因变形转变的切削热较多，切削温度也较高；工件材料的导热系数大有利于降低切削温度。例如加工合金钢产生的切削温度较加工 45 钢高 30%。不锈钢的导热系数较 45 钢小 3 倍，故切削时产生的切削温度较 45 钢高 40%，加工脆性金属材料时,产生的变形和摩擦均较小,故切削时产生的切削温度较 45 钢低 25%。

3. 刀具几何参数

在刀具几何参数中,影响切削温度最为明显的因素是前角 γ_o 和主偏角 κ_r,其次是刀尖圆弧半径 r_ε。如图 3-31a 所示,前角 γ_o 增大时,切削变形和摩擦产生的热量均较少,故切削温度下降。但前角 γ_o 过大时,散热条件变差,使切削温度升高,因此在一定条件下,有一个产生最低温度的最佳前角 γ_o,如图 3-31a 中所示加工条件下的最佳前角约为 15°。

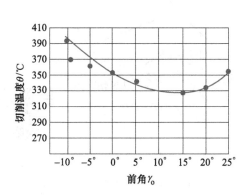

加工条件:刀具材料为W18Cr4V,工件材料为45钢,$\kappa_r=75°$,$\alpha_o=6°\sim8°$,$v_c=20\text{m/min}$,$a_p=1.5\text{mm}$,$f=0.2\text{mm/r}$

a) γ_o 对切削温度的影响

加工条件:刀具材料为YT15,工件材料为45钢,$a_p=2\text{mm}$,$f=0.2\text{mm/r}$

b) κ_r 对切削温度的影响

图 3-31　前角 γ_o 和主偏角 κ_r 对切削温度的影响

如图 3-31b 所示,主偏角 κ_r 减小时,切削变形和摩擦增大,使切削热增加,但 κ_r 减小后,因刀头体积增大,切削宽度 b_D 增大,使散热条件得到改善,故切削温度下降。

增大刀尖圆弧半径 r_ε,选用负的刃倾角 λ_s 和磨制负倒棱均能增大散热面积,降低切削温度。

4. 切削液

切削液对切削温度的影响,与切削液的导热性能、流量、加注方式及本身的温度有很大关系(图 3-32)。从导热性能来看,油类切削液不如乳化液,乳化液不如水基切削液。如果用乳化液代替油类切削液,可将加工生产率提高 50%～100%。

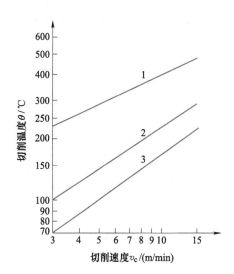

图 3-32　切削液对切削温度的影响

1—无冷却　2—10%乳化液

3—1%硼酸钠及 0.3%磷酸钠的水溶液

第七节　刀具磨损与刀具寿命

刀具磨损主要指刀具前、后刀面的磨损。刀具磨损会影响工件的加工精度和表面质量，缩短刀具寿命。研究刀具磨损的目的是预防刀具过早、过多磨损和破损，延长刀具寿命。

一、刀具磨损

1. 刀具的磨损形式

刀具的磨损可分为正常磨损（图 3-33）与非正常磨损两类。正常磨损是指在刀具设计与使用合理、制造与刃磨质量符合要求的情况下，刀具在切削过程中随着时间的增加逐渐产生的磨损且扩大的形式。

（1）正常磨损　主要有以下三种形式。

1）后刀面磨损。刀具磨损发生在后刀面上，如图 3-34a 所示。它是在切削脆性材料和切削塑性材料时，使用较低的切削速度、较小的切削宽度时产生的。因在这种情况下，前刀面上的正压力和摩擦力都不大，且切屑与前刀面的接触长度小，故刀具磨损主要发生在后刀面上。

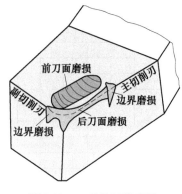

图 3-33　刀具的正常磨损

微课：
刀具磨损形式

2）前刀面磨损。切屑在前刀面流出时，由于摩擦、高压高温的作用，使前刀面上靠近切削刃处磨出洼凹（称为月牙洼），如图 3-34b 所示。它是采用较高的切削速度、较大的进给量（切削厚度大于 0.5mm）切削塑性材料时产生的。

3）前、后刀面同时磨损。切削塑性材料时，采用中等切削速度和进给量时常出现的磨损形式，如图 3-34c 所示。

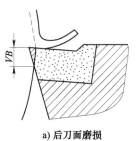

a) 后刀面磨损

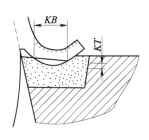

b) 前刀面磨损

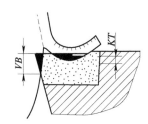

c) 前、后刀面同时磨损

图 3-34　刀具的磨损形式

（2）非正常磨损　在切削过程中，由于振动、冲击、热效应等原因而使刀具突然损坏即为非正常磨损，如崩刃、卷刃、碎裂、热裂等。

2. 刀具的磨损过程

在正常磨损情况下，刀具磨损量随切削时间的增加而逐渐扩大。现以后刀面磨损为例，说明磨损过程。刀具的磨损过程大致分为三个阶段：①初期磨损阶段，如图 3-35 所示曲线中的 *AB* 段，在开始切削的短时间内刀具磨损较快，这是由于刀具表面凹凸不平或表层组织不耐磨引起的；②正常磨损阶段，如图 3-35 所示曲线中的 *BC* 段，随刀具切削时

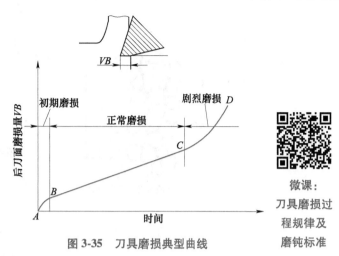

图 3-35 刀具磨损典型曲线

微课：刀具磨损过程规律及磨钝标准

间增加，磨损曲线基本上呈直线，其斜率表示磨损强度；③剧烈磨损阶段，如图 3-35 所示曲线中的 *CD* 段，磨损量达到一定数值后，刀具刃口变钝，切削力增大，切削温度剧增，刀具磨损急剧增大，如果继续使用刀具进行切削加工，将会缩短刀具寿命，甚至损坏刀具。在实际生产中，应避免使刀具处于剧烈磨损阶段。

3. 刀具的磨损原因

（1）磨粒磨损 在切削过程中，刀具表面被一些硬质点划出深浅不一的沟纹所造成的磨损，称为磨粒磨损（图 3-36）。这些硬质点来自工件材料中的碳化物（Fe_3C、TiC）、氧化物（SiO_2、Al_2O_3）和其他硬夹杂物，以及积屑瘤碎片等。

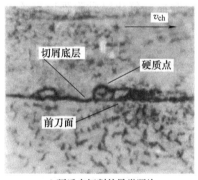

a) 硬质点切削的显微照片

b) 后刀面上的磨粒刻痕

图 3-36 刀具磨粒磨损的显微照片

（2）黏结磨损 又称为冷焊磨损，即刀具表面与切屑、加工表面形成的摩擦副，在切削压力和摩擦作用下，使接触面间微观不平的凸起之处发生剧烈塑性变形，继而温度升高而造成黏结，接触面滑动时，黏结点产生剪切破裂而造成磨损。

黏结磨损主要发生在中等切削速度范围内，磨损程度主要取决于工件材料与刀具材料间的亲和力、两者的硬度比等。

（3）扩散磨损 在高温切削时，工件与刀具材料中的某些化学元素互相扩散置换，使刀具材料变得脆弱而造成的磨损，称为扩散磨损。例如硬质合金中的 Co、Ti、W、C 等扩散到切屑底层，而切屑、工件中的 Fe 渗透到刀具中（图 3-37）。

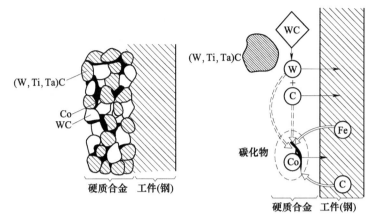

图 3-37　原子间相互扩散置换示意图

扩散磨损主要发生在高温（800℃以上）切削条件下，扩散磨损的程度和切削速度、刀具材料的化学成分、温度有关，如 Ti 比 C、Co、W 的扩散速度慢。另外，温度越高，扩散磨损越快。

（4）相变磨损　在切削过程中，当切削温度超过刀具材料的相变温度时，因刀具材料会发生相变；使其硬度降低，造成刀具磨损，这种磨损称为相变磨损。相变磨损是高速钢刀具磨损的主要原因之一。

（5）氧化磨损　高温（700~800℃）切削时，空气中的氧与硬质合金中的 Co、TiC、W、C 等发生氧化反应，在刀具表面形成一层硬度较低的氧化膜，并被切屑带走而形成刀具磨损，称为氧化磨损或化学磨损（图 3-38）。氧化磨损与氧化膜黏附强度有关，黏附强度越低，磨损越快。

在实际生产中，刀具磨损可能是以上磨损原因中的一种或几种。不同的刀具材料在不同的切削条件下造成磨损的原因是不同的。对于一定的刀具和工件材料，起主导作用的是切削温度（图 3-39）。在低温区，一般以硬质点磨损为主；在高温区以黏结磨损、扩散磨损和氧化磨损等为主。

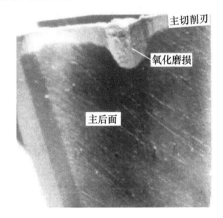

图 3-38　氧化磨损照片

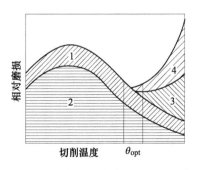

图 3-39　切削温度对磨损影响的示意
1—磨粒磨损　2—黏结磨损　3—扩散磨损　4—氧化磨损

4. 磨钝标准

根据加工情况规定的刀具磨损量最大允许值，称为磨钝标准。在国际标准 ISO 中，作为研究用推荐的高速钢和硬质合金刀具磨钝标准为：在后刀面切削区内均匀磨损量 $VB = 0.3\text{mm}$；在后刀面切削区内非均匀磨损量 $VB_{max} = 0.6\text{mm}$；月牙洼深度标准 $KT = 0.06 + 0.3f$（f 为进给量，单位为 mm/r）。对于精加工刀具，应根据工件表面质量的公差等级要求确定 VB 值。根据生产实践的调查资料，硬质合金车刀磨钝标准推荐值见表 3-3。

表 3-3　硬质合金车刀磨钝标准推荐值

加工条件	碳钢及合金钢		铸铁	
	粗车	精车	粗车	精车
VB/mm	1.0~1.4	0.4~0.6	0.8~1.0	0.6~0.8

在实际生产中，有经验的操作人员往往凭直观感觉判断刀具是否已经磨钝。当工件加工表面粗糙度值 Ra 开始增大，切屑的形状和颜色发生变化，工件表面出现挤亮的带，切削过程产生振动或刺耳噪声等，都标志着刀具已经磨钝。

二、刀具寿命

1. 刀具寿命的概念

微课：
刀具寿命
影响因素

刀具寿命是指刀具从开始切削直到磨损量达到刀具的磨钝标准时所经过的总切削时间，用 T 表示，单位为 min。刀具寿命长，表示刀具磨损慢。刀具寿命也有用加工的零件数 N 来表示的。

刀具总寿命是新刀具从开始使用起，至完全报废为止的总切削时间。它与刀具寿命是两个不同的概念。刀具总寿命等于刀具报废前的刀具的寿命乘以允许的刃磨次数。

生产实践中，常利用刀具寿命来控制磨损程度，这比用测量磨损量 VB 来判断是否达到磨损限度更为方便。它是表示刀具磨损的另一种方法。

确定刀具寿命有以下两种方法：

（1）最高生产率寿命 T_p　所确定的 T_p 能达到最高生产率，即加工一个零件花费时间最少。

（2）最低生产成本寿命 T_c　确定的 T_c 能保证加工成本最低，即加工一个零件的成本最低。

显然 $T_c > T_p$，即低成本允许的切削速度低于高生产率允许的切削速度。在生产中通常根据低成本允许的切削速度来确定刀具寿命。

2. 刀具寿命的合理数值

刀具寿命与切削用量、生产率有着密切关系。若刀具寿命定得高，则要求采用较低的切削用量，加工工时就要增加；若刀具寿命定得低，可采用较高的切削用量，缩短加工工时，但换刀与磨刀的工时和费用均要增加。两者都不能达到高效率和低成本的加工要求。因此，在制定刀具寿命标准时，要考虑刀具制造、刃磨的难易程度和成本的高低，装夹、调整复杂程度及工件大小等问题。

各种刀具寿命参考值见表 3-4。

表 3-4　刀具寿命参考值

刀具类型	刀具寿命
高速钢车刀	30~60min
硬度合金焊接车刀	15~60min
硬度合金可换位车刀	15~45min
组合机床、自动机、自动线刀具	240~480min
高速钢钻头	80~120min
硬质合金面铣刀	120~180min
齿轮刀具	200~300min

3. 影响刀具寿命的因素

影响刀具寿命的因素主要有：切削用量、刀具几何参数、工件材料和刀具材料。

（1）切削用量　切削速度对刀具寿命的影响最大，其次是进给量，而背吃刀量对刀具寿命的影响最小。在优选切削用量以提高生产率时，选择顺序应为：首先尽量选用大的背吃刀量 a_p，然后根据加工条件和加工要求选取允许的最大进给量 f，最后在刀具寿命或机床功率允许的情况下选取最大的切削速度 v_c。

（2）刀具几何参数　增大刀具前角 γ_o，切削力减小，切削温度降低，刀具寿命延长。不过前角太大时，刀具强度降低，散热条件变差，刀具寿命反而缩短。

减小主偏角 κ_r 与增大刀尖圆弧半径 r_ε，能增加刀具强度，降低切削温度，从而延长刀具寿命。

（3）工件材料　工件材料的硬度、强度和韧性越高，刀具在切削过程中产生的温度也越高，刀具寿命越短。

（4）刀具材料　一般情况下，若刀具材料的热硬性越高，则刀具的寿命越长。

刀具寿命在很大程度上取决于刀具材料的合理选择。例如加工合金钢时，在切削条件相同时，陶瓷刀具的寿命比硬质合金刀具的长。采用涂层刀具材料和使用新型刀具材料，能有效延长刀具寿命。

典型案例及应用

1. 案例分析

金属切削的过程中会发生什么样的变形？变形的规律是什么？例如材料为碳钢的工件在某数控机床上加工时，出现了不易折断的带状切屑，严重影响了加工进程，如何解决该问题？

在切削加工塑性金属材料工件时，有时会出现以下现象：某操作者在加工直径为 60mm 的某中碳钢工件，设置切削速度为 15m/min、进给量为 0.2mm/r 后，在加工过程中发现在刀具前刀面上主切削刃附近"长出"了一个硬度很高的楔块，如图 3-40 所示，并且工件已加工表面也变得比较粗糙。这是什么原因？

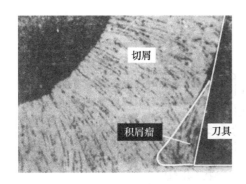
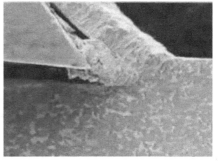

图 3-40　积屑瘤

2. 解决措施

金属在切削过程中会发生弹性变形和塑性变形，这些变形可以用三个变形区来概括，即第 I 变形区、第 II 变形区和第 III 变形区。第 I 变形区主要是切屑的形成和变形，可以用切削厚度压缩比 Λ_h 和剪切角 ϕ 来表示。第 II 变形区主要是前刀面和切屑的摩擦，主要表现为积屑瘤的形成。第 III 变形区也称为挤压回弹区，是由后刀面和已加工表面的挤压形成的，是加工硬化形成的主要原因。

当出现带状切屑时，切屑会缠绕在工件或刀具上，影响正常加工，降低加工精度和质量，可以在车刀上开断屑槽，使切屑的弯曲应力增大，利于切屑折断。

切削塑性材料时，以切削速度为 15m/min、进给量为 0.2mm/r 的参数加工直径为 60mm 的某中碳钢工件，发现在刀具前刀面上主切削刃附近"长出"了一个硬度很高的楔块，这个硬楔块是积屑瘤，它代替了切削刃对工件进行切削，降低了加工精度，降低了工件表面质量。

本 章 小 结

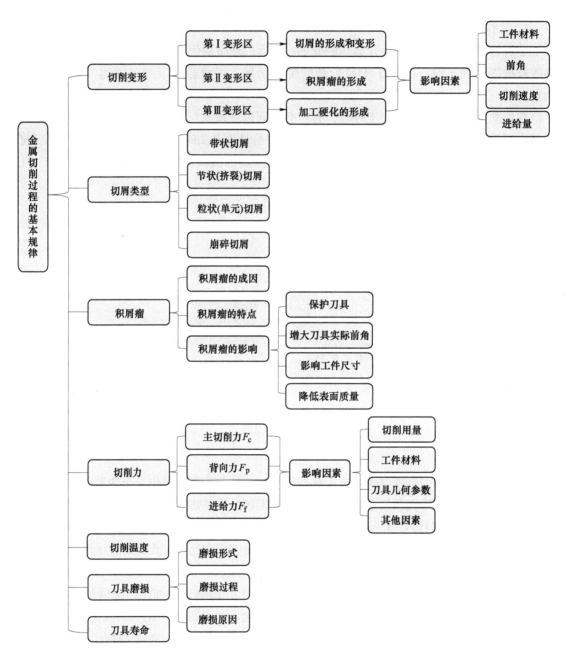

训练与实践

1. 填空题

（1）被切金属层在刀具切削刃的_____和前刀面的_____作用下，产生_____，形成了切屑。

（2）加工脆性材料时，切屑一般为_____。

（3）从切削变形的原理分析，切屑有_____切屑、_____切屑、_____切屑和_____切屑四种类型。

（4）形成带状切屑时，_____的变化波动小，切削过程平稳，工件表面质量较高。

（5）切削 45 钢时，最易产生积屑瘤的切削速度是_____，切削温度约为_____。

（6）积屑瘤对切削所起的有利作用是_____和_____。

（7）切削中产生积屑瘤会_____工件表面质量。

（8）积屑瘤对_____是有利的，而在_____时则要避免其产生。

（9）降低刀具_____的表面粗糙程度可抑制积屑瘤的产生。

（10）减少加工硬化的措施有_____、_____、合理选用切削液、提高刀具刃磨质量，减小刀尖圆弧半径。

（11）切削力可分解为三个互相垂直的分力，即_____、_____ 和_____。

（12）切削功率近似等于_____和_____的乘积。

（13）工件材料的强度和硬度越高，切削力就_____。

（14）增大前角，切削力会_____。

（15）切削塑性材料时，切削力随切削速度的增加而_____。

（16）在金属切削过程中，切削热来源于两个方面，即工件材料在切削过程中的_____（弹性变形、塑性变形）和_____（前刀面与切屑、后刀面与工件）。

（17）切削热由_____、_____、_____及周围介质传出。

（18）切削温度一般是指切屑、工件和刀具的接触表面的平均温度，也就是_____的平均温度。

（19）切削用量中对切削温度影响最大的是_____，其次是_____，最小的是_____。

（20）对切削温度影响最大的是_____ 、_____和_____。

（21）刀具正常磨损分_____磨损、_____磨损和_____三种。

（22）前刀面磨损主要是在切削速度_____、切削厚度_____的情况下切削_____金属材料时产生的。

（23）切削脆性金属材料常发生_____磨损。

（24）刀具磨损原因包括_____磨损、_____磨损、_____磨损和_____磨损等。

（25）刀具磨损的过程分为_____阶段、_____阶段和_____阶段。

（26）刃磨后的刀具，自_____直到磨损量达到_____所经过的总切削时间称为刀具寿命。

2. 判断题

（1）切屑的卷曲和前刀面的挤压有关。　　　　　　　　　　　　　（　　）

（2）去除的切屑的厚度通常与切削层的厚度相等。　　　　　　　（　　）

（3）节状切屑外表面呈锯齿形，内表面局部有裂纹。　　　　　　（　　）

（4）节状切屑又称为挤裂切屑；粒状切屑又称为单元切屑。 （ ）

（5）切削塑性金属时，选择较小的切削厚度、较高的切削速度和较大的前角会形成粒状切屑。 （ ）

（6）切削脆性金属时易形成崩碎切屑。 （ ）

（7）加工塑性金属时，通过改变切削条件可使切屑形态发生变化。 （ ）

（8）切削铸铁、黄铜等脆性材料时往往形成不规则的细小颗粒状崩碎切屑，主要是因为材料的塑性差，抗拉强度低。 （ ）

（9）在车削过程中，良好切屑形状的主要标志是：不缠绕，不飞溅，不损伤工件、刀具和车床，不影响工人的操作和安全。 （ ）

（10）积屑瘤的硬度与工件材料硬度一样。 （ ）

（11）无论切削速度较低还是较高，都不易产生积屑瘤。 （ ）

（12）切削脆性金属材料不会产生积屑瘤。 （ ）

（13）以中等切削速度切削钢件时不会产生积屑瘤。 （ ）

（14）积屑瘤有保护刀具的作用，精加工时允许积屑瘤存在。 （ ）

（15）有了积屑瘤后，刀具实际前角会增大。 （ ）

（16）切削液可降低切削温度，控制积屑瘤的产生。 （ ）

（17）材料脆性越大，加工硬化越严重。 （ ）

（18）主切削力是主运动切削速度方向的力，它是确定机床电动机功率的主要依据。 （ ）

（19）钻削时，轴向切削力与进给方向平行。 （ ）

（20）切削功率是三个切削分力所消耗功率的总和。 （ ）

（21）背向力不消耗功率，但在车削轴类工件时，易引起工艺系统的变形和振动，对加工精度和表面质量有较大影响。 （ ）

（22）影响切削力的主要因素包括工件材料的硬度、塑性和韧性，刀具角度，切削用量，刀具的磨损、切削液和刀具材料等。 （ ）

（23）加工塑性大的材料，车刀的前角对切削力的影响不明显。 （ ）

（24）合理选用切削液，不但可以降低切削区域的温度，对减小切削力也有十分明显的效果。 （ ）

（25）主切削力消耗大部分切削功率，是计算机床功率，设计刀具、夹具，选择切削用量的主要依据。 （ ）

（26）车刀刀尖圆弧半径增大，切削时的背向力减小。 （ ）

（27）导热性能差的材料切削温度低。 （ ）

（28）切削硬度相当的材料，塑性金属比脆性金属产生的热量多。 （ ）

（29）刀具的刀尖角大，切削时的切削温度高。 （ ）

（30）车削过程中，变形区的金属变形与摩擦是产生切削热的根本原因。 （ ）

（31）切削速度越高，切屑带走的热量越少，传入工件的热量越多。 （ ）

（32）对切削温度影响较大的因素有切削用量、刀具角度、工件材料和冷却条件等。

（　　）

（33）车刀的前角增大，切削力减小，消耗的功率及产生的切削热相应减少。（　　）

（34）刀具因存在细微裂纹而产生的破损和因切削高温而产生的卷刃都是正常磨损现象。

（　　）

（35）降低切削温度、改善刀具表面质量和润滑条件，都能减少刀具的黏结磨损。

（　　）

（36）刀具材料是影响刀具寿命的主要因素之一。　　　　　　　　　　　（　　）

（37）通常情况下，刀具材料的高温硬度越高，越耐磨，刀具寿命越长。　（　　）

（38）在不带冲击切削的情况下，硬质合金刀具的寿命比高速钢的长。　　（　　）

（39）通常情况下，精加工时的磨钝标准低于粗加工时的磨钝标准。　　　（　　）

（40）工件材料的塑性、韧性越好，刀具寿命越长。　　　　　　　　　　（　　）

3. 选择题

（1）（　　）切屑底面光滑，外表面呈毛茸状。

　　A. 带状　　　　　　B. 节状　　　　　　C. 粒状

（2）加工塑性金属时，若刀具前角较大，切削速度较高，切削厚度较小，则容易产生（　　）切屑。

　　A. 带状　　　　　　B. 节状　　　　　　C. 粒状

（3）切削时若形成节状切屑，当将刀具前角增大、切削厚度减小时，易形成（　　）切屑。

　　A. 带状　　　　　　B. 节状　　　　　　C. 粒状

（4）工件材料越（　　），刀具前角越（　　），切削厚度越（　　），越容易形成崩碎切屑。

　　A. 韧　　　　　　B. 脆　　　　　　C. 大　　　　　　D. 小

（5）车削时，主切削力（　　）于基面。

　　A. 垂直　　　　　　B. 平行　　　　　　C. 重合

（6）材料的强度、硬度相近时，塑性越（　　），切削力越小。

　　A. 好　　　　　　B. 差　　　　　　C. 一般

（7）切削脆性金属材料的切削力（　　）切削钢件的切削力。

　　A. 等于　　　　　　B. 大于　　　　　　C. 小于

（8）切削用量中，对切削力影响最大的是（　　），影响最小的是（　　）。

　　A. 切削深度　　　B. 进给量　　　　　C. 切削速度

（9）在中等切削速度下切削钢件，切削力会（　　）。

　　A. 增大　　　　　　B. 减小　　　　　　C. 不变

（10）刀具角度中，对切削力影响最大的是（　　）。

　　A. 前角　　　　　　B. 后角　　　　　　C. 主偏角　　　　　D. 刃倾角

（11）在没有切削液的条件下进行车削时，传散热量最多的是（　　）。

A. 切屑   B. 工件   C. 刀具   D. 其他介质

（12）在没有切削液的条件下进行钻削时，传散热量最多的是（   ）。

     A. 切屑   B. 工件   C. 刀具   D. 其他介质

（13）切削（   ）金属比切削（   ）金属的切削温度高。

     A. 脆性   B. 塑性

（14）切削强度和硬度高的材料时，切削温度较（   ）。

     A. 低   B. 高   C. 中等

（15）增大刀具（   ）可降低切削温度，减小刀具（   ）可降低切削温度。

     A. 前角   B. 主偏角

（16）切削塑性金属时通常发生（   ）磨损。

     A. 前刀面   B. 后刀面

（17）相变磨损是（   ）刀具产生急剧磨损的主要原因。

     A. 高速钢   B. 硬质合金

（18）切削用量中，对刀具寿命影响最大的是（   ），其次是（   ），影响最小的是（   ）。

     A. 切削深度   B. 进给量   C. 切削速度

（19）用中等切削速度和进给量切削中碳钢工件时，刀具磨损形式为（   ）。

     A. 前刀面磨损   B. 前后刀面同时磨损   C. 后刀面磨损

（20）切削脆性材料时，刀具磨损会发生在（   ）。

     A. 前刀面   B. 后刀面   C. 前、后刀面

（21）使用刀具时应在刀具产生（   ）磨损前重磨或者更换新刀。

     A. 初期   B. 正常   C. 急剧

4. 简答题

（1）较好的切屑形式有哪几种？

（2）试述积屑瘤的成因。

（3）积屑瘤对切削加工有什么影响？

（4）试述避免积屑瘤产生的措施。

（5）简述加工硬化的成因。

（6）切削力可分解成哪几个分力？各分力有何实用意义？

（7）切削用量三要素是怎样影响切削力的？为什么进给量的影响不如背吃刀量的影响大？

（8）减小背向力有哪些主要措施？

（9）简述切削温度对切削过程的影响。

（10）降低切削温度的措施有哪些？

（11）从切削温度的角度分析，为什么在切削时切削用量的选择以增大背吃刀量为宜？

（12）刀具磨钝标准应如何确定？

（13）切削用量对刀具寿命有何影响？为什么硬质合金刀具在切削速度较低时，刀具寿

命反而会缩短？

（14）实际生产中可从哪些方面判断刀具已经磨钝？

5. 计算题

（1）已知车床电动机功率为 6kW，传动效率为 0.75，车削时选择的背吃刀量为 5mm，进给量为 0.4mm/r。已知单位切削力为 $1118N/mm^2$。试求在机床允许的情况下可选择的最大切削速度。

（2）已知车床电动机功率为 5.5kW，传动效率为 0.8，车削直径为 60mm 的钢轴时选择的背吃刀量为 5mm，进给量为 0.6mm/r。已知单位切削力为 $1118N/mm^2$。试求在机床功率允许的情况下可选择的最高转速。

4

第四章　金属切削基本理论的应用

【学习目标】

◆ 了解改善材料切削加工性的途径。

◆ 对难加工材料的加工特点有一定的认识。

◆ 掌握影响已加工表面质量的因素。

◆ 对刀具几何参数有较具体的理解。

◆ 会合理选用切削液。

◆ 会合理选择切削用量。

【本章要点】

本章运用金属切削过程基本规律的理论，从改善材料的切削加工性，合理选用切削液，合理选择刀具几何参数和切削用量等方面问题，来达到保证加工质量、降低生产成本、提高生产率的目的。学习这些知识，也是为分析、使用与设计刀具，以及分析解决生产中有关的工艺技术问题打下必要的基础。

第一节　改善材料的切削加工性

在一定的加工条件下，材料被切削的难易程度，称为材料的切削加工性。良好的切削加工性一般包括：在相同切削条件下，刀具寿命较长；在相同切削条件下，切削力、切削功率较小，切削温度较低；加工时，容易获得良好的表面质量；容易控制切屑的形状，容易断屑。材料切削加工性的好坏，对于顺利完成切削加工任务，保证工件的加工质量具有重要意义。

材料的切削加工性不仅是一项重要的工艺性能指标，而且是材料多种性能的综合评价指标。材料的切削加工性不仅可以根据不同情况从不同方面进行评定，而且是可以改变的。

一、工件材料切削加工性评定的主要指标

1. 加工材料的性能指标

工件材料切削加工的难易程度主要取决于材料的结构和金相组织，以及材料所具有的物理和力学性能，包括材料硬度、抗拉强度 R_m、伸长率 A、冲击韧度 a_K 和热导率 κ。通常按指标数值的大小来划分切削加工性等级，见表4-1。

表4-1　工件材料切削加工性等级表

切削加工性		易切削			较易切削		较难切削			难切削		
等级代号		0	1	2	3	4	5	6	7	8	9	9a	9b
硬度	HBW	≤50	>50~100	>100~150	>150~200	>200~250	>250~300	>300~350	>350~400	>400~480	>480~635	>635	
	HRC					>14~24.8	>24.8~32.3	>32.3~38.1	>38.1~43	>43~50	>50~60	>60	
抗拉强度 R_m/GPa		≤0.196	>0.196~0.441	>0.441~0.588	>0.588~0.784	>0.784~0.98	>0.98~1.176	>1.176~1.372	>1.372~1.568	>1.568~1.764	>1.764~1.96	>1.96~2.45	>2.45
伸长率 A/(%)		≤10	>10~15	>15~20	>20~25	>25~30	>30~35	>35~40	>40~50	>50~60	>60~100	>100	
冲击韧度 a_K/(kJ/m²)		≤196	>196~392	>392~588	>588~784	>784~980	>980~1372	>1372~1764	>1764~1962	>1962~2450	>2450~2940	>2940~3920	
热导率 κ/[W/(m·K)]		418.68~293.08	<293.08~167.47	<167.47~83.74	<83.74~62.80	<62.80~41.87	<41.87~33.5	<33.5~25.12	<25.12~16.75	<16.75~8.37	<8.37		

从工件材料切削加工性分级表中查出材料性能对应的切削加工性等级，可全面了解材料切削加工难易程度的特点。以正火45钢为例，它的性能是硬度为229HBW，$R_m = 0.598\text{GPa}$，$A = 16\%$，$a_K = 588\text{kJ/m}^2$，$\kappa = 50.24\text{W/(m·K)}$。从表4-1查出各项性能对应的切削加工性等级为"4·3·2·2·4"，因而45钢是较易切削的金属材料。

2. 相对加工性指标

在切削45钢（硬度范围为170~229HBW，$R_m = 0.637\text{GPa}$）时，刀具寿命 $T = 60\text{min}$ 的切削速度 $(v_{60})_j$ 作为基准，在相同加工条件下，切削其他材料的 v_{60} 与 $(v_{60})_j$ 的比值 K_r，称为相对加工性指标，即

$$K_r = \frac{v_{60}}{(v_{60})_j} \tag{4-1}$$

常用工件材料的 K_r 见表4-2。K_r 越大，材料加工性越好。从表4-2中可以看出，当 $K_r > 1$ 时，该材料比45钢易切削；反之，该材料比45钢难切削，例如，正火30钢就比45钢易切削。一般把 $K_r \leq 0.5$ 的材料，称为难加工材料，例如，高锰钢、不锈钢等。

其他指标有加工表面质量指标，切屑控制难易指标，切削温度、切削力、切削功率指标。加工表面质量指标是在相同加工条件下，比较加工后的表面质量（如表面粗糙度等）

来判定工件材料加工性的好坏。加工表面质量越好，加工性越好。切屑控制难易指标是从切屑形状及断屑难易程度来判断工件材料加工性的好坏。切削温度、切削力、切削功率指标根据切削加工时产生的切削温度的高低、切削力的大小、功率消耗的多少来评判工件材料的加工性。这些数值越大，说明工件材料的加工性越差。

表 4-2   工件材料的相对加工性及其分级

加工性等级	工件材料分类		相对切削加工性 K_r	代表性材料
1	很容易切削的材料	一般非铁金属	>3.0	5-5-5 铜铅合金、铝镁合金、9-4 铝铜合金
2	容易切削的材料	易切钢	2.5~3.0	退火 15Cr、自动机床用钢
3		较易切钢	1.6~2.5	正火 30 钢
4	普通材料	一般钢、铸铁	1.0~1.6	45 钢、灰铸铁、结构钢
5		稍难切削的材料	0.65~1.0	调质 20Cr13、85 钢
6	较难切削的材料	较难切削的材料	0.5~0.65	调质 45Cr、调质 65Mn
7		难切削材料	0.15~0.5	1Cr18Ni9Ti、调质 50CrV、某些钛合金
8		很难切削材料	<0.15	铸造镍基高温合金、某些钛合金

3. 刀具寿命指标

刀具寿命也可用于衡量被加工材料切削的难易程度。例如，切削普通金属材料时，取刀具寿命为 60min 时允许的切削速度 v_{60}，切削难加工材料时用 v_{20}，可评定相应工件材料切削加工性的好坏。在相同条件下，v_{60} 与 v_{20} 的值越高，工件材料的切削加工性越好；反之，切削加工性越差。

此外，根据不同的加工条件与要求，也可按加工表面粗糙度、切削力和断屑等指标来衡量工件材料切削加工性的好坏。

二、切削加工性的影响因素

材料的力学性能、化学成分、金相组织是影响材料切削加工性的主要因素。

1. 材料的力学性能

就材料力学性能而言，材料的强度和硬度越高，切削时的抗力越大，切削温度越高，刀具磨损越快，切削加工性越差；强度相同，塑性、韧性越好的材料，切削变形越大，切削力越大，切削温度越高，并且不易断屑，故切削加工性越差。材料的线膨胀系数越大、导热系数越小，切削加工性越差。

2. 化学成分

就材料化学成分而言，增加钢的含碳量，其强度和硬度提高，塑性和韧性下降。显然，低碳钢切削时变形大，不易获得高的加工表面质量；高碳钢的切削抗力太大，切削困难；中碳钢介于两者之间，有较好的切削加工性。

增加合金元素会改变钢的切削加工性，例如，锰、硅、镍、铬等都能提高钢的强度和硬度。石墨的含量、形状和大小影响着灰铸铁的切削加工性，促进石墨化的元素能改善铸铁的切削加工性，例如，碳、硅、铝、铜、镍等；阻碍石墨化的元素能降低铸铁的切削加工性，例如，锰、磷、硫、铬、钒等。

3. 金相组织

就材料的金相组织而言，钢中的珠光体有较好的切削加工性，铁素体和渗碳体则较差；托氏体和索氏体组织在精加工时能获得质量较好的加工表面，但必须适当降低切削速度；奥氏体和马氏体的切削加工性很差。

三、改善材料切削加工性的途径

1. 进行适当的热处理

一般说来，将工件材料进行适当的热处理是改善其切削加工性的主要措施。

被加工材料硬度越高且不均匀，组织偏析越严重，刀具磨损越严重。材料的伸长率越大，粘刀严重，表面质量越差，均使切削加工性变差。因而，通过热处理降低材料硬度，使组织均匀，提高切削脆性能有效地改善材料的切削加工性。铸铁的基体中分布着游离状态的石墨，提高了铸铁的易加工性，但基体为珠光体的灰铸铁，硬度高，若经退火处理分解为铁素体和石墨，将会降低硬度，改善其切削加工性。对低碳钢进行正火处理，细化晶粒，可提高硬度，降低韧性。高碳钢通过退火处理，可使硬度降低。而对镍基高温合金进行淬火处理，可使原来组织中的金属化合物转变为固溶体，由于化合物存在较少，所以易于切削。

2. 改变加工条件

合理选择刀具材料、刀具几何参数、切削用量也是改善材料切削加工性的有效措施。

对于铝及铝合金等易切削材料，为了减小积屑瘤和加工硬化等对已加工表面质量带来的不利影响，通常选用大前角刀具和高的切削速度，并尽量将刃口磨得锋利、光整。对于不锈钢材料，为了克服其容易加工硬化、导热性差、切削温度高、不易断屑等突出问题，通常采用韧性好的 K 类硬质合金刀片、选用较大的前角和较小的主偏角、采用较大的进给量等。

3. 采用新技术

采用新的切削加工技术也是解决某些难加工材料切削问题的有效措施。

新加工技术包括加热切削、低温切削和振动切削等。例如，对耐热合金、淬硬钢、不锈钢等难加工材料进行加热切削，通过切削区中材料温度的升高，降低材料的抗剪强度，减小接触面间的摩擦系数，可减小切削力。另外，加热切削能减小冲击振动，使切削过程平稳，从而延长了刀具寿命。

总之，确定了材料的切削加工性，对合理选择刀具材料、刀具几何参数、切削用量及改善材料切削加工性提供了重要依据。

四、难加工材料切削加工性简述

目前在航空、航天、船舶、电力、石油化工和国防工业等领域对零件的性能有很高的要求，例如耐磨、耐高温、耐蚀和耐冲击等，这些零件常用的材料有：高强度合金钢、不锈钢、高锰钢、钛合金、高温合金、冷硬铸铁和高硅铝合金等。

1. 高强度合金钢

高强度合金钢经过热处理具有较好的综合性能，切削时变形阻力大，因此切削力大、切削温度高、热导率小、断屑困难，刀具后刀面磨损严重，前刀面上磨出月牙洼，刀尖区域温度集中，受切屑作用易破损。

切削高强度合金钢应选用具有高耐热性、耐磨性和耐冲击的刀具材料，例如细晶粒、涂层硬质合金刀具，半精加工和精加工可选用氧化铝陶瓷或 CBN 刀具；选用较小或负值前角，磨出负倒棱和刀尖圆弧半径；切削速度可低于切削 45 钢时的 40% 左右，进给量适当加大。此外，应具有足够的加工工艺系统刚度。

2. 不锈钢

不锈钢的种类较多，使用广泛。不锈钢在常温下的硬度和强度接近 45 钢，但当切削时温度升高后，材料的硬度和强度随之提高，其伸长率是 45 钢的 3 倍，冲击韧度是 45 钢的 4 倍，热导率为 45 钢的 1/4~1/3。不锈钢在切削时的塑性变形大，故切削力较切削 45 钢提高 25%，切削温度高，加工硬化程度高，易与刀具中的合金元素亲和而产生粘屑，并易形成积屑瘤，断屑困难。切削时刀具的温度高、导热差，易使刀具产生黏结磨损和扩散磨损。

切削不锈钢应选用具有较高耐热性、强度和耐磨性的刀具材料。刀具几何参数选取较大前角，负的刃倾角，带倒棱和刀尖圆弧半径，使切削刃锋利。切削速度较切削 45 钢低 40%，背吃刀量较大。

3. 高锰钢

高锰钢的强度和硬度均较高，在切削时因晶格滑移和晶粒扭曲及伸长变形严重，故加工硬化很严重，其深度可达 0.3mm 左右，硬度可提高 3 倍。它的韧性和伸长率均很高，故切削力大，切屑不易折断。高锰钢的热导率小，切削温度高，较 45 钢高 200~250℃，热变形严重，刀具易产生黏结磨损和破损。

切削高锰钢可选用耐磨性和韧性较高的硬质合金刀具。为减小加工硬化和增加散热面积，应适当减小前角（-3°~5°），使切削刃锋利。为提高刀具强度，方法有减小主、副偏角，选取负的刃倾角、磨负值大的倒棱并适当增大后角等。切削速度不应太高，采用硬质合金刀具时取 $v_c \leqslant 40m/min$，背吃刀量和进给量应适当加大。

4. 钛合金

钛合金的加工性特点是具有高的硬度和强度，导热性差，热导率是 45 钢的 1/2 左右。钛又是高度活泼的金属，容易与刀具中的钛亲和，并且在高温时易与空气中的氧和氮形成 TiO_2 与 TiN 硬化层，深度可达 0.1~0.15mm。此外，钛合金的塑性变形小，测得的切屑厚度压缩比非常小，因而切屑与刀面间的接触长度小，刀尖处受力大、温度集中。钛合金的弹性回复大，后刀面上粘屑严重。切削钛合金时刀具易产生黏结磨损和扩散磨损，刀尖易破损。

通常情况下，切削钛合金的刀具应选用亲和力小、导热性好、强度高、含钴量多、细晶粒和含稀有金属的硬质合金材料。选用前角小、后角大，有较大刀尖圆弧半径，且保持切削刃锋利的刀具。采用切削速度 $v_c < 100m/min$ 和较大背吃刀量。

5. 其他难加工材料加工性特点简介

高温合金中的镍基高温合金较难切削，它的热导率低，切削力大，较切削 45 钢大 2~3 倍，切削温度高，达 750~1000℃，加工硬化严重，硬度提高 200%~500%，切削时刀具粘屑严重。

淬火钢硬度≥60HRC，硬质合金硬度>70HRC，它们都具有硬度高、塑性低、热导率低的特点，因此，切削时冲击力大，切削温度集中于刀尖区域，刀具磨损快、破损严重。

冷硬铸铁和高硅铝合金的硬度均很高，性脆，材料中分布着硬质点，耐磨性高，切屑呈崩碎状。切削时，刀尖处受冲击力大，刀具易产生磨粒磨损和破损，因此可选用陶瓷刀具切削冷硬铸铁；选用金刚石刀具加工高硅铝合金。

工程陶瓷是机械工程中应用较多的陶瓷，它是由天然黏土等原料经精细粉碎再初烧结成形，然后经粗加工，最后由高温高压精烧结作为精加工坯料。工程陶瓷具有高硬度（2500～3000HV）、高耐磨性和耐热性、性脆等特点，目前常用人造金刚石磨削加工。此外，可选用 CBN 或 PCD 刀具进行切削加工。

第二节　切削液的合理选择

切削时，为了提高切削加工效果而使用的液体称为切削液（图 4-1）。合理使用切削液，可减少切削过程中的摩擦，降低切削温度和切削力，延长刀具寿命和提高加工质量。

图 4-1　切削液在加工中

一、切削液的作用

1. 冷却作用

切削液是利用热传导、对流和汽化等方式带走切削区的大量切削热，降低切削温度和减小加工系统的热变形，从而延长刀具寿命和提高加工质量。

2. 润滑作用

切削液渗透到刀具与切屑、工件表面之间形成润滑膜，起到了润滑作用，因而减少了切屑与刀具之间的摩擦，从而降低了切削力、切削温度和刀具磨损，抑制了积屑瘤和鳞刺的产生，提高了已加工表面质量。

润滑性能的好坏与润滑膜的性能有关。润滑膜有物理吸附膜和化学吸附膜两种类型。物理吸附膜主要依靠动、植物油等与金属接触后立即牢固地吸附在金属表面上，但在高温、高压下会被破坏。化学吸附膜主要靠在切削液中添加化学元素，使其与金属表面起化学反应而形成化学吸附膜，化学吸附膜在高温、高压下不易破裂并能有效地起到润滑作用。

3. 排屑和清洗作用

在磨削、钻削、深孔加工和自动化生产中，利用浇注或高压喷射切削液来排除切屑或引导切屑流向，并冲洗散落在机床及工具上的细屑与磨粒。

4. 防锈作用

在切削液中加入防锈添加剂，使其与金属表面起化学反应而生成保护膜，起到防锈和耐蚀作用。

此外，切削液应具有抗泡性、抗霉菌能力，无变质气味排放，不污染环境，满足对人体无害和使用经济等要求。

二、切削液的添加剂

为改善切削液的性能而加入的物质，称为添加剂。常用的切削液添加剂有以下几种。

1. 油性添加剂

油性添加剂主要是动、植物油（猪油、豆油、菜籽油等）、脂肪酸、脂肪醇、脂类等。它们可降低切削液与金属的表面张力，使切削液很快渗透到切削区，形成牢固的物理吸附薄膜，减少刀具与切屑、工件间的摩擦。由于油性添加剂熔点低，吸附薄膜只能在低温下起润滑作用，所以主要用于低速精加工。

2. 极压添加剂

极压添加剂是指含有硫、磷、氯、碘等元素的有机化合物。它们能在高温下与金属表面起化合反应，形成硫化铁、磷化铁、氯化铁等化学吸附薄膜。与物理吸附薄膜相比，它能耐较高的温度和压力，在高温、高压时不易破裂，且还能起到润滑作用。

3. 乳化剂（表面活性剂）

乳化剂是一种能使矿物油和水乳化，从而形成稳定乳化液的添加剂。油、水本来互不相溶，加入乳化剂后，能形成水包油的乳化液，乳化剂在乳化液中除起乳化作用外，还能起到油性添加剂的润滑作用。

三、切削液的种类和选用

金属切削时常用的切削液有以冷却为主的水溶性切削液和以润滑为主的油溶性切削液。某些场合也有用气体或固体介质的，如压缩空气、二硫化钼等起冷却或润滑作用。

1. 水溶性切削液

水溶性切削液主要分为：水溶液、乳化液和合成切削液。

（1）水溶液 水溶液是以软水为主，在其中加入防锈剂和防霉剂，有的还加入油性添加剂、表面活性剂以增强润滑性。此外，添加极压抗磨剂可增加润滑膜的强度。

水溶液常用于粗加工和普通磨削加工中。

（2）乳化液 乳化液是水和乳化油经搅拌后形成的乳白色液体。乳化油是一种油膏，它由矿物油和表面活性剂（石油磺酸钠、磺化蓖麻油等）配制而成。表面活性剂的分子上带极性的一头与水亲和，不带极性的一头与油亲和，可使水油均匀混合，并添加乳化稳定剂（乙醇、乙二醇等），使乳化液中的油、水不分离。

乳化液的用途很广，自行配制的含较少乳化油的低浓度乳化液，主要起冷却作用，用于粗加工和普通磨削加工；高浓度乳化液主要起润滑作用，用于精加工和用复杂刀具加工。加工碳钢时，不同浓度乳化液的用途见表4-3。

表4-3 不同浓度乳化液的用途

加工过程要求	粗车、普通磨削	切割	粗铣	铰孔	拉削	齿轮加工
浓度（%）	3~5	10~20	5	10~15	10~20	15~20

（3）合成切削液 合成切削液是国内外推广使用的高性能切削液。它是由水、各种表面活性剂和化学添加剂组成。它具有良好的冷却、润滑、清洗和缓蚀性能，热稳定性好，使用周期长等特点。合成切削液中不含油，可节省能源，有利于环境保护，国外的使用率达到60%，我国工厂使用合成切削液的比例也日益增多。

例如，高速磨削切削液适用的磨削速度为80m/s，用它能提高磨削用量和延长砂轮寿命；H1L2不锈钢合成切削液适用于对不锈钢（06Cr18Ni11Ti）和钛合金等难加工材料的钻孔、铣削和攻螺纹，它能减小切削力和延长刀具寿命，并可获得较高的加工表面质量。

国产DX148多效合成切削液、SLQ水基透明切削液用于深孔钻削时均有良好效果。

2. 油溶性切削液

油溶性切削液主要有切削油和极压切削油。

（1）切削油　切削油中有矿物油，动、植物油和复合油（矿物油与动、植物油的混合油），其中常用的是矿物油。矿物油包括机械油、轻柴油和煤油等。它们的特点是热稳定性好，资源丰富，价格低廉，但润滑性较差。主要用于切削速度较低的精加工、非铁金属加工和易切削钢加工。由于机械油的润滑作用较好，故在普通精车、螺纹精加工中广泛使用。

煤油的渗透作用和冲洗作用较突出，故用在精加工铝合金、精刨铸铁和用高速钢铰刀铰孔中，均能提高加工表面质量、延长刀具寿命。

（2）极压切削油　极压切削油是在矿物油中添加含氯、硫、磷等元素的极压添加剂配制而成的。在高温下其润滑膜不易破坏，具有良好润滑效果，故被广泛使用。

氯化切削油主要含氯化石蜡、氯化脂肪酸等，由它们形成的化合物，如 $FeCl_2$，其熔点为 600℃，且摩擦系数小，润滑性能好，适用于切削合金钢、高锰钢及其他难加工材料。氯化切削油在加工钢材时，可耐 350℃ 高温。

硫化切削油是在矿物油中加入含硫添加剂（硫化鲸鱼油、硫化棉籽油等），含硫量为 10%～15%（质量分数），在切削时的高温作用下形成硫化铁（FeS）化学膜，其熔点在 1100℃ 以上，因此硫化切削油能耐 750℃ 高温。

在硫化切削油中的 JQ-1 精密切削润滑剂用于对 20 钢、45 钢，40Cr 和 20CrMnTi 等材料的钻、铰、铣削和齿轮加工，均可获得很好的加工表面质量并延长刀具寿命。

含磷极压添加剂中有硫代磷酸锌、有机磷酸酯等。含磷润滑膜的耐磨性较含硫、氯的高。

若将各种添加剂复合使用，则能获得更好的效果。

例如 BC-Ⅱ 极压切削油是一种硫、氯型极压切削油，适用于结构钢、合金钢、工具钢的车、拉、铣削和齿轮加工。例如用于拉削 18CrMnTi 时，可将生产率提高 1 倍，表面粗糙度值可达 $Ra0.63\mu m$。

3. 固体润滑剂

固体润滑剂中使用最多的是二硫化钼（MoS_2）。由 MoS_2 形成的润滑膜具有极低的摩擦系数（0.05～0.09），很高的熔点（1185℃），因此高温不易改变它的润滑性能，具有很高的抗压性能（3.1GPa）和牢固的附着能力。切削时可将 MoS_2 涂刷在刀面上和工作表面上，也可添加到切削油中。

采用 MoS_2 能防止黏结和抑制积屑瘤形成，减小切削力，能显著地延长刀具寿命和减小加工表面粗糙度值。在生产中的使用表明，它用于车、钻、铰孔、深孔攻螺纹、拉、铣等加工中均能获得良好效果。

第三节　改善已加工表面的质量

切削时，工件材料在切削刃的挤压下分为两部分：一部分通过剪切区成为切屑；另一部分沿后刀面形成已加工表面。已加工表面是在切削刃前方复杂而集中的应力状态下，与切屑同时产生的。

一、已加工表面质量

1. 表层残余应力

由于切削层塑性变形的影响，会改变表面层残余应力的分布，例如切削后切削温度降低，使已加工表面层由膨胀而呈收缩，在收缩时它受底层材料的阻碍，在表面层中产生了拉应力。残余拉应力受冲击载荷的作用，会降低材料的疲劳强度，出现微观裂纹，降低材料的耐蚀性。

2. 表层微裂纹

切削过程中切削表面在外界摩擦、积屑瘤和鳞刺等因素作用下及在表面层内应力集中或拉应力等影响下，造成已加工表层产生微裂纹，微裂纹不仅降低材料的疲劳强度和耐蚀性，而且微裂纹在不断扩展情况下，会造成零件的破坏。

3. 表层金相组织

切削时由于切削参数选用不当或切削液浇注不充分，会造成加工表面层的金相组织变化，影响被加工材料的原有性能。例如零件在淬火后又经回火呈均匀的马氏体组织，消除了内应力，但在磨削时，由于磨削温度过高，使零件冷却不均匀，出现二次回火而呈屈氏体组织，造成了组织不均匀，产生内应力，使材料因韧性降低而变脆。

4. 表面粗糙度

表面粗糙度是指已加工表面微观不平程度的平均值，是一种微观几何形状误差。经切削加工形成的已加工表面粗糙度，一般可看成由理论粗糙度和实际粗糙度叠加而成。

二、表面粗糙度的形成

1. 理论粗糙度

理论粗糙度是由刀具几何形状和切削运动引起的表面不平度。生产中，如果条件比较理想，加工后表面的实际粗糙度接近于理论粗糙度。

微课：
表面粗糙
度的形成

刀具几何形状和切削运动对表面粗糙度的影响主要是通过刀具的主偏角 κ_r、副偏角 κ_r'、刀尖圆弧半径 r_ε 及进给量 f 对切削后工件上的残留层高度的影响来体现的。主偏角、副偏角、进给量越小，表面粗糙度值越小；刀尖圆弧半径 r_ε 越大，表面粗糙度值越小。

如图 4-2 所示，用尖头刀加工时，残留层的最大高度 Rz（单位为 mm）为

$$Rz = \frac{f}{\cot\kappa_r + \cot\kappa_r'} \tag{4-2}$$

相应的轮廓算术平均偏差 Ra（单位为 mm）为

$$Ra = \frac{1}{4}Rz \tag{4-3}$$

用圆头刀加工时，残留层的最大高度 Rz（单位为 mm）为

$$Rz \approx \frac{f^2}{8r_\varepsilon} \tag{4-4}$$

2. 实际粗糙度

实际粗糙度是在理论粗糙度上叠加着非正常因素，例如积屑瘤、鳞刺、刀具磨痕和切削

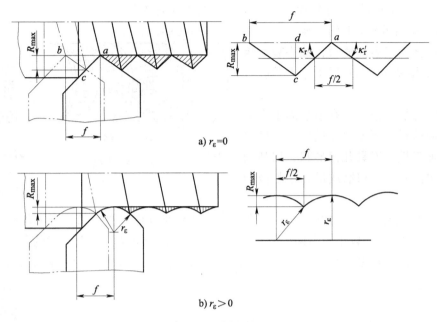

a) $r_\varepsilon=0$

b) $r_\varepsilon>0$

图 4-2　残留面积

振纹等附着物和痕迹，因此增大了残留面积的高度值。

（1）积屑瘤和鳞刺的影响　黏附在切削刃上的积屑瘤顶端切入加工表面后，使已加工表面凹凸不平。在已加工表面上垂直于切削速度方向会产生凸出的鳞片状毛刺，通常称为鳞刺（图 4-3）。一般在对塑性材料进行的车削、刨削、拉削、攻螺纹、插齿和滚齿加工中，选用较低的切削速度和较大进给量时，在产生严重摩擦和挤压情况下易生成鳞刺。鳞刺使已加工表面质量严重恶化。

$N-N$

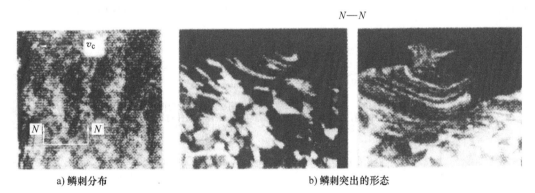

a) 鳞刺分布　　　　　　　　　　　b) 鳞刺突出的形态

图 4-3　鳞刺

加工条件：工件材料为 45 钢、切削速度 $v_c=32\mathrm{m/min}$

（2）刀具磨损的影响　当刀具后面或刀尖处产生细微崩刃时，会与加工表面产生摩擦而使已加工表面形成不均匀的划痕；当刃磨刃口留下毛刺、微小裂口或细微崩刃时，这些缺陷均会反映在已加工表面上，形成较均匀的沟痕。

（3）振动的影响　如图 4-4 所示，切削时工艺系统的振动，不仅明显增大工件表面粗糙程度、降低加工表面质量，严重时会影响机床精度和损坏刀具。

3. 减小表面粗糙度值的途径

要提高已加工表面质量，减小表面粗糙度值，往往从刀具和切削用量上进行调整。

在实际切削过程中，有很多因素会影响工件表面质量，例如机床精度、工件材料的切削加工性、刀具几何形状、切削用量，甚至包括刀具的刃磨质量和切削液的选用等。

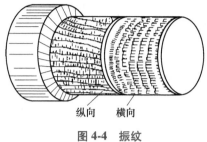

图 4-4 振纹

微课：
刀具几何参数
对表面粗
糙度的影响

（1）刀具几何形状　从以上分析不难看出，要减小表面粗糙度值，可采用较大的刀尖圆弧半径（圆头刀）、较小的主偏角或副偏角，甚至磨出修光刃。需要注意的是，主偏角的减小，会引起背向力的增大，甚至会引起加工中的振动。刀尖圆弧半径的增大或过长的修光刃同样也有这个问题。

（2）切削用量

① 切削速度。以低、中速度切削塑性材料时，易产生积屑瘤和鳞刺；提高切削速度，积屑瘤和鳞刺则减小或消失，表面粗糙度值减小；以高速度切削时，积屑瘤会完全消失，表面粗糙度值减小，并稳定在一定值上，如图 4-5 所示。

微课：
切削用量对
表面粗糙度
的影响

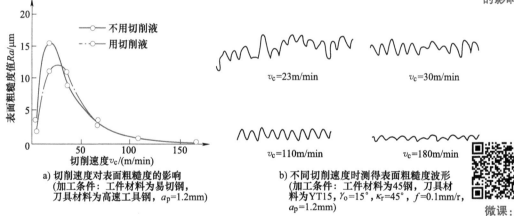

a) 切削速度对表面粗糙度的影响
（加工条件：工件材料为易切钢，
刀具材料为高速工具钢，$a_p=1.2mm$）

b) 不同切削速度时测得表面粗糙度波形
（加工条件：工件材料为45钢，刀具材料为YT15，$\gamma_o=15°$，$\kappa_r=45°$，$f=0.1mm/r$，$a_p=1.2mm$）

微课：
刀具材料及
切削液的影响

图 4-5　切削速度对表面粗糙度的影响及表面粗糙度波形

切削脆性材料时，无积屑瘤产生，故切削速度对表面粗糙度无明显影响。

②进给量。减小进给量，除了使残留面积减小，还可抑制积屑瘤和鳞刺的产生，使表面粗糙度值变小，但降低了生产率。若要求加大进给量，同时又要求获得较小的表面粗糙度值，刀具必须磨有修光刃，使副偏角为 0°，但应注意此时的进给量不能过大，否则，太宽的修光刃会引起振动，反而会降低表面质量。

已加工表面质量是经切削加工后零件的表面状态，一般通过表面粗糙度值、加工硬化、残余应力、表面微裂纹和表层金相组织等进行评定。它们对零件的使用性能有很大的影响，例如表面粗糙度值大会影响零件的耐磨性、疲劳强度和耐蚀性等。

三、残余应力和表面加工硬化

经切削加工的已加工表面，由于变形使金属晶格被拉长、拉紧、变曲，使表面硬度提高的现象，称为加工硬化。在一般情况下，越靠近表面层硬度越高，其硬度提高 20%~30%。

加工硬化的表面内有残余应力，会出现细微的裂纹，降低表面质量和材料的疲劳强度，增加了下道工序的加工难度，加速了刀具磨损。增大刀具前、后角，减小切削刃钝圆半径，提高切削速度等，均可减轻加工硬化现象。切削时的高温会使加工金属的金相组织发生变化，影响材料性能，应合理选择切削参数和正确使用切削液。

第四节　刀具几何参数的合理选择

合理选择刀具几何参数对保证加工质量，延长刀具寿命，提高切削效率和降低成本有重要意义。刀具几何参数包括刀具几何角度、切削刃形状、刃区剖面形式等三个基本方面。

一、前角的作用及选择

1. 前角的作用

（1）直接影响切削负荷和加工表面的质量　一般在加大前角时，可以减

小切屑变形，减少切屑和前刀面的摩擦，使切削力降低，切削起来很轻快，且易获得表面粗糙度值较小的加工表面。

（2）影响刀具的强度和耐磨性　如果片面考虑刀具锋利，将前角取得过大，而刀具的其他角度又配合不当，就会使刀具切削刃处变得非常薄弱，严重影响刀具的强度。同时，切削温度会显著升高，使刀具的耐磨性降低。尤其是在粗加工时，前角如选取得过大，刀具切削刃处的弯曲应力相应增加，切削刃极易被撞坏，甚至造成刀具扎入工件表面（即"扎刀"）的严重后果。

（3）影响断屑效果　前角增大时，切屑变形减小，不利于断屑；前角减小时，切屑变形增大，有利于断屑。

2. 前角的选择原则

在选择刀具前角时，主要依据工件材料，其次根据刀具材料和加工条件进行选择。

1）工件材料的强度和硬度低，塑性好时，应取较大的前角；加工脆性材料（如铸铁）时，应取较小的前角；加工特硬的材料（如淬硬钢，冷硬铸铁等）时，应取很小的前角，甚至是负前角。

在加工塑性材料（如钢类）时，由于切屑呈带状，切削力集中在离主切削刃较远的前刀面上，切削刃不容易被撞坏。同时，塑性材料的切屑变形大，因此应选择较大的前角，以减少切屑变形，改善切削情况。加工钢件的硬质合金刀具的前角一般取 12°~30°。

工件材料的软和硬是选择前角的一个重要因素。例如使用硬质合金车刀加工一般碳钢类工件时，前角取 12°~30°；加工铝合金工件时，前角取 25°~35°；加工橡胶类工件时，前角

取 40°~55°。这时切削力较小，车削起来较轻快，且能降低工件表面粗糙度值。

但在加工较硬的工件时，因为切削阻力大，所以应取较小的前角，以保证刀具强度，延长刀具寿命。例如加工铬锰钢工件时，通常将车刀的前角磨成-5°；又如车削淬硬钢件时，车刀的前角磨成负值，这样既能"切"入工件，又能保护切削刃，不致损坏车刀。

2）刀具材料的抗弯强度及韧性高时，可取较大的前角。

3）断续切削或粗加工有硬皮的锻、铸件时，应取较小的前角。

4）工艺系统刚性差或机床功率不足时，应取较大的前角。

5）粗加工时，应取较小的前角；精加工时，一般应取较大的前角。

总之，在保证刀具寿命和刀具强度的基本要求下，尽量取较大的前角。硬质合金车刀合理前角参考值见表 4-4。

表 4-4　硬质合金车刀合理前角参考值

工件材料	合理前角	
	粗加工	精加工
低碳钢	20°~25°	25°~30°
中碳钢	10°~15°	15°~20°
合金钢	10°~15°	15°~20°
淬火钢	-15°~-5°	
不锈钢（奥氏体）	15°~20°	20°~25°
灰铸铁	5°~10°	10°~15°
铜及铜合金	5°~10°	10°~15°
铝及铝合金	30°~35°	35°~40°

3. 前刀面形式及选择

（1）正前角平面型（图 4-6a）　这是前刀面的基本形式。其特点是结构简单、切削刃锋利，但刃口强度低、传热能力差。适用于切削脆性材料的刀具、精加工刀具、成形刀具或多刃刀具。

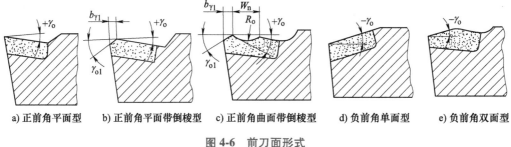

a) 正前角平面型　b) 正前角平面带倒棱型　c) 正前角曲面带倒棱型　d) 负前角单面型　e) 负前角双面型

图 4-6　前刀面形式

（2）正前角平面带倒棱型（图 4-6b）　这种形式是沿主切削刃磨出很窄的棱边，称为负倒棱。负倒棱可提高刀具刃口强度，改善散热条件，延长刀具寿命。通常负倒棱很小，不会影响正前角的切削作用。这种形式多用于粗加工铸锻件或断续切削。

（3）正前角曲面带倒棱型（图 4-6c）　这种形式是在正前角平面带倒棱型的基础上再

磨制出断屑槽而形成的。它有利于切屑的卷曲和折断，多用于粗加工和半精加工。

（4）负前角单面型（图4-6d）和负前角双面型（图4-6e）　这种形式多用于硬质合金刀具切削高强度、高硬度材料。采用负前角是为使脆性较大的硬质合金刀片更好地承受压应力，因为硬质合金的抗压强度比抗弯强度高3~4倍，切削刃不易因受压而损坏。负前角单面型适用于刀具磨损主要发生在后刀面的刀具，负前角双面型适用于前、后刀面同时磨损的刀具。

二、后角的作用及选择

微课：
后角的作
用及选择

1. 后角的作用

（1）减少刀具后刀面与加工表面之间的摩擦，提高工件的表面质量　在切削过程中工件的加工表面形成一层弹性回复层，如后角选得较大，能减少刀具后刀面与工件弹性回复层的接触，从而减小两者之间的摩擦与挤压作用，降低加工硬化程度，有利于提高加工表面质量。

（2）后角可以配合前角调整刀具的锋利与强固的程度　当刀具因考虑耐磨性而将前角取得较小时，可采用增大后角的方法，使楔角相应减小，从而保证刀尖圆弧半径尽可能小，即刃口比较"锋利"，则刀具仍可保持一定的锋利程度。例如小前角精车刀，后角取8°~12°；淬硬钢车刀的后角取10°~15°，它们都能达到比较锋利的切削要求。

当刀具因考虑锋利而将前角取得较大时，可配之以比较小的后角，使楔角相应增大，则刀具仍可保持必要的强度。

（3）后角大小会影响刀具寿命　当后角过度增大时，因楔角显著减小，使刀具强度大大降低，容易损坏切削刃；同时因切削刃处的散热情况变差，磨损反而加剧。反之，若后角选得过小，因刀具后刀面与加工表面之间的摩擦增加，刀具寿命亦会缩短。

2. 后角的选择原则

选择后角时，应以工件材料、加工条件、表面质量要求，以及已选定的前角值等因素作为依据。通常选择后角时有以下原则：

（1）粗加工时，应取较小后角；精加工时，应取较大后角　粗加工时，切削刃承受的切削负荷较大，需要有较高的强度，且此时工件加工表面的精度要求不高，因此允许后角取得小些，一般取3°~6°。精加工时，要求工件有一定的加工精度，切削层又较薄（进给量较小），刀具磨损常发生在后刀面上，需要减小刀具后刀面与工件之间的摩擦，而此时对切削刃的强度要求并不高，因此允许后角取得大些，一般取4°~8°。

（2）工件或刀具的刚性较差时，应取较小的后角　减小刀具后角，可以增大刀具后刀面和工件之间的接触面积，有利于减少工件或刀具振动，因此在工件或刀具刚性较差的情况下，常用减小后角的方法来达到减小振动的目的。例如在车削细长轴及较长的梯形内螺纹时常会发生振动，采用减小后角的方法（车削梯形内螺纹时，应考虑螺纹升角因素），能有效地减小振动，提高产品质量。

（3）工件材料较硬时，应取较小的后角；工件材料较软时，应取较大的后角　工件材料的硬和软也是选择后角的重要依据。一般来说，工件材料较硬，应采用较小的后角，以提高车刀的强度，工件材料较软，应采用较大的后角，以减小刀具后刀面与工件之间的摩擦。但在加工高强度、高硬度的材料（如淬硬钢类工件）时，常采用负前角，这时刀具已有一定的强固基础，为了使它易于"切"入工件，减小后刀面和工件的摩擦，延长刀具寿命，也需采用较大的后角。

（4）强力车削时，应取较小的后角　强力车削是硬质合金车刀的特长，是提高生产率的有效措施，在强力车削时，为了提高车刀的强度，应选取较小的后角。

总之，在不产生较大摩擦的条件下，尽量取较小的后角。硬质合金车刀合理后角参考值见表4-5。

表4-5　硬质合金车刀合理后角参考值

工件材料	合理后角	
	粗加工	精加工
低碳钢	8°~10°	10°~12°
中碳钢	5°~7°	6°~8°
合金钢	5°~7°	6°~8°
淬火钢	8°~10°	
不锈钢（奥氏体）	6°~8°	8°~10°
灰铸铁	4°~6°	6°~8°
铜及铜合金（脆）	6°~8°	6°~8°
铝及铝合金	8°~10°	10°~12°

3. 副后角的选择

车刀副后角的选取数值一般与后角相同。当因刀头尺寸受限制而影响强度或为了减少切削振动时，副后角应取得比后角小，通常取 1°~2°。

三、主偏角的作用及选择

主偏角主要影响切削层宽度 b_D 与切削层厚度 h_D 的比例，并影响刀具强度，如图4-7所示。减小主偏角使切削层宽度 b_D 增大，刀尖角 ε_r 增大、刀具强度提高，散热性能变好，故刀具寿命得以延长。但切削抗力增大，可引起振动和加工变形。

微课：
主副偏角的作用及选择

动画：
主偏角与副偏角对切削加工的影响

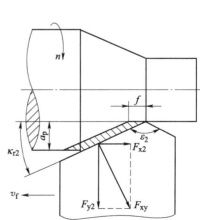

图4-7　主偏角对切削截面积和切削分力的影响

1. 主偏角的作用

（1）影响刀具寿命和刀头强度　当刀具的进给量和背吃刀量相同时，减小主偏角可使主切削刃参与切削的长度增加，切屑变薄、变宽，主切削刃上单位长度的负荷减轻；而且因刀尖角增大，增加了刀具的强度，散热面积也加大，散热条件得到改善，有利于延长刀具寿命。

（2）影响断屑效果　当增大主偏角时，切屑变得窄而厚，有利于获得良好的断屑效果。相反，当减小主偏角时，因切屑变得薄而宽和排屑方向的改变，使切屑易卷而不易断。

（3）影响切削力的分配　主偏角的大小直接影响切削力的分配。当主偏角选取较小值时，将使车削时的背向力显著增大，在一般车削中，工件容易产生振动，甚至会敲坏车刀，这是限制主偏角选小值的一个重要原因。

2. 主偏角的选择原则

选择主偏角时有以下几点原则。

1）工件、刀具、夹具和机床的刚性较差时，主偏角取较大值；工件、刀具、夹具和机床的刚性较好时，主偏角取较小值。

2）工件材料越硬，主偏角相应取得小一些。加工一般材料时，主偏角可在 45°~90°范围内选取。当加工高强度、高硬度的材料时，应选取较小的主偏角，以加大刀尖角，增加车刀的强固和改善散热条件，并使单位切削刃上的负荷减轻。以车削冷硬铸铁为例，在工件、车刀、夹具和机床等刚度允许的前提下，主偏角可选取 15°左右。

3）在切削过程中，刀具须做中间切入时，应取较大的主偏角。

4）主偏角的大小还应与工件的形状相适应。例如车削阶梯轴时，可取 $\kappa_r = 90°$；车削细长轴时，为了减少背向力，可取 $\kappa_r = 90°~93°$。

四、副偏角的作用及选择

1. 副偏角的作用

副偏角的作用主要是减小副切削刃与工件已加工表面之间的摩擦。在副偏角较小的情况下，可以显著地减少车削后的残留面积（图 4-8），降低工件的表面粗糙度值。但是减小副偏角

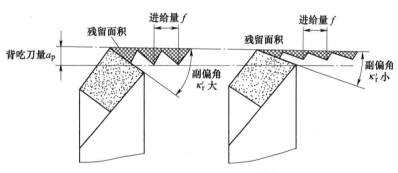

图 4-8　副偏角对残留面积的影响

会增加切削面积，容易引起振动。因此，只有当工件、刀具、夹具和机床有足够的刚度时，才能取较小的副偏角。

2. 副偏角的选择原则

1）精加工刀具的副偏角应取较小值，并可以磨出修光刃，以减小加工表面的表面粗糙度值；当加工高强度、高硬度材料及采用断续切削时，副偏角可选取中间值；切断车刀为保证刀头强度，副偏角应取较小值；当工件、刀具、夹具和机床系统的刚性较差时，则副偏角

应选取较大值。

2）当加工需中间切入的工件时，副偏角和主偏角的取值一样。

主偏角和副偏角选用参考值见表4-6。

表4-6　主偏角和副偏角选用参考值

加工条件	工艺系统刚度足够	工艺系统刚性较好，可中间切入；加工外圆及端面	工艺系统刚性较差，粗加工、强力切削时	工艺系统刚性较差，加工台阶轴、细长轴、薄壁件	切断或切槽
主偏角	10°~30°	45°	60°~75°	75°~93°	≥90°
副偏角	5°~10°	45°	10°~15°	5°~10°	1°~2°

五、刃倾角的作用及选择

1. 刃倾角的作用

（1）控制切屑流向　刃倾角影响切屑的流出方向，刃倾角为负值时，可使切屑偏向已加工表面；刃倾角为正值时，可使切屑偏向待加工表面（图4-9）。

（2）保护切削刃、刀尖（图4-10）　单刃刀具采用较大的负的刃倾角，可使远离刀尖的切削刃处先接触工件，使刀尖避免受冲击。对于回转的多刃刀具，如圆柱铣刀等，螺旋角就是刃倾角，此角可使切削刃逐渐切入和切出，使铣削过程平稳。

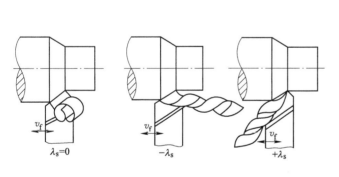

图4-9　刃倾角对排屑的影响

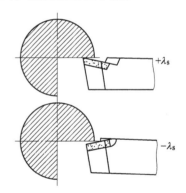

图4-10　负刃倾角对刀尖的保护作用

（3）影响切削分力的大小　刃倾角取负值时，虽使刀头体积增大，散热条件改善，刀头强度提高，但使背向力增大，将导致工件变形及引起切削过程中的振动。

（4）影响切削刃锋利程度　当 λ_s 不为零时，由于切屑在前刀面上的流向发生改变，使实际工作前角增大，见表4-7。同时，使切削刃的实际刃口钝圆半径减小，如图4-11所示，切削刃锋利。如采用大刃倾角（ $\lambda_s = 45° \sim 75°$）的精车、精刨刀可切下极薄的切屑，实现微量切削。

2. 刃倾角的选择原则

1）加工硬材料或刀具承受冲击负荷时，应选取较大的负的刃倾角，以保护刀尖。

2）精加工时宜取 λ_s 为正值，使切屑流向待加工表面，并可使刃口锋利。

3）内孔加工刀具（如铰刀、丝锥等）的刃倾角方向应根据孔的性质确定。左旋槽 $(-\lambda_s)$ 可使切屑向前排出，适用于通孔；右旋槽适用于不通孔。

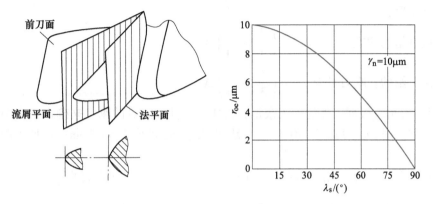

图 4-11　刃倾角与实际切削刃刃口钝圆半径的关系

表 4-7　刃倾角对实际工作前角的影响（$\gamma_o = 10°$）

刃倾角 λ_s	0°	15°	30°	45°	60°	75°
实际工作前角 γ_{oe}	10°	13°14′	22°21′	35°56′	52°30′	70°51′

第五节　切削用量的合理选择

切削用量的选择，对生产率、加工成本、加工质量和刀具寿命均有重要影响。在进行切削加工前，通常先确定刀具几何参数，再选定切削用量。

所谓合理的切削用量是指刀具切削性能和机床动力性能得到充分发挥，在保证加工质量的前提下，获得高生产率和低成本的切削用量。

目前生产中切削用量的确定，多是根据生产实践经验、切削用量手册或国内外切削数据库等资料参考选用。

选择切削用量的基本原则：首先选取尽可能大的背吃刀量 a_p，其次根据机床进给机构强度、刀杆刚度等限制条件（粗加工时），已加工表面粗糙度要求（精加工时），选取尽可能大的进给量 f，最后根据切削用量手册查取或根据刀具寿命确定合适的切削速度 v_c。

微课：
背吃刀
量选择

一、背吃刀量的选择

背吃刀量的选择可根据工件的加工余量和工艺系统的刚度而定。除留给精加工、半精加工的余量外，其余的粗加工余量尽可能一次去除。若工艺系统刚度小或加工余量较大，刀具强度不允许，可分多次进给。但是第一次进给时的背吃刀量 a_p 应尽量大些，一般为加工余量的 $2/3 \sim 3/4$。

例如在纵车外圆时：

$$a_p = \Delta = \frac{d_w - d_m}{2}$$

当粗加工余量 Δ 太大或加工工艺系统刚性较差时，加工余量 Δ 分两次或数次去除。通常采用以下工序：

第一次进给的背吃刀量为 $a_{p1} = \left(\frac{2}{3} \sim \frac{3}{4} \right) \Delta$

第二次进给的背吃刀量为 $a_{p2} = \left(\frac{1}{3} \sim \frac{1}{4} \right) \Delta$

1）背吃刀量应根据工件的加工余量，机床、工件和刀具的刚度来确定。在中等功率的机床上，粗加工时，a_p 可达 $5 \sim 10mm$；半精加工时，a_p 可取 $1.5 \sim 5mm$；精加工时，a_p 可取 $0.05 \sim 1mm$。

2）背吃刀量 a_p 较小或微切时，会造成刮擦、只切削到工件表面的硬化层，缩短刀具寿命。对于可转位刀片，一般推荐 a_p 不小于 $\frac{1}{3} r_\varepsilon$（刀尖圆弧半径）。

3）切削零件表层有硬皮的铸、锻件或不锈钢等冷硬较严重的材料时，应在机床功率允许范围内，使背吃刀量超过硬皮或冷硬层，以避免切削刃在硬皮或冷硬层上切削。否则切削刃尖端只切削工件表皮硬质层及杂物，刀尖易损坏或产生异常磨损。

微课：
进给量
的选择

二、进给量的选择

（1）粗加工 粗加工时的进给量一般根据已知的工件材料、直径尺寸、刀具尺寸和背吃刀量查取。表 4-8 是根据粗加工时刀具的刀尖圆弧半径 r_ε 而推荐的进给量 f 值。国内外许多粗加工用可转位刀片的刀尖圆弧半径 r_ε 做成 $1.2 \sim 1.6mm$，表 4-8 中最大进给量 f 值约为刀尖圆弧半径 r_ε 的 2/3。根据可转位刀片的 r_ε 选取的粗加工最大进给量可用于刀片强度高、材料加工性好和中低切削速度的加工条件下。

表 4-8 不同刀尖圆弧半径时的最大进给量

刀尖圆弧半径 r_ε /mm	0.4	0.8	1.2	1.6	2.4
最大进给量 f/(mm/r)	$0.25 \sim 0.35$	$0.4 \sim 0.7$	$0.5 \sim 1.0$	$0.7 \sim 1.3$	$1.0 \sim 1.8$

（2）精加工 精加工时的进给量主要根据表面粗糙度要求选择。根据表面粗糙度要求及刀具的刀尖圆弧半径 r_ε，在表 4-8 中可查得对应的进给量参考值。

另外，在切断、加工深孔或用高速钢刀具加工时，宜选择较低的进给速度；当加工精度、表面粗糙度要求高时，进给速度应选小些。

微课：
切削速
度的选择

三、切削速度的选择

由于切削速度对刀具寿命的影响最大，其次是背吃刀量 a_p 和进给量 f，所以，在确定 a_p 和 f 后，即可根据要求达到的刀具寿命 T 来确定刀具寿命允许的切削速度 v_T。为此，可应用下式来计算切削速度 v_T（m/min），即

$$v_T = \frac{C_v}{T^m a_p^{x_v} f^{y_v}} K_v \tag{4-5}$$

并按下列步骤换算生产中所用的切削速度 v_c，即

$$v_T \rightarrow n(\frac{1000v_T}{\pi d}) \rightarrow n_{\text{实}}(\text{与 } n \text{ 接近的机床实有的转速 } n_{\text{实}}) \rightarrow v_c(\frac{\pi d n_{\text{实}}}{1000})$$

表4-9列出了式（4-5）中的系数 C_v、指数 x_v、y_v、m 及部分加工条件的修正系数 K_v 值，供计算时选用。

表4-9　硬质合金车刀纵车外圆 v_T 公式中的系数、指数、修正系数值

加工材料	刀具材料	进给量 $f/(\text{mm/min})$	系数与指数			
			C_v	x_v	y_v	m
结构钢 $R_m = 650\text{MPa}$	P10（YT15）	≤ 0.3	291	0.15	0.20	0.20
		≤ 0.7	242		0.35	
灰铸铁 190HBW	K30（YG8）	≤ 0.4	189	0.15	0.20	0.20
		> 0.4	158		0.40	

修正系数 $K_v = K_{M_v} K_{\kappa_{rv}} K_{S_v} K_{t_v}$

工件材料 K_{M_v}	结构钢	>500~600MPa		>600~700MPa		>700~800MPa	
	K_{M_v}	1.18		1.0		0.87	
	灰铁铸件	>160~180HBW		>180~200HBW		>200~220HBW	
	K_{M_v}	1.15		1.0		0.89	
主偏角 $K_{\kappa_{rv}}$	主偏角 κ_r	30°	45°	60°	75°	90°	
	结构钢 $K_{\kappa_{rv}}$	1.13	1	0.92	0.86	0.81	
	灰铸铁 $K_{\kappa_{rv}}$	1.20	1	0.88	0.83	0.73	
毛坯表面状态 K_{S_v}	无外皮	有外皮					
	1	棒料	锻件	一般铸件	铸件带砂		
		0.9	0.8	0.8~0.85	0.5~0.6		
刀具材料 K_{t_v}	结构钢	P30(YT5)	P20(YT14)	P10(YT15)	P01(YT30)	K30(YG8)	
		0.65	0.8	1.0	1.4	0.4	
	灰铸铁	K30(YG8)		K10(YG6)		K01(YG3)	
		0.83		1.0		1.15	

切削速度应根据加工性质和刀具材料、刀具寿命进行选择，通常的原则如下。

1）刀具材料的耐热性好，切削速度可高些。

2）加工带外皮的工件时，应适当降低切削速度。

3）要求得到较小的表面粗糙度值时，切削速度应避开积屑瘤的生成速度范围。

4）对于硬质合金刀具，可取较高的切削速度；对于高速钢刀具，宜采用低速切削。

5）断续切削时，应取较低的切削速度。

6）工艺系统刚性较差时，切削速度应适当减小。

7）在易发生振动的情况下，切削速度应避开自激振动的临界速度。

8）加工大型工件、细长件和薄壁工件时，应适当降低切削速度。

关于切削速度有一个很好的规律值得牢记：通常在高速加工的条件下，高速钢刀具将会很快被磨损；而硬质合金刀具在较低的切削速度下会很快被磨损和崩断。当钢铁切屑变为蓝色时，表明切削速度过高或刀具太钝而导致被加工工件温度过高。虽然在使用硬质合金刀具进行机械加工时，切屑变蓝可以接受，但在使用高速钢刀具进行加工时不允许出现这种现象，因为在使用高速钢刀具进行机械加工时，特别是在使用切削液的条件下，切屑是不应该变色的。

生产中随着数控机床和加工中心的使用，促进了高性能刀具材料和数控刀具的发展，并为实现高速切削、大进给切削提供了有利条件，使生产率、加工质量和经济效益得到进一步提高。因此，刀具寿命的要求也较低，切削用量选择的原则有了改变：由原来的先选背吃刀量、再选进给量，最后选择切削速度，改变为首选较高的切削速度及较大的进给量，然后选用较小的背吃刀量。

总之，切削用量的具体数值应根据加工要求和机床性能，查阅相关的技术手册并结合实际经验用类比方法确定。同时，使切削速度、背吃刀量及进给量三者能相互配合，以形成最佳切削用量。

四、机床功率校验

在选定切削用量后，切削用量过高或机床功率较小时（粗加工），须校验机床功率能否满足要求。

校验公式为

$$P_c = F_z v_c \leqslant P_E \eta \tag{4-6}$$

机床功率允许的切削速度为

$$v_c \leqslant \frac{P_E \eta}{F_z}$$

式中　　P_c——切削功率；

　　　　P_E——机床电动机功率；

　　　　F_z——主切削力；

　　　　η——机床传动效率。

第六节　超高速切削简介

随着切削技术的不断提升，为进一步提高切削质量，出现了比常规切削速度更快的超高速切削方法。超高速切削能很好地改变切削时的剪切角、切削温度、刀具寿命等因素，使切削达到更好的效果。

一、超高速切削的切削速度

超高速切削是比常规切削速度高很多的高生产率的先进切削方法。对于不同加工方法和不同加工材料，超高速切削的切削速度各不相同。按目前加工技术，通常认为切削钢和铸铁的切削速度为 1000m/min 以上，切削铜、铝及其合金的切削速度在 3000m/min 以上，可称为超高速切削。

国外超高速切削已用于切削高合金钢、镍基合金、钛合金和纤维强化复合材料，例如切削耐热合金的切削速度为 300m/min、切削钛合金的切削速度为 200m/min。

就加工工种来说，超高速切削的车削速度为 700~7000m/min，铣削速度为 300~600m/min，磨削速度为 5000~10000m/min。

二、超高速切削的特点

1）早期国外研究认为，在超高速切削情况下剪切角随切削速度的提高而迅速增大，因而使切削变形减小的幅度较大。

2）超高速切削时，由于切削温度的影响而使加工材料软化，所以，切削力 F 应减小。例如车削铸铝合金的切削速度达 800m/min，切削力 F 比常规切削速度时降低 50%。

3）超高速切削产生的热量大部分被切屑带走，因此工件上的温度不高。此外，资料表明，当超高速切削的切削速度增大到一定值时，切削温度随之降低。

4）经实验可知，常规切削速度 v_c 对刀具寿命 T 影响程度的指数 m 较小，即切削速度增大，刀具寿命急速缩短，但在超高速切削阶段，指数 m 增大，使刀具寿命缩短的速度变小。

三、超高速切削刀具

超高速切削可选用添加 TaC、NbC 的含 TiC 高的硬质合金、超细颗粒硬质合金、涂层硬质合金、金属陶瓷、立方氮化硼等刀具材料。

选用刀具角度推荐：加工铝合金时，前角为 12°~15°、后角为 13°~15°；加工钢时，前角为 0°~5°、后角为 12°~15°；加工铸铁时，前角为 0°、后角为 12°。

此外，超高速切削时应具有高效的切屑处理装置、高压冷却喷射系统和安全防护装置。

超高速切削技术应在相适应的超高速切削机床上使用，机床应具有高转速、大功率，其主轴系统、床身、移动系统和控制系统均有特殊要求。

随着科研工作的深入展开，超高速切削将在我国模具制造业及汽车制造业、航空制造业，高生产率的机械制造工业中得到更广泛的应用。

典型案例及应用

图 4-12 所示为光轴零件图样，工件为 45 钢热轧棒料，$R_m = 0.650$GPa。工件原始坯料直径为 $\phi60$mm，粗加工外圆至 $\phi54$mm，表面粗糙度值为 $Ra12.5\mu$m；半精加工外圆至 $\phi53$mm，表面粗糙度值为 $Ra3.2\mu$m，尺寸公差等级为 IT8。所选机床为 CA6140。粗加工和半精加工时的切屑控制、刀具几何参数和切削用量应如何确定？

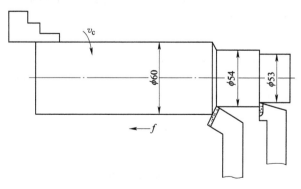

图 4-12　光轴零件图样

1. 刀具几何参数的选择

粗加工时，可以选择75°外圆车刀，如图 4-13 所示，用于强力切削加工余量大的热轧和锻钢件。强力切削是一种通用于粗加工、半精加工的高效率切削方法，在中等以上刚性的机床上进行。加工时选用较大的背吃刀量 a_p 和进给量 f，略低的切削速度 v_c（$v_c < 100\mathrm{m/min}$），达到切除率高、刀具寿命长的目的。强力切削时，由于 a_p、f 较大，所以切削力大，易产生振动，切屑不易断，且易引起工件表面较为粗糙。75°外圆车刀

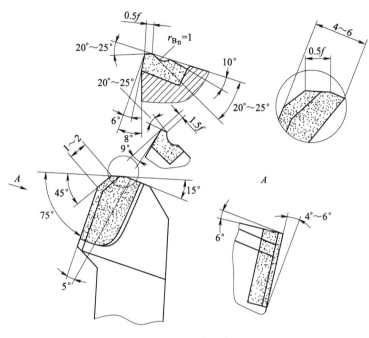

图 4-13　75°外圆车刀

在几何参数的选择上，充分考虑了强力车削的特点，适应了机床、工件的要求，并可满足加工需要。

（1）增加刃口锋利　选择较大的前角使切削刃锋利，同时减小切削变形，使切削力减小，降低了功率消耗。而较大的主偏角 κ_r 使背向力减小，避免引起振动，为使用大前角刀具提供了条件。

（2）提高刀具强度　在刃口磨出负倒棱以改善因前角增大而引起的刃口强度不足问题。同时，取较小的后角、负的刃倾角以增加刀头强度，改善散热条件，延长刀具寿命。

（3）提高表面质量　较大的主偏角 κ_r 可避免引起振动，使切削过程稳定；外斜式断屑槽有良好的断屑效果，不憋屑，不缠绕工件；小的副偏角 κ_r' 及一定长度的修光刃在提高刀头强度的同时，还改善了由于增大进给量 f 而带来的表面粗糙，确保了良好的表面质量。

半精加工时，刀具几何参数的选择就不再赘述。表 4-10 为粗加工和半精加工时刀具几何角度。

表 4-10　粗加工和半精加工时刀具几何角度

工序	前角 γ_o	后角 α_o	副后角 α_o'	主偏角 κ_r	副偏角 κ_r'	刃倾角 λ_s	刀尖圆弧半径 r_ε
粗加工	15°	6°	6°	75°	15°	−6°	0.75mm
半精加工	15°	8°	8°	90°	10°	4°	0.5mm

2. 切削用量的合理选择

因第一节热轧钢棒表面粗糙度及尺寸公差有一定要求，故分为粗加工及半精加工两道工序。

（1）粗加工

1）选择背吃刀量 a_p。根据已知条件，单边加工余量 $A = 3\text{mm}$，故取 $a_p = 3\text{mm}$。

2）选择进给量 f。查表 4-11 和表 4-12，取 $f = 0.56\text{mm/r}$。

表 4-11　硬质合金车刀粗加工外圆时进给量的参考数值

车刀刀杆尺寸 $B \times H$ /(mm×mm)	工件直径 d /mm	背吃刀量 a_p/mm				
		3	5	8	12	>12
		进给量 f/（mm/r）				
16 × 25	20	0.3~0.4	—	—	—	—
	40	0.4~0.5	0.3~0.4	—	—	—
	60	0.5~0.7	0.4~0.6	0.3~0.5	—	—
	100	0.6~0.9	0.5~0.7	0.5~0.6	0.4~0.5	—
	400	0.8~1.2	0.7~1.0	0.6~0.8	0.5~0.6	—
20 × 30 25 × 25	20	0.3~0.4	—	—	—	—
	40	0.4~0.5	0.2~0.4	—	—	—
	60	0.6~0.7	0.5~0.7	0.4~0.6	—	—
	100	0.8~1.0	0.7~0.9	0.5~0.7	0.4~0.7	—
	600	1.2~1.4	1.0~1.2	0.8~1.0	0.6~0.9	0.4~0.6
52 × 50	60	0.6~0.9	0.5~0.8	0.4~0.7	—	—
	100	0.8~1.2	0.7~1.1	0.6~0.9	0.5~0.8	—
	1000	1.2~1.5	1.1~1.5	0.9~1.2	0.8~1.0	0.7~0.8
30 × 45	500	1.1~1.4	1.1~1.4	1.0~1.2	0.8~1.2	0.7~1.1

3）切削速度 v_T。

①由式（4-5）计算切削速度 v_T。从表 4-9 中查出 $C_v = 242$、$m = 0.2$、$x_v = 0.15$、$y_v = 0.35$、$K_{M_v} = 1$、$K_{\kappa_{rv}} = 0.86$、$K_{S_v} = 0.9$、$K_{t_v} = 1$。$T = 60\text{min}$ 时

$$v_T = \frac{C_v}{T^m a_p^{x_v} f^{y_v}} K_v = \frac{242}{60^{0.2} \times 3^{0.15} \times 0.56^{0.35}} \times 1 \times 0.86 \times 0.9 \times 1\text{m/min} = 85.8\text{m/min}$$

②选择切削速度。工件材料为热轧 45 钢，由表 4-13 知，当 $a_p = 3\text{mm}$，$f = 0.6\text{mm/r}$，$v_T = 100\text{m/min}$ 时，可保证 $T = 60\text{min}$。

③确认机床主轴转速 n。将表 4-13 推荐的切削速度代入公式计算得

$$n = \frac{1000 v_T}{\pi d} = \frac{1000 \times 100}{3.14 \times 60}\text{r/min} \approx 530.8\text{r/min}$$

从机床主轴箱标牌上查得，实际主轴转速 $n_实 = 450\text{r/min}$，故实际切削速度为

$$v_c = \pi d n_实 / 1000 = (3.14 \times 60 \times 450/1000)\text{m/min} = 84.78\text{m/min}$$

分析可知，由式（4-5）计算的切削速度更接近机床实际转速，但用公式进行计算任务繁杂；不如直接由查表方法来选择切削速度效率更高。

4）校验机床功率。求解主切削力 F_c，近似校验机床功率。查相关表格得单位切削力 $k_c = 3213\text{N/mm}^2$，$n_{F_c} = -0.15$，$K_{\gamma_o \, F_c} = 0.95$，$K_{\kappa_r \, F_c} = 0.92$，$K_{\lambda_s \, F_c} = 1.0$，则

$$F_c = k_c a_p f v_c^{\,n_{F_c}} K_{\gamma_o F_c} K_{\kappa_r F_c} K_{\lambda_s F_c} = 3213 \times 3 \times 0.56 \times 84.78^{-0.15} \times 0.95 \times 0.92 \times 1\text{N} = 2423.75\text{N}$$

$$P_c = F_c v_c / 1000 = (2423.75 \times 84.78/60000)\text{kW} \approx 3.42\text{kW}$$

由机床说明书可知，CA6140 机床主电动机功率 $P_E = 7.5\text{kW}$，取机床功率 $\eta = 0.8$，则 $P_c/\eta = 3.42\text{kW}/0.8 \approx 4.28\text{kW} < P_E$，机床功率够用。

表 4-12　高速车削时按表面粗糙度选择进给量的参考数值

刀具	表面粗糙度 $Ra/\mu\text{m}$	工件材料	κ_r'	切削速度 $v_c/(\text{m/min})$	刀尖圆弧半径 r_g/mm		
					0.5	1.0	2.0
					进给量 $f/(\text{mm/r})$		
$\kappa_r' > 0°$ 的车刀	12.5	中碳钢、灰铸铁	5°	不限制	—	1.00~1.10	1.30~1.50
			10°			0.80~0.90	1.00~1.10
			15°			0.70~0.80	0.90~1.00
	6.3	中碳钢、灰铸铁	5°	不限制	—	0.55~0.70	0.70~0.85
			10°~15°			0.45~0.60	0.60~0.70
	3.2	中碳钢	5°	<50	0.22~0.30	0.25~0.35	0.30~0.45
				50~100	0.23~0.35	0.35~0.40	0.40~0.55
				>100	0.35~0.40	0.40~0.50	0.50~0.60
			10°~15°	<50	0.18~0.25	0.25~0.30	0.30~0.45
				50~100	0.25~0.30	0.30~0.35	0.35~0.55
				>100	0.30~0.35	0.35~0.40	0.50~0.55
		灰铸铁	5°	限制	—	0.30~0.50	0.45~0.65
			10°~15°			0.25~0.40	0.50~0.55
	1.6	中碳钢	≥5°	30~50	—	0.11~0.15	0.14~0.22
				>50~80		0.14~0.20	0.17~0.25
				>80~100		0.16~0.25	0.25~0.35
				>100~130	—	0.20~0.30	0.25~0.39
				>130		0.25~0.30	0.25~0.39
		灰铸铁	≥5°	不限制	—	0.15~0.25	0.20~0.35
	0.8	中碳钢	≥5°	100~110	—	0.12~0.18	0.14~0.17
				110~130		0.13~0.18	0.17~0.23
				>130		0.17~0.20	0.21~0.27
$\kappa_r' = 0°$ 的车刀	12.5、6.3	中碳钢、灰铸铁	0°	不限制	<5.0		
	3.2	中碳钢	0°	≥50	<5.0		
		灰铸铁		不限制			
	1.6、0.8	中碳钢	0°	≥100	4.0~5.0		
	1.6	灰铸铁	0°	不限制	5.0		

表 4-13　硬质合金外圆车刀切削速度的参考数值

工件材料	热处理状态	$a_p = 0.3 \sim 2\text{mm}$ $f = 0.08 \sim 0.3\text{mm/r}$ $v_c/\ (\text{m/min})$	$a_p = 2 \sim 6\text{mm}$ $f = 0.3 \sim 0.6\text{mm/r}$ $v_c/\ (\text{m/min})$	$a_p = 6 \sim 10\text{mm}$ $f = 0.6 \sim 1\text{mm/r}$ $v_c/\ (\text{m/min})$
低碳钢、易切削钢	热轧	140~180	100~120	70~90
中碳钢	热轧	130~160	90~110	60~80
	调质	100~130	70~90	50~70
合金结构钢	热轧	100~130	70~90	50~70
	调质	80~110	50~70	40~60
工具钢	退火	90~120	60~80	50~70
灰铸铁	<190HBW	90~120	60~80	50~70
	190~225HBW	80~110	50~70	40~60
高锰钢（13%Mn）	—	—	10~20	—
铜及铜合金	—	200~250	120~180	90~120
铝及铝合金	—	300~600	200~400	150~200
铸铝合金（13%Si）	—	100~180	80~150	60~100

注：切削钢及灰铸铁时刀具寿命约为 60min。

（2）半精加工

1）选择背吃刀量。根据已知条件，单边加工余量 $A = 0.5\text{mm}$，故取 $a_p = 0.5\text{mm}$。

2）选择进给量。查表 4-12 知，当表面粗糙度值 $Ra = 3.2\mu\text{m}$，$\kappa_r' = 10°$，$v_c = 100\text{m/min}$，$r_\varepsilon = 0.5\text{mm}$ 时，$f = 0.25 \sim 0.30\text{mm/r}$，取 $f = 0.30\text{mm/r}$。

3）选择切削速度。由表 4-13 知，当 $a_p = 0.5\text{mm}$，$f = 0.30\text{mm/r}$ 时，$v_T = 130 \sim 160\text{m/min}$，取 $v_T = 150\text{m/min}$。

4）确认机床主轴转速 n。

$$n = \frac{1000v_T}{\pi d} = \frac{1000 \times 150}{3.14 \times 60}\text{r/min} \approx 796\text{r/min}$$

从机床主轴箱标牌上查得，取实际主轴转速 $n_{\text{实}} = 710\text{r/min}$，故实际切削速度为

$$v_c = \frac{\pi d n_{\text{实}}}{1000} = \frac{3.14 \times 60 \times 710}{1000}\text{m/min} \approx 133.76\text{m/min}$$

本 章 小 结

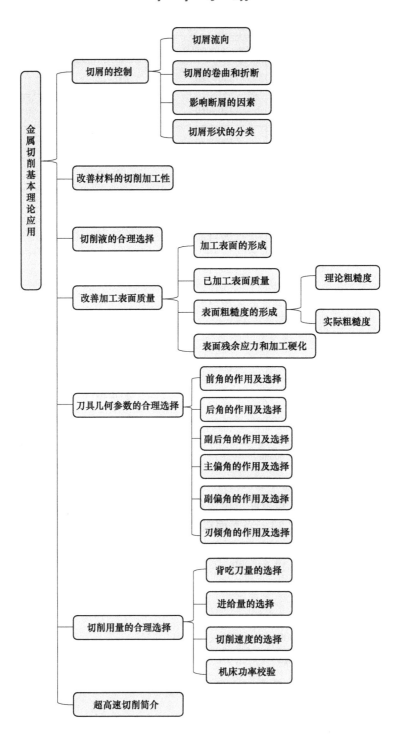

训练与实践

1. 填空题

（1）工件材料的切削加工性是指工件材料被切削的_____。

（2）常用工件材料的相对加工性指标 K_r 分为_____级。

（3）相同的加工条件下，加工表面质量_____，则材料的切削加工性越好。

（4）切削液有_____作用、_____作用、_____作用、_____作用。

（5）切削用量的选择顺序为：先选择_____，再选择_____，最后选择_____。

（6）选择前角的基本原则是：在保证刀具寿命的前提下，_____尽量取大值。

（7）在进给量和背吃刀量都相同的条件下_____主偏角，刀具寿命长。

（8）副偏角一般取_____值。

2. 选择题

（1）一般金属材料的硬度和强度越高，其切削加工性（　　　）。

　　A. 越好　　　　　　　　B. 越差　　　　　　　　C. 不变

（2）材料的塑性和韧性越好，其切削加工性（　　　）。

　　A. 越好　　　　　　　　B. 越差　　　　　　　　C. 不变

（3）线膨胀系数大的材料（　　　）控制加工精度。

　　A. 容易　　　　　　　　B. 较容易　　　　　　　C. 难

（4）粗加工时，应选用（　　　）为主的乳化液。

　　A. 3%~5%的乳化液　　B. 10%~15%的乳化液　C. 切削油

（5）粗加工选用（　　　）。

　　A. 润滑油　　　　　　　B. 冷却液　　　　　　　C. 切削油

（6）车削直径为 40mm、长度为 2000mm 的细长轴工件，采用主偏角为（　　　）的外圆车刀较适宜。

　　A. 45°　　　　　　　　B. 30°　　　　　　　　C. 60°　　　　　　　　D. 93°

（7）从提高生产率和降低刀具成本考虑，选择切削用量时，应首先选择（　　　），其次选择（　　　），最后选择（　　　）。

　　A. 背吃刀量　　　　　　B. 进给量　　　　　　　C. 切削速度

（8）加工脆性材料时，应选用（　　　）的前角。

　　A. 较大　　　　　　　　B. 较小

（9）刃倾角影响切屑流出的方向，当刃倾角大于 0° 时，切屑流向（　　　）。

　　A. 已加工表面　　　　　B. 待加工表面　　　　　C. 加工表面

（10）精加工时，应取（　　　）的后角，以减小摩擦并使刃口锋利，有利于提高已加工表面质量。

　　A. 负值　　　　　　　　B. 较大　　　　　　　　C. 较小

3. 判断题

（1）在相同的切削条件下，产生的切削温度越高，切削力越大，则材料的切削加工性越好。　　　　　　　　　　　　　　　　　　　　　　　　　　　（　　　）

（2）高碳钢常通过正火来改善其切削加工性；低碳钢常通过球化退火改善其切削加工性。 （ ）

（3）由于天然水具有很好的冷却作用，所以常用天然水直接作为切削液用于切削加工中。 （ ）

（4）作为切削液的水溶液要加入一定含量的油性和防锈添加剂，使其具有一定的润滑和防锈功能。 （ ）

（5）乳化液是用乳化油加水稀释而成的，而乳化油是用矿物油、乳化剂和添加剂配合制成的。 （ ）

（6）切削油的主要成分是矿物油，有时也有矿物油和动、植物油的混合物。 （ ）

（7）三大类切削液中，水溶液的冷却效果最好，乳化液次之，切削油较差。 （ ）

（8）精加工时，使用切削液的主要目的是降低切削温度，以提高加工精度。 （ ）

（9）一般情况下，高速钢刀具的前角要选得比硬质合金刀具的前角大。 （ ）

（10）磨有负倒棱的刀具一定是负前角参与切削，因此会导致切削力的增大。 （ ）

（11）工件材料的强度、硬度高时，切削力大，为保证刀具必要的强度，应取较小的前角甚至负前角。 （ ）

（12）粗加工时，切削力大并常有冲击力，为使切削刃有足够的强度，刀具应取较小的前角。 （ ）

（13）工艺系统刚度较小时，应选择较大的后角，以增加刀具的抗振性。 （ ）

（14）粗加工时，强力切削及受冲击力的刀具，应取较小的后角，以使刀具有足够的强度。 （ ）

（15）主偏角为90°比主偏角45°的车刀散热性能好。 （ ）

（16）在刀具强度许可的条件下，尽量选用较大的前角。 （ ）

4. 简答题

（1）改善工件材料切削加工性的途径有哪些？

（2）刃倾角的作用是什么？如何选择刀具的刃倾角？

（3）粗加工时，切削用量的选择原则是什么？

（4）精加工时，如何选择切削用量？

（5）前角的作用及选择原则是什么？

（6）主偏角的作用及选择原则是什么？

5. 计算题

车削加工直径为50mm的外圆，行程长度为1000mm，采用的切削速度为50m/min，进给量为0.2mm/r，一次进给车成，试求加工此工件需要的基本时间。

5

第五章 车刀及其选用

【学习目标】

◆ 认识各种车刀的结构类型。

◆ 掌握焊接车刀结构与特点。

◆ 掌握机夹车刀类型及结构特点。

◆ 会选择车刀,会磨制一般车刀。

◆ 会车削加工操作(车台阶、外圆、内孔、螺纹等)。

【本章要点】

本章主要介绍车刀的结构及形式,介绍焊接车刀刀柄、刀槽、刀片形式,可转位车刀形式等。通过本章学习,学生掌握车刀结构型式及应用,在车床操作过程中能根据机床形式、零件工艺要求及加工效率要求综合选择车刀,确保工件加工质量及加工效率。

第一节 车刀的类型

车刀是指在车床上使用的刀具。可用于加工外圆、内孔、端面、螺纹及其他成形回转表面,也可用于回转工件的切槽和切断。

图 5-1 所示为常用车刀的类型,车刀按用途可分为端面车刀、外圆车刀、内孔车刀、螺纹车刀、车槽刀与切断车刀。

车刀按结构类型可分为整体式车刀、焊接式车刀、机夹式车刀和可转位式车刀,如图 5-2 所示。它们的特点与用途见表 5-1。

整体车刀一般用高速钢制造,俗称白钢刀,形状为长条形,截面为正方形或矩形,使用时可根据需要将切削部分刃磨成各种角度和形状。

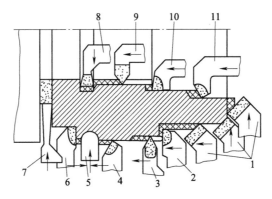

图 5-1 车刀的型式与用途

1—45°端面车刀 2—90°外圆车刀 3—外螺纹车刀 4—75°外圆车刀
5—成形车刀 6—90°左切外圆车刀 7—切断车刀 8—内孔车槽刀
9—内螺纹车刀 10—95°内孔车刀 11—75°内孔车刀

微课:
微课-车刀种类

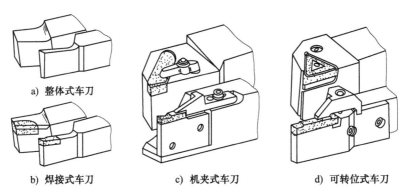

a) 整体式车刀   b) 焊接式车刀   c) 机夹式车刀   d) 可转位式车刀

图 5-2 车刀的结构类型

表 5-1 车刀的结构类型、特点及用途

名称		特点	适用场合
整体式车刀		整体用高速钢制造,刃口可磨得较锋利	小型车床或加工非铁金属
焊接式车刀		焊接硬质合金或高速钢刀片,焊接在刀柄的刀槽内,结构紧凑,使用灵活	各类车刀,特别是小刀具
机夹式车刀	机夹重磨式车刀	避免了焊接产生的应力、裂纹等缺陷,刀柄利用率高。刀片可集中刃磨获得所需参数,使用灵活方便	车外圆和端面、镗孔、切断、车螺纹等
	机夹可转位式车刀	避免了焊接式车刀的缺点,刀片可快换转位,生产率高,断屑稳定,可使用涂层刀片	大中型车床加工外圆、端面、镗孔,特别适用于自动线和数控机床

第二节 焊接式车刀

焊接式车刀是由刀片和刀柄通过镶焊连接成一体的车刀。一般刀片选用硬质合金，刀柄选用45钢。选用焊接式车刀时，应具备的原始资料是：被加工零件的材料、工序图、使用机床的型号和规格。选购焊接式车刀时，应考虑车刀型式、刀片材料与型号、刀柄材料、外形尺寸及刀具几何参数等。对于有较大刃倾角或特殊几何形状的车刀，用户在重磨时须计算刃磨工艺参数，以便刃磨时按其调整机床。

一、硬质合金焊接刀片的选择

选择硬质合金焊接刀片，除材料牌号外还应合理选择型号。刀片型式和尺寸由一个字母和三位数字组成。字母和第一位数字代表刀片的型式，后两位数字表示刀片的长度。

当焊接刀片长度相同，其他参数如宽度、厚度不同时，则在型号后加字母 A、B、C……以示区别。用于左向切削时，型号后加标字母Z。国家标准 YS/T 253—1994《硬质合金焊接车刀片》、YS/T 79—2018《硬质合金焊接刀片》中规定了常用的刀片形状。选择刀片形状主要依据是车刀的用途及主、副偏角的大小。图 5-3 所示为常用型号的刀片形状。其适用场合如下。

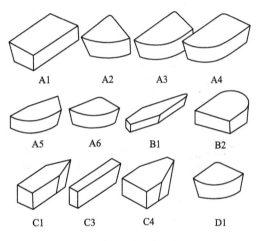

图 5-3 常用型号的刀片形状

A1 型：用于直头、弯头外圆车刀、内孔车刀、宽刃车刀。

A2 型：用于端面车刀、内孔车刀（不通孔）。

A3 型：用于90°偏头外圆车刀、端面车刀。

A4 型：用于直头外圆车刀、端面车刀、内孔车刀。

A5 型：用于直头外圆车刀、内孔车刀（通孔）。

A6 型：用于型内孔车刀（通孔）。

B1 型：用于燕尾槽刨刀。

B2 型：用于圆弧成形车刀。

C1 型：用于螺纹车刀。

C3 型：用于切断、车槽刀等。

C4 型：用于带轮车槽刀。

D1 型：用于直头外圆车刀、内孔车刀。

选择刀片尺寸时，主要考虑的是刀片长度，一般为切削宽度的 1.6~2 倍。车槽刀的刃宽不应大于工件槽宽。切断刀的宽度 B 可按如下经验式估算

$$B = 0.6 \sqrt{d} \tag{5-1}$$

式中　d——被切工件的直径。

二、刀槽参数的选择

刀柄上应根据采用的刀片形状和尺寸开出刀槽，如图 5-4 所示。应在焊接强度和制造工艺允许的条件下，尽可能选用焊接面少的刀槽形状，因为焊接面多，焊接后刀片产生的内应力较大，容易产生裂纹。

开口槽制造简单，但焊接面积小，适用于 A1 型刀片。半封闭槽焊接后刀片牢固，适用于带圆弧的 A2 型、A3 型刀片。封闭槽能增加焊接面积，强度高，但焊接应力大，适合于焊接面积相对较小的 C1 型刀片。切口槽增大了焊接面积，提高了结合强度，适合于 A1 型、C3 型刀片。

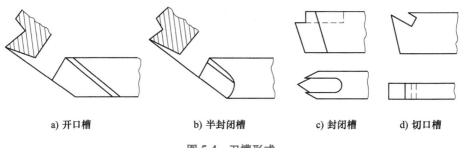

a) 开口槽　　　　b) 半封闭槽　　　　c) 封闭槽　　　　d) 切口槽

图 5-4　刀槽形式

刀槽尺寸可通过计算求得，通常可按刀片配置。为了便于刃磨，要使刀片露出刀槽 0.5~1mm。一般取刀槽前角 $\gamma_{og}=\gamma_o+5°~10°$，刀片在刀槽中的安放位置如图 5-5 所示，以减少刃磨前刀面的工作量。刀柄后角 α_{og} 要比后角 α_o 大 2°~4°，以便于刃磨刀片，提高刃磨质量。

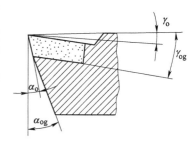

图 5-5　刀片在刀槽中的安放位置

三、车刀型式及尺寸的选择

车刀型式分直头与弯头两大类。直头车刀如图 5-6a、d 所示，弯头车刀如图 5-6b、c 所示。直头车刀结构简单，便于制造。弯头车刀通用性广，既能车外圆又能车端面，最典型的是 45°弯头车刀。

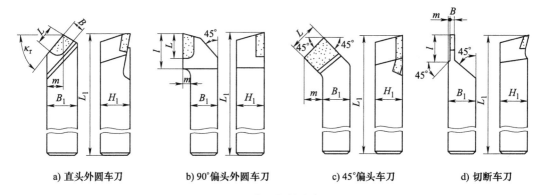

a) 直头外圆车刀　　b) 90°偏头外圆车刀　　c) 45°偏头车刀　　d) 切断车刀

图 5-6　常用焊接式车刀

普通车刀的外形尺寸主要包括高度、宽度和长度。刀柄截面形状为矩形或方形，一般选用矩形，高度按机床中心的高度进行选择，见表 5-2。当刀柄高度尺寸受到限制时，可加宽为方形，以提高其刚度。刀柄的长度一般为其高度的 6 倍。切断刀工作部分的长度须大于工件的半径。

表 5-2　常用车刀刀柄截面尺寸　　　　　　　　（单位：mm）

机床中心高	150	180~200	260~300	350~400
正方形刀柄断面 H^2	16^2	20^2	25^2	30^2
矩形刀柄断面 $B \times H$	12×20	16×25	20×30	25×40

内孔车刀用的刀柄，其工作部分截面形状一般为圆形，长度须大于工件孔深。

对于螺纹车刀或成形车刀，因工作切削刃较长，可选用特殊的弹性刀柄，以防切削时扎刀。

四、车刀刀片的焊接工艺

刀片的焊接过程是采用比母材（刀片和刀体）熔点低的金属材料作为钎料，将焊接件和钎料加热后钎料熔融，利用液态钎料润湿母材，并流动充满刀片与刀体间的接触处间隙，冷却固化后实现连接。

常用的钎料有铜镍合金或纯铜、铜锌合金、银铜合金等。

焊接刀片时，一般用工业硼砂作为焊剂，它起到清除工件待焊表面氧化物、改善润滑性能的作用，并在钎焊过程中对钎料和焊件起到保护作用。

刀片焊接后，应将车刀及时放入炉中或稻草灰中缓慢冷却，以减小热应力。

在实际生产中常用的焊接工艺是：将钎料做成铜条焊片，焊接前将焊片剪成所焊硬质合金刀片的平面形状，垫入刀片与刀体间，并一同放入焊机的两个压头之中，用电加热使焊片熔融并同时在刀体和刀片上对向加压，使焊片熔体充满两者的间隙，然后停电降温，停压，焊片固化。最后取下焊接刀头并放入干燥的石灰粉中保温干燥，防水防裂。

第三节　机夹式车刀

一、机夹可重磨式车刀

机夹可重磨式车刀，是用机械加固的方法，将预先刃磨好的刀片固定在刀柄上。这种车刀是针对硬质合金焊接车刀的缺陷而研制的。与硬质合金焊接车刀相比，机夹可重磨式车刀有很多优点，例如刀片不经高温焊接，避免了因焊接引起的刀片硬度下降和产生裂纹等缺陷，延长了刀具寿命；刀柄可以多次重复使用，使刀柄材料的利用率大大提高，刀柄成本下降；刀片用钝后可多次刃磨，不能使用时还可以回收。机夹可重磨式车刀的缺点是在使用过程中仍须刃磨，不能完全避免由于刃磨而引起的热应力和裂纹；其切削加工性仍取决于工人刃磨的技术水平；刀柄制造过程复杂。

机夹可重磨式车刀未经标准化，结构型式很多。目前常用机夹可重磨式车刀有切断车刀、车槽刀、螺纹车刀等。常用机夹式车刀的夹紧结构有上压式、自锁式、弹性压紧式（图5-7）。按国家标准要求生产的机夹式切断车刀，内、外螺纹车刀都采用上压式（图5-8）。一般都采用V形槽底的刀片，以防止切削时受力后刀片发生转动。

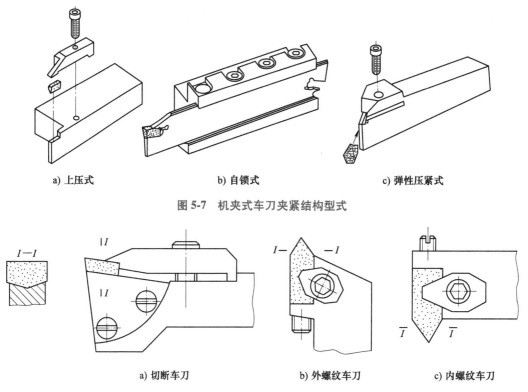

a) 上压式　　　　　　　　b) 自锁式　　　　　　　c) 弹性压紧式

图 5-7　机夹式车刀夹紧结构型式

a) 切断车刀　　　　　　b) 外螺纹车刀　　　　　c) 内螺纹车刀

图 5-8　上压式切断车刀和内、外螺车刀

二、机夹可转位式车刀

可转位车刀是使用可转位硬质合金刀片的机夹式车刀，如图5-9所示，刀垫3和刀片5套装在刀柄6的夹紧机构上，将刀片5压向支承面而紧固。

可转位刀片和焊接式车刀的刀片不同，它是由硬质合金厂压模成型，使刀片具有供切削时选用的几何参数（无须刃磨），刀片为多边形，每条边都可作为切削刃。常用的刀片为三角形和正方形，如图5-10所示。刀片又分不带孔有后角（图5-11a）和带孔无后角（图5-11b）两种类型。

可转位车刀除了具有焊接式和机夹式车刀的优点外，还具有无须刃磨、可转位和更换切削刃简捷，几何参数稳定等特点，完全避免了因焊接和刃磨引起的热效应和热裂纹。其几何参数完全由刀片和刀柄上的刀槽保证，不受工人技术水平的影响，因此切削加工性稳定，切削效率高，有利于合理使用硬质合金和新型复合材料，有利于刀片和刀柄的专业化生产等，能适应现代化生产

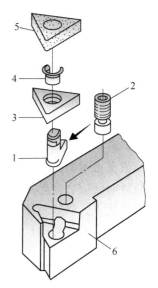

图 5-9　可转位车刀的组成

1—杠杆　2—螺杆　3—刀垫
4—卡簧　5—刀片　6—刀柄

的要求。实践证明,可转位车刀比焊接车刀可提高 0.5~1 倍。一把可转位车刀的刀柄可使用 80~200 个刀片,刀柄材料消耗仅为焊接车刀的 3%~5%。由于无须重磨,可采用涂层刀片,对数控车床更为有利,并为世界各国广泛采用,是刀具发展的重要方向。可转位车刀的应用与日俱增,但由于刃形和几何参数受到刀具结构和工艺限制,它还不能完全取代焊接式车刀和机夹式车刀。

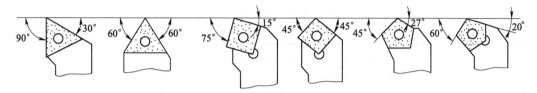

图 5-10 可转位刀片形状

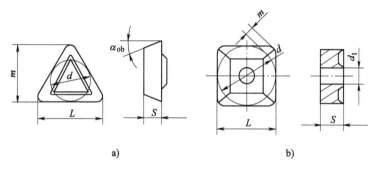

a) b)

图 5-11 可转位刀片的基本参数

1. 可转位刀片

按照可转位硬质合金刀片的标记方法(GB/T 2076—2021《切削刀具用可转位刀片 型号表示规则》),刀片的型号由代表一定意义的字母和数字按一定顺序排列所组成,共有九个代号,每个代号的含义如表 5-3 所示。任一刀片都必须标记前七个号位,后两个号位在必要时才使用。

表 5-3 可转位刀片的型号与表达特性

代号	1	2	3	4	5	6	7	8	9
表达特性	刀片形状	法后角	尺寸允许偏差等级	夹固形式和有无断屑槽	刀片长度	刀片厚度	刀尖形状	切削刃截面形状	切削方向
表达方法	每个号位用一个英文字母代号表示				两位阿拉伯数字(所表示参数的整数部分,不够两位的前面加0)代号		数字或字母代号	每个号位用一个英文字母代号表示	
举例	T 正三角形	A 3°	M 中等	N 无断屑槽和无固定孔	15 15mm	06 6mm	12 1.2mm	F 锋刃 (尖锐刀刃)	R 右切

（1）代号1表示刀片形状　可转位刀片的形状及代号见表5-4，主要根据加工工件的廓形与刀具寿命进行选择。边数多的刀片，刀尖角大，耐冲击，并且切削刃多，因而刀具寿命长，但切削刃较短，在车削时背向力较大，易引起振动。在机床和工件刚度足够的情况下，粗加工应尽量采用刀尖角较大的刀片，反之选用刀尖角较小的刀片。其中常用的刀片为正三角形和正方形刀片。

表5-4　可转位刀片的形状及代号

类别		字母代号	形状说明	刀尖角，ε_r	示意图
I	等边等角刀片	H	正六边形刀片	120°	
		O	正八边形刀片	135°	
		P	正五边形刀片	108°	
		S	正方形刀片	90°	
		T	正三角形刀片	60°	
II	等边不等角刀片	C	菱形刀片	80°[①]	
		D		55°[①]	
		E		75°[①]	
		M		86°[①]	
		V		35°[①]	
		W	凸三角形刀片	80°[①]	
III	等角不等边刀片	L	矩形刀片	90°	
IV	不等边不等角刀片	A	平行四边形刀片	85°[①]	
		B		82°[①]	
		K		55°[①]	
V	圆形刀片	R	圆形刀片	—	

① 所示刀尖角是指较小的角度。

① 正三角形（T）。常用于刀尖角要求小于90°的外圆、端面车刀、加工不通孔、台阶孔的内孔车刀。刀尖强度差，只宜选用较小切削用量。

② 正方形（S）。切削刃较短，刀尖强度高。主要用于75°、45°车刀以及加工通孔的内孔车刀等。

③ 80°菱形（C）。两个刀尖强度较高，可加工端面或外圆，也用于加工台阶孔的内孔车刀。

④ 凸三角形（W）。有三个切削刃较短的80°刀尖角，刀尖强度高，主要用于加工外圆、台阶面的93°外圆车刀，也用于加工台阶孔的内孔车刀。

⑤ 圆形（R）。用于加工成形曲面或精加工，背向力大。

刀片又分为带孔无后角和不带孔有后角两种形式，其中孔用于夹持刀片。若刀片有后角，则在刀片装入刀槽时就不需要安装后角；若刀片无后角，则在刀片装入刀槽时就须将刀片安装出一定的后角。

（2）代号2表示刀片法后角　其中N型刀片法后角为0°，一般用于粗加工和半精加工。B（5°）、C（7°）、P（11°）型刀片一般用于半精加工、精加工，仿形加工和孔加工等，见表5-5。

表5-5　可转位刀片法后角的代号

代号	法后角	代号	法后角	代号	法后角
A	3°	D	15°	G	30°
B	5°	E	20°	N	0°
C	7°	F	25°	P	11°

（3）代号3表示刀片尺寸允许偏差等级　车刀用可转位刀片有12种偏差等级，分别为A、F、C、H、E、G、J、K、L、M、N、U。

（4）代号4表示刀片夹固形式和有无断屑槽　号位4常用的代号有：

N——无固定孔，无断屑槽。

R——无固定孔，单面有断屑槽。

F——无固定孔，双面有断屑槽。

A——有圆形固定孔，无断屑槽。

M——有圆形固定孔，单面有断屑槽。

G——有圆形固定孔，双面有断屑槽。

W——单面有40°~60°固定沉孔，无断屑槽。

T——单面有40°~60°固定沉孔，单面有断屑槽。

Q——双面有40°~60°固定沉孔，无断屑槽。

U——双面有40°~60°固定沉孔，双面有断屑槽。

B——单面有70°~90°固定沉孔，无断屑槽。

H——单面有70°~90°固定沉孔，单面有断屑槽。

C——双面有70°~90°固定沉孔，无断屑槽。

J——双面有70°~90°固定沉孔，双面有断屑槽。

（5）代号 5 表示刀片长度　刀片切削刃长度应根据切削刃参加工作长度来选择。粗加工时，可取切削刃长度 $L \geqslant 1.5a_p/(\sin\kappa_r\cos\lambda_s)$；精加工时，取切削刃长度 $L \geqslant 3a_p/(\sin\kappa_r\cos\lambda_s)$。

（6）代号 6 表示刀片厚度　刀片厚度根据在切削中承受的最大切削力来选择。

（7）代号 7 表示刀尖形状　用字母或数字代号表示。

1）若刀尖角为圆角，在采用公制单位时，用按以 0.1mm 为单位测量得到的圆弧半径值表示，如果数值小于 10，则在数字前加"0"。如刀尖角不是圆角，用代号"00"表示。

2）若刀片具有修光刃，用字母分别表示主偏角 κ_r 和法后角 α'_n。

（8）代号 8 表示切削刃截面形状　如果切削刃截面形状和切削方向只需要表示其中一个，则该代号占第 8 位。如果二者都需要表示，则该两个代号分别占第 8 位和第 9 位。表示刀片切削刃截面形状的代号见表 5-6。

表 5-6　刀片切削刃截面形状的代号

字母代号	切削刃截面形状	示意图	字母代号	切削刃截面形状	示意图
F	尖锐刀刃		S	倒棱倒圆刀刃	
E	倒圆刀刃	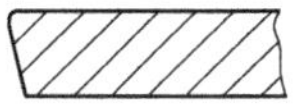	K	双倒棱刀刃	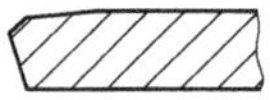
T	倒棱刀刃	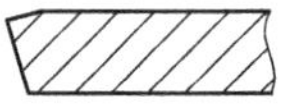	P	双倒棱倒圆刀刃	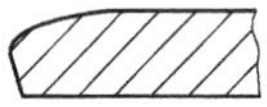

车削用的可转位刀片基本上是倒圆切削刃，其倒圆半径 r_n 一般为 0.03~0.08mm。涂层刀面倒圆半径 $r_n \leqslant 0.05$mm。加工非铁金属、非金属材料时都采用 F 型式，小余量精加工和加工普通铸铁时也可采用 F 型式。T 型式的前刀面上做出负倒棱的刃口，适用于重负荷切削或有冲击载荷切削。陶瓷系列可转位刀片都采用 T 型刃口；多数可转位铣刀也采用 T 型刃口。S 型是先倒棱后倒圆的刃口型式，耐冲击性优于 T 型，但切削力也较大，通常涂层铣刀片采用 S 型刃口。

（9）代号 9 表示切削方向　代号 R 表示右切，L 表示左切，N 表示双向，即左、右均能切。

示例：标记 TNUM160408R 表示刀片形状为正三角形，法向后角为 0°，允许偏差 U 级，单面有断屑槽、有圆形固定孔的刀片，切削刃长度为 16.5mm，刀片厚度为 4.76mm，刀尖圆弧半径为 0.8mm，切削方向为右切。

2. 几种典型的夹紧结构

可转位车刀的形式和尺寸已经标准化，可按现行国家标准要求或有关车刀生产厂家的标准选择，其类型的选择与普通焊接车刀相似。其夹紧结构如图 5-12 所示。可转位车刀上述的各项选择必须结合加工用途、机床等具体实际情况进行。

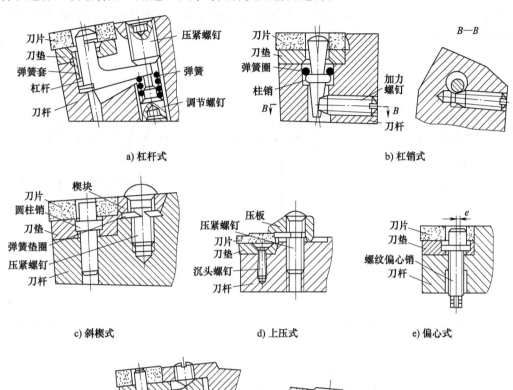

a) 杠杆式　　　　　　　　　　　　　　　b) 杠销式

c) 斜楔式　　　　　　d) 上压式　　　　　　e) 偏心式

f) 拉垫式　　　　　　g) 压孔式

图 5-12　可转位刀片夹紧结构

第四节　成 形 车 刀

成形车刀是在普通车床、自动车床上加工内外成形表面的专用刀具，其切削刃按工件的廓形设计。它能一次切出成形表面，故操作简便、生产率高，加工后的成形面能达到较高的互换性，而且成形车刀的刀具寿命较长。成形车刀制造较为复杂，因同时参与切削的切削刃较长，易产生振动，故其工件加工尺寸的公差等级只能达 IT8 ~ IT10、表面粗糙度值为 $Ra10\mu m$。它主要用于批量加工中、小尺寸的零件。

一、成形车刀的种类与用途

根据成形车刀工作时进给方向的不同，可将其分为径向成形车刀、切向成形车刀和斜向成形车刀三大类。

1. 径向进给成形车刀

如图 5-13 所示，顾名思义此类车刀在切削时沿零件半径方向进给。这类成形车刀按形状和结构不同分为三种：

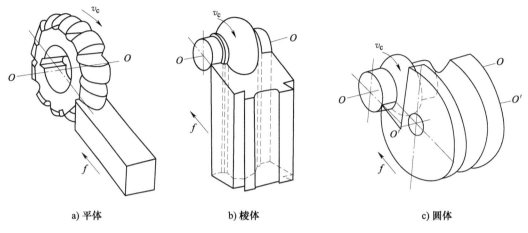

a) 平体　　　　　　b) 棱体　　　　　　c) 圆体

图 5-13　径向进给成形车刀

（1）平体成形车刀（图 5-13a）　其刀体结构与普通车刀相似，常用于加工简单的成形表面，例如铲齿、车螺纹和车圆弧等。

（2）棱体成形车刀（图 5-13b）　其刀体为棱柱体，利用燕尾榫装夹在刀柄燕尾槽中，用于加工外成形表面。它不能加工内成形表面。

（3）圆体成形车刀（图 5-13c）　刀体外形是个带孔的回转体，其上磨出容屑缺口和前刀面，切削刃位于回转体圆周外圆，刀体内孔与刀柄连接。它制造较方便，可用于对内、外成形表面加工，但加工精度不如前面两种。

2. 切向进给成形车刀（图 5-14a）

它的装夹和进给均沿加工表面的切线方向。其特点是切削力小，且切削终了位置不影响加工精度，常用于自动车床上精度较高的小尺寸零件加工。

3. 斜向进给成形车刀（图 5-14b）

它的进给方向与工件轴线不垂直，成斜向。它用于车削直角台阶表面时，具有较合理的后角。

二、成形车刀的技术条件

1. 成形车刀廓形尺寸公差

成形车刀廓形尺寸公差应根据零件廓形尺寸公差、刀具廓形的制造公差和刀具磨损公差等来确定。一般工厂常用成形车刀廓形尺寸公差为对应的零件廓形尺寸公差的 1/3～1/2，但不超过±0.1mm。

成形车刀廓形深度尺寸的标注基准，选定在加工零件的直径公差最小处。廓形宽度尺寸的标注基准与零件廓形宽度尺寸标注基准一致。

2. 成形车刀刀体的技术条件

棱体成形车刀燕尾榫的基面和圆体成形车刀心轴孔均为定位基准面，因此切削刃对该基准面有较高的位置精度。成形车刀前刀面与切削刃上不允许有裂纹、烧伤及毛刺痕迹。

成形车刀材料一般选用 W6Mo5Cr4V2 制造，也有用 W6Mo5Cr4V2Al 及其他高性能高速钢和硬质合金制造。若采用焊接式结构，则刀柄用 45 钢或 40Cr 钢。工作部分热处理硬度为 63~66HRC、刀柄硬度为 40~45HRC。

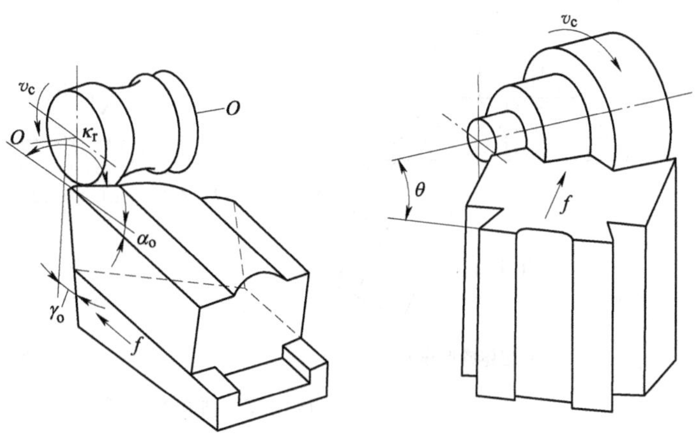

a) 切向进给成形车刀　　　　b) 斜向进给成形车刀

图 5-14　切向进给和斜向进给成形车刀

3. 成形车刀样板

设计成形车刀还须设计成形车刀样板，用以检验成形车刀的廓形是否符合要求。样板分工作样板和校对样板两种：工作样板用于检验成形车刀制造和使用时的廓形；校对样板用于检验工作样板的磨损程度。

工作样板工作面的形状与成形车刀廓形吻合，因此其尺寸及其标注基准一致。样板的各尺寸公差是成形车刀廓形公差的 $1/3 \sim 1/2$，并呈对称分布，精度高的不超过±0.01mm。样板工作表面粗糙度值为 $Ra0.32 \sim 0.08\mu m$。

样板的材料为 20 钢、20Cr 钢，须经渗碳处理，或用 T8A、T10A 碳素工具钢制造。热处理硬度为 40~62HRC。

三、成形车刀的安装及修磨

1. 成形车刀的安装

成形车刀的安装与工作位置会影响加工零件的精度，因此调整径向成形车刀时应注意以下几点：

1）刀具上的设计基准点装于零件中心水平位置上。

2）安装后应形成设计要求的前角 γ_f 和后角 α_f。

3）成形车刀上的定位基准应与零件轴线平行。

4）成形车刀试切控制尺寸是零件直径精度最高的尺寸。

2. 成形车刀重磨

成形车刀磨损后的重磨是在万能工具磨床上，用碗形砂轮沿前刀面进行。重磨的基本要求是保持其原始前角和主后角不变。

如图 5-15 所示，重磨成形车刀时，使棱体成形车刀的前刀面与砂轮的工作端面平行；使圆体成形车刀的中心与砂轮的工作端面偏移高度 h，$h = R\sin(\alpha_f + \gamma_f)$。为检验磨出的前刀面位置正确与否，对于棱体成形车刀，可测量其侧楔角 $\beta_f = 90° - (\alpha_f + \gamma_f)$；对于圆体成形车刀，可检验它的前刀面是否与端面上划出的检验圆相切，检验圆是以高度 h 为半径作的圆。

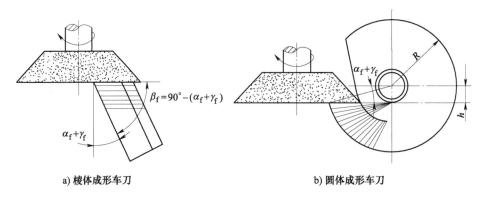

a) 棱体成形车刀　　　　　　　　　b) 圆体成形车刀

图 5-15　成形车刀重磨示意

典型案例及应用

加工一批光轴（图 5-16），工件材料为 40Cr，毛坯尺寸为 $\phi 25mm$，加工后要求表面粗糙度值为 $Ra3.2\mu m$，须经粗车、半精车两道工序完成其外圆加工，单边总余量为 4mm。使用机床型号为 CA6140。要求设计一把满足要求的硬质合金可转位外圆车刀。

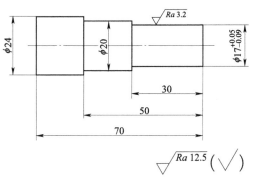

图 5-16　光轴图样

1. 选择刀片夹紧结构

考虑到工件的加工采用 CA6140 普通车床，且属于连续切削，选择偏心式刀片夹紧结构。

2. 选择刀片材料

由原始条件给定：工件材料为 40Cr，连续切削，完成粗车、半精车两道工序，按照硬质合金的选用原则，选取刀片材料（硬质合金牌号）为 P10（YT15）。

3. 选择车刀合理角度

根据刀具合理几何参数的选择原则，并考虑可转位车刀几何角度的形成特点，选取如下四个主要角度：

前角 $\gamma_o = 15°$；后角 $\alpha_o = 5°$；主偏角 $\kappa_r = 75°$；刃倾角 $\lambda_s = -6°$。

后角 α_o、副后角 α_o' 和副偏角 κ_r' 的实际数值在计算刀槽角度时，经校验后确定。

4. 选择切削用量

根据切削用量的选择原则，查表确定切削用量。

1）粗车时：背吃刀量 $a_p = 3mm$，进给量 $f = 0.6mm/r$，切削速度 $v_c = 110m/min$。

2）半精车时：背吃刀量 $a_p = 1mm$，进给量 $f = 0.3mm/r$，切削速度 $v_c = 130m/min$。

5. 选择刀片型号和尺寸

（1）选择刀片夹固形式　由于刀片夹紧结构已选定为偏心式，所以应选用有中心固定孔的刀片。

（2）选择刀片形状　按选定的主偏角 $\kappa_r = 75°$，选用正方形刀片。

（3）选择刀片尺寸允许偏差等级　参照刀片允许偏差等级的选择原则（车削用硬质合金可转位刀片的精度等级，一般情况下选用 U 级，有特殊要求时才选用 M 级和 G 级），选用 U 级。

（4）选择刀片边长内切圆直径 d（或刀片边长 L）　根据已选定的 a_p、κ_r、λ_s，可求出切削刃的实际参与切削的长度 L_{se}，即

$$L_{se} = \frac{a_p}{\sin\kappa_r\cos\lambda_s} = \frac{3}{\sin75°\cos(-6°)}\text{mm} = 3.123\text{mm}$$

则所选用的刀片长度应为

$$L > 1.5L_{se} = 1.5 \times 3.123\text{mm} \approx 4.685\text{mm}$$

因为是正方形刀片，所以 $L = d > 4.685\text{mm}$。

（5）选择刀片的厚度 S　根据已选定的 $a_p = 3\text{mm}$，$f = 0.6\text{mm/r}$，查《金属切削刀具设计简明手册》（选择刀片厚度的诺模图），选择厚度 $S \geqslant 4.8\text{mm}$。

（6）选择刀尖圆弧半径 r_ε　根据已选定的 $a_p = 3\text{mm}$，$f = 0.6\text{mm/r}$，查《金属切削刀具设计简明手册》（选择刀尖圆弧半径的诺模图），求得连续切削时的 $r_\varepsilon = 1.2\text{mm}$。

综合以上几个方面的选择结果，查《金属切削刀具设计简明手册》（圆孔正方形 0° 法后角单面有 V 型断屑槽刀片的型号与基本尺寸），可确定选用的刀片的型号是：SNUM150612R，其具体尺寸为：$L = d = 15.875\text{mm}$，$S = 6.35\text{mm}$，$d_1 = 6.35\text{mm}$，$m = 2.79\text{mm}$，$r_\varepsilon = 1.2\text{mm}$。

刀片参数：刀尖角 $\varepsilon_{rt} = 90°$，刃倾角 $\lambda_{st} = 0°$，法后角 $\alpha_{nt} = 0°$，断屑槽宽 $W_n = 4\text{mm}$，法前角 $\gamma_{nt} = 20°$。

6. 确定刀垫型号和尺寸

为了承受切削中产生的高温和保护刀体，一般在硬质合金刀片下放置一个刀垫。刀垫材料可用淬硬的高速钢或高碳钢，但最好选用硬质合金。硬质合金刀垫型号和尺寸的选择，取决于刀片夹紧结构及刀片的型号和尺寸。查《机械工程师简明手册》，选择与刀片形状相同的刀垫 S12B，正四方形，中心有圆孔，其尺寸为：$L = d = 14.88\text{mm}$，厚度 $S = 4.76\text{mm}$，中心孔直径 $d_1 = 7.6\text{mm}$，材料为 K30（YG8）。

7. 计算刀槽角度

刀槽角度计算步骤如下：

（1）刀槽主偏角 κ_{rg}　$\kappa_{rg} = \kappa_r = 75°$。

（2）刀槽刃倾角 λ_{sg}　$\lambda_{sg} = \lambda_s = -6°$。

（3）刀槽前角 γ_{og}　刀槽底面可看作前刀面，则刀槽前角 γ_{og} 的计算公式为

$$\tan\gamma_{og} = \frac{\tan\gamma_o - \dfrac{\tan\gamma_{nt}}{\cos\lambda_s}}{1 + \tan\gamma_o\tan\gamma_{nt}\cos\lambda_s}$$

将 $\gamma_o = 15°$，$\gamma_{nt} = 20°$，$\lambda_s = -6°$ 代入上式中，求得：$\gamma_{og} = -5.086°$，取 $\gamma_{og} = -5°$。

（4）刀槽副偏角 κ'_{rg}　因为 $\kappa'_{rg} = 180° - \kappa_{rg} - \varepsilon_{rg}$，而 $\varepsilon_{rg} = \varepsilon_r$，$\kappa_{rg} = \kappa_r$，所以 $\kappa'_{rg} = \kappa_{rg} = 180° - \kappa_r - \varepsilon_r$。

车刀刀尖角 ε_r 的计算公式为

$$\cot\varepsilon_r = \left[\cot\varepsilon_{rt}\sqrt{1+(\tan\gamma_{og}\cos\lambda_s)^2}-\tan\gamma_{og}\sin\lambda_s\right]\cos\lambda_s$$

当 $\varepsilon_{rt}=90°$ 时，将 $\gamma_{og}=-5°$，$\lambda_s=-6°$ 代入上式，得 $\varepsilon_r=90.52°$，故 $\kappa'_{rg}=14.5°$。

（5）验算车刀后角 α_o 车刀后角 α_o 的验算公式为

$$\tan\alpha_o = -\tan\gamma_{og}\cos^2\lambda_s$$

将 $\gamma_{og}=-5°$，$\lambda_s=-6°$ 代入上式，求得 $\tan\alpha_o=0.87$，$\alpha_o=4.946°$

与所选后角 $5°$ 相近，可以满足切削要求。而刀柄后角 $\alpha_{og}\approx\alpha_o$，故 $\alpha_{og}=5°$。

（6）验算车刀副后角 α'_o 车刀副后角 α'_o 的验算公式为

$$\tan\alpha'_o \approx \tan\gamma_{og}\cos\varepsilon_r - \tan\lambda_{sg}\sin\varepsilon_r$$

将 $\gamma_{og}=-5°$，$\lambda_{sg}=\lambda_s=-6°$，$\varepsilon_r=90.52°$ 代入，求得 $\tan\alpha'_o=0.10589$，进而求得 $\alpha'_o=6.044°$，可以满足切削要求。

刀槽副后角 $\alpha'_{og}=\alpha'_o=6.044°$，取 $\alpha'_{og}=6°$。

综合上述计算结果，可以得到车刀的几何角度为：$\gamma_o=15°$，$\alpha_o=4.946°$，$\kappa_r=75°$，$\kappa'_r=14.48°$，$\lambda_s=-6°$，$\alpha'_o=6.044°$。

刀槽的几何角度为：$\gamma_{og}=-5°$，$\alpha_{og}=5°$，$\kappa_{rg}=75°$，$\kappa'_{rg}=14.5°$，$\lambda_{sg}=-6°$，$\alpha'_{og}=6°$。

8. 选择刀柄材料和尺寸

（1）选择刀柄材料   选用 45 钢为刀柄材料，热处理硬度为 38~45HRC，发黑处理。

（2）选择刀柄尺寸

1）选择刀柄截面尺寸。因加工采用 CA6140 普通机床，其中心高为 200mm，并考虑到为提高刀柄的强度，选用刀柄截面尺寸 $B\times H=20\text{mm}\times25\text{mm}$。

2）选择刀柄长度尺寸。参照《金属切削刀具设计简明手册》，选取刀柄长度 $L=150\text{mm}$。

本 章 小 结

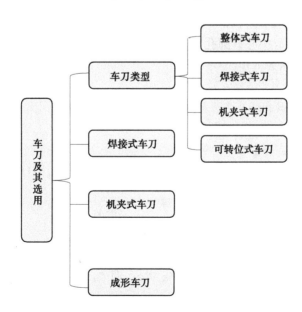

训练与实践

1. 填空题

（1）车刀按结构类型的不同可分为_____车刀、_____车刀、_____车刀和可转位车刀。

（2）焊接式车刀由_____和_____通过焊接而成。

（3）在我国，硬质合金焊接刀片型号由一个字母和三位数字组成，字母和第一位数字表示刀片的型式，后两位数字表示刀片的_____；左向切削时，在型号后面加"Z"，右向切削时，则_____。

（4）可转位车刀的型号由代表一定意义的_____和_____按一定顺序排列组成，共有_____个代号。

（5）可转位车刀刀片型号中的第一位是_____，表示刀片的_____。

（6）可转位车刀刀片型号中的第二位是_____，表示刀片的_____。

（7）可转位车刀刀片型号中的第三位是_____，表示刀片的_____等级，共有_____个公差等级。

（8）可转位车刀刀片型号中的第四位是英文字母，表示刀片有无_____和_____。

（9）硬质合金可转位式车刀的夹紧形式主要有_____、_____、_____、楔块式和_____。

（10）成形车刀按其结构和形状又可分为_____成形车刀、_____成形车刀和_____成形车刀三类。

（11）使用可转位车刀生产率较高，是由于它减少了_____及_____所需的辅助时间，故特殊适合于自动化生产。

（12）车削时的主运动是____，进给运动是____。

（13）选择焊接式硬质合金刀片型号时，刀片形状主要根据_____和_____来选择。

（14）焊接式车刀刀槽形式主要有_____、_____、_____和切口槽等。

（15）焊接式车刀刀柄截面主要有_____、_____和_____三种，其中_____刀柄多用于内孔车刀。

（16）机夹式车刀是用机械夹固的方法，将预先刃磨好的刀片固定在刀柄上，其常用夹紧结构有_____、_____和_____等。

（17）成形车刀刃磨一般是在工具磨床上用碗形砂轮沿_____进行。

2. 判断题

（1）焊接式车刀与其他刀具相比，其结构复杂、刚度小、制造困难。（　　）

（2）焊接式车刀通过刃磨可以获得比较理想的形状和角度，使用灵活。（　　）

（3）焊接式车刀在钎焊时容易产生内应力而使刀片出现裂缝，影响刀具寿命。（　　）

（4）焊接式车刀参与切削的切削刃长度应不超过刀片长度的60%~70%。（　　）

（5）机械夹固式车刀的刀片不经过高温焊接，不会出现裂纹、硬度下降等缺陷，延长了刀具寿命。（　　）

（6）使用可转位车刀，无法实现在一把刀柄上配备多种牌号的硬质合金刀片，难以减少刀具储备量和简化刀具管理。　　　　　　　　　　　　　　　　　　（　　）

（7）硬质合金可转位车刀中，杠杆式夹紧机构是利用压紧螺钉压杠杆，杠杆压着刀片内孔使之靠近刀片槽。该结构比较可靠，但杠杆制造困难。　　　　　　　　（　　）

（8）硬质合金可转位车刀中，楔块式夹紧机构是利用螺钉压紧楔块，使刀片的内孔压紧在圆柱销上。　　　　　　　　　　　　　　　　　　　　　　　　（　　）

（9）硬质合金可转位车刀中，杠杆式夹紧机构的夹紧性能不如楔块式夹紧机构可靠。

　　　　　　　　　　　　　　　　　　　　　　　　　　　　　　　　　（　　）

（10）硬质合金可转位车刀中，偏心式夹紧机构的元件数目较多，结构比较复杂，制造困难，但松紧螺纹偏心时比较方便。　　　　　　　　　　　　　　　　　（　　）

（11）带后角而不带孔的硬质合金可转位刀片只能用上压式夹紧机构夹紧。　（　　）

（12）整体式车刀一般用高速钢制造，使用时可根据需要将切削部分刃磨成各种角度和形状。　　　　　　　　　　　　　　　　　　　　　　　　　　　　　　　（　　）

（13）成形车刀经过一个切削行程就可以切出工件的成形表面。　　　　　（　　）

（14）平体成形车刀可重磨次数要比棱体成形车刀的多，刀体刚度也较大。（　　）

（15）圆体成形车刀在生产中的使用比其他两种成形车刀多，加工精度也比它们高。

　　　　　　　　　　　　　　　　　　　　　　　　　　　　　　　　　（　　）

（16）成形车刀不适宜加工廓形深度较大的工件。　　　　　　　　　　　（　　）

（17）成形车刀的前角和后角的大小不仅影响刀具的切削加工性，而且还影响零件廓形的加工精度。　　　　　　　　　　　　　　　　　　　　　　　　　　　　（　　）

（18）成形车刀的前角和后角确定后，在制造、重磨或安装时，还要根据实际情况修改。

　　　　　　　　　　　　　　　　　　　　　　　　　　　　　　　　　（　　）

（19）安装成形车刀时，切削刃上最外缘点应对准工件中心。　　　　　　（　　）

（20）用成形车刀加工时，进给量一般选取得较大，加工细长工件时，进给量应选得大些。　　　　　　　　　　　　　　　　　　　　　　　　　　　　　　　　　（　　）

（21）由于可转位机夹车刀刀片上压有断屑槽，所以在任何切削用量下，可转位机夹车刀均能得到良好的断屑效果。　　　　　　　　　　　　　　　　　　　　（　　）

（22）在数控车床加工中，常采用菱形刀片。　　　　　　　　　　　　　（　　）

（23）刀片代号为 TNUM160308FR，表示刀尖圆角半径为 0.3mm。　　　（　　）

（24）在通常情况下一般将成形车刀的截面形状设计成与被加工工件廓形完全相同。

　　　　　　　　　　　　　　　　　　　　　　　　　　　　　　　　　（　　）

（25）确定了的成形车刀的前角和后角，在制造、重磨、安装时不能随意变动，否则将影响到刀具的切削加工性和工件廓形的加工精度。　　　　　　　　　　　（　　）

（26）平体成形车刀由于结构简单，适用于加工简单的成形表面工件，如螺纹车刀等。

　　　　　　　　　　　　　　　　　　　　　　　　　　　　　　　　　（　　）

（27）车削相同材料，高速钢车刀前角比硬质合金车刀前角小些。　　　　（　　）

（28）车削脆性材料时，车刀应选较大前角。　　　　　　　　　　　　　（　　）

（29）车刀后角的主要作用是减小车刀后刀面与基面之间的摩擦。　　　　（　　）

（30）车削工件材料越硬，车刀的后角应选得越小。　　　　　（　　）

（31）车刀主偏角的大小影响刀尖部分强度与散热条件，影响切削分力的大小。（　　）

（32）定义车刀角度的三个辅助平面，是互相垂直的。　　　　（　　）

（33）主切削平面垂直于主切削刃。　　　　　　　　　　　　（　　）

（34）主切削刃与进给方向之间的夹角称为主偏角。　　　　　（　　）

（35）车刀主切削刃与副切削刃的连接部分称为过渡刃。　　　（　　）

（36）车刀安装得高与低对主、副偏角无影响。　　　　　　　（　　）

（37）在刀具强度许可条件下，尽量选用较大前角。　　　　　（　　）

（38）一般车刀的副后角比后角大，主要是减小副后刀面与已加工表面间的摩擦。

　　　　　　　　　　　　　　　　　　　　　　　　　　　（　　）

（39）若刀具的刃倾角为负值，则其刀尖最先接触工件。　　　（　　）

3. 选择题

（1）焊接式车刀的刀柄用（　　）制造。

　　A. 45 钢　　　　　　　　B. 合金工具钢　　　　　　C. 高速钢

（2）目前广泛采用的断屑方法是在（　　）磨出卷屑槽。

　　A. 前刀面上　　　　　　B. 前、后刀面上都　　　　C. 后刀面上

（3）圆体成形车刀的轴线应与工件的轴线（　　）。

　　A. 平行　　　　　　　　B. 垂直　　　　　　　　　C. 通过

（4）成形车刀重磨时，一般是在工具磨床上用碗形砂轮刃磨其（　　）。

　　A. 前刀面　　　　　　　B. 后刀面　　　　　　　　C. 成形表面

（5）刀片代号为 TNUM160308FR，表示刀片的允许偏差等级为（　　）级。

　　A. T　　　　　　　　　B. N　　　　　　　　　C. U　　　　　　　　D. M

（6）刀片代号为 TNUM160308FR，表示刀片形状为（　　）。

　　A. 正三角形　　　　B. 正四边形　　　　　　　C. 圆形　　　　　　D. 菱形

（7）一般来说，成形车刀的重磨沿（　　）进行，且保持设计时的（　　）。

　　A. 前刀面，前角　　　　　　　　　　　B. 后刀面，后角

　　C. 前刀面，前角和后角　　　　　　　　D. 后刀面，前角和后角

（8）为了方便成形车刀角度的测量、制造、刃磨，并使角度大小不受刃形的影响，规定以（　　）内的角度来表示。

　　A. 主剖面　　　　　　B. 进给剖面　　　　　　C. 基面　　　　　　D. 切削平面

（9）当加工细长的和刚性不足的轴类工件外圆，或同时加工外圆和台阶面时，可以采用主偏角 κ_r（　　）的偏刀。

　　A. 90°　　　　　　　B. <90°　　　　　　　C. >90°　　　　　　D. 45°

（10）（　　）硬质合金车刀能消除刃磨或重磨时内应力可能引起的裂纹。

　　A. 焊接式　　　　　B. 机夹重磨式　　　　　C. 机夹式可转位

（11）设计一把加工阶梯轴零件的可转位车刀时，应选择（　　）边形的刀片。

　　A. 三　　　　　　　B. 四　　　　　　　C. 五

（12）主剖面（主截面）垂直于（　　）。

　　A. 主切削刃　　　　B. 主切削刃在基面上的投影　　　　C. 副切削刃

（13）刃倾角为（　　）时，切屑排向待加工表面。

    A. 零度　　　　　　B. 正值（刀尖位于主刀刃最高点）　　　　C. 负值

（14）车刀复磨时应选择在（　　）。

    A. 正常磨损中期　　B. 正常磨损结束时　　　　C. 急剧磨损后

（15）切削层横断面积（即 f 与 a_p 的乘积）一定的条件下，采用（　　）刀具磨损较小。

    A. 大进给量、小背吃刀量　　　B. 小进给量、大背吃刀量　　C. 任何方式

（16）若车刀的主偏角为 75°，副偏角为 6°，其刀尖角为（　　）。

    A. 99°　　　　　　　B. 9°　　　　　　　　C. 84°　　　　　　　D. l5°

（17）车刀安装得高与低对（　　）角有影响。

    A. 主偏　　　　　　B. 副偏　　　　　　　C. 前　　　　　　　D. 刀尖

4. 简答题

（1）按结构和类型的不同，可将车刀分为哪几种？使用场合如何？

（2）常用硬质合金焊接刀片的型号是如何规定的？其使用范围如何？

（3）试说明焊接式硬质合金车刀、机夹式车刀和可转位车刀的特点。

（4）常用的可转位车刀的夹紧机构各有何优缺点？

（5）成形车刀有何特点？不同类型的成形车刀的应用场合是什么？

5. 计算题

（1）车削一铸铁工件，其毛坯直径为 50mm，要求一刀车至直径为 45mm，若选择机床主轴转速为 300r/min，进给量为 0.8mm/r，查表得其单位切削力为 1118N/mm²。试估算消耗的切削功率为多少？如果机床的传动效率为 0.85，则电动机应供给的功率为多少？

（2）已知车刀前角为 15°，后角为 6°，副后角为 8°，主偏角为 45°，副偏角为 45°，刃倾角为 5°，试绘制该车刀图样，并在其上标注刀具角度。

6

第六章　孔加工刀具及其选用

【学习目标】

◆ 了解各种钻头的结构，并重点掌握麻花钻的结构。

◆ 会绘制麻花钻的工作图。

◆ 了解并掌握钻削用量的确定方法。

◆ 根据加工条件的不同合理选择钻削用量，并正确使用各类钻削工具（各类钻夹头等）进行钻孔、扩孔、铰孔等操作。

◆ 会磨制并改磨常用钻头。

【本章要点】

孔加工刀具使用广泛，一般约占机械加工总量的1/3，其中钻孔约占25%。孔加工刀具的结构尺寸受工件孔径尺寸和形状的限制，故在其设计和使用时，对孔加工刀具的强度、刚性、容屑、排屑和冷却润滑均有不同要求。

孔加工刀具按用途分为两类：一类是在实体材料上加工孔的刀具，例如麻花钻、扁钻和深孔钻等；另一类是对已有孔进行再加工的刀具，例如扩孔钻、镗刀、铰刀、圆拉刀等。本章主要介绍常用孔加工刀具的结构特点及使用方法。

第一节　孔加工刀具的种类及用途

在工件实体材料上钻孔或扩大已有孔的刀具，称为孔加工刀具。在金属切削中，孔加工刀具应用十分广泛，一般约占机械加工总量的1/3，其中钻孔约占25%。这些孔加工刀具有着共同的特点：刀具均在工件内表面切削，切削情况不易观察，刀具的结构尺寸受工件孔径尺寸和形状的限制。在设计和使用时，孔加工刀具的强度、刚性、导向、容屑、排屑和冷却润滑等问题都比切削外表面时更突出。

一、在实体材料上加工孔的刀具

1. 扁钻（图 6-1）

扁钻是使用较早的钻孔工具，因为其结构简单、刚性好、成本低、刃磨方便，所以被广

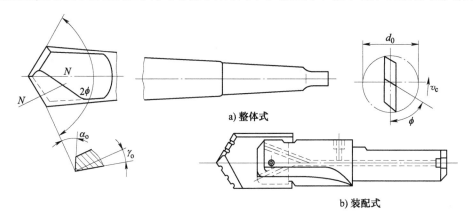

a) 整体式

b) 装配式

图 6-1　扁钻

泛应用。近十几年来经过改进又得到了较多应用，特别是在微孔（孔径<1mm）及大孔（孔径>38mm）加工中更为方便、经济。

扁钻有整体式和装配式两种。前者适用于数控机床，常用于较小直径（孔径<12mm）孔的加工，后者适用于较大直径（孔径>635mm）孔的加工。

2. 中心钻

中心钻可用来加工轴类工件的中心孔。当孔的位置精度要求高时，也可以先打中心孔后钻孔，以提高定位精度。中心钻有三种结构：带护锥中心钻、无护锥中心钻和弧形中心钻，如图 6-2 所示。

3. 麻花钻

麻花钻的结构适应性较强，又有成熟的制造工艺及完善的刃磨方法，特别是加工直径小于30mm 的孔，麻花钻仍是主要的

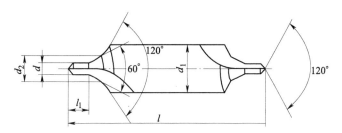

a) 带护锥中心钻(B型)

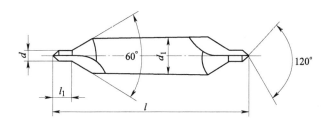

b) 无护锥中心钻(A型)

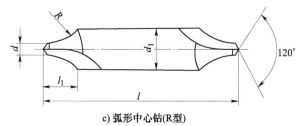

c) 弧形中心钻(R型)

图 6-2　中心钻的结构

工具。生产中也可以将麻花钻作为扩孔钻使用。

4. 深孔钻

通常把孔深与孔径之比 $L/D \geqslant 20 \sim 100$ 的孔称为深孔。加工深孔所用的钻头称为深孔钻。常用的深孔钻有外排屑深孔钻、内排屑深孔钻、喷吸钻及套料钻等。

二、对已有孔加工的刀具

1. 扩孔钻

扩孔钻是用来扩大已有孔的孔径或提高孔的加工精度的刀具。扩孔既可以用作孔的最终加工，也可以作为铰孔或磨孔的预加工，在成批或大批生产时应用较广；扩孔能达到的尺寸公差等级为 IT10~IT9，表面粗糙度值为 $Ra6.3 \sim 3.2 \mu m$。

扩孔钻的外形与麻花钻相似，但齿数较多，通常有 3~4 齿。切削刃不通过中心，无横刃，钻芯直径较大，故扩孔钻的强度和刚性均比麻花钻好，可选择较大的切削用量；加工时导向性好，切削过程平稳，能改善加工质量；同时，相对于麻花钻，扩孔钻能避免横刃引起的不良影响，提高了生产率。

扩孔钻的直径规格一般为 10~100mm；直径小于 15mm 时，一般不扩孔。如果孔径较大 （$d>30mm$），则所用麻花钻直径也较大，横刃长，进给力大，钻孔时很费力，这时可分两次钻削：第一次钻出直径为 （$0.6 \sim 0.8$）d 的孔，第二次扩削到所需的孔径 d。

扩孔钻按刀具切削部分材料的不同，分为高速钢扩孔钻和硬质合金扩孔钻两种。常见的结构有高速钢整体式（图 6-3a）、镶齿套式（图 6-3b）和硬质合金可转位式等。国家标准规定，对于高速钢扩孔钻，直径为 $\phi7.8 \sim \phi50mm$ 时做成锥柄，直径为 $\phi25 \sim \phi100mm$ 时做成套式。在小批量生产时，常用麻花钻改制。对于大直径的扩孔钻，常采用机夹可转位式。

2. 锪钻

锪钻用于在空的端面上加工各种圆柱形沉孔，锥形沉孔或凹台表面。锪钻可采用高速钢整体结构或硬质合金镶齿结构，其中以硬质合金锪钻应用较广。常见的锪钻有三种：圆柱形沉孔锪钻、锥形沉孔锪钻及端面凸台锪钻。单件或小批生产时，常把麻花钻修磨成锪钻使用。

图 6-4a 所示为带导柱平底锪钻，用于加工六角头螺栓、带垫片的六角螺母、圆柱头螺钉的圆柱形沉孔。这种锪钻在端面和圆周上都有刀齿，并且有一个导向柱，以保证沉孔及其端面相对圆柱孔的同轴度及垂直度。导向柱可以拆卸，以利于制造和重磨。

图 6-4b 所示为带导柱锥面锪钻，其切削刃分布在圆锥面上，可对孔的锥面进行加工。

图 6-4c 所示为不带导柱锥面锪钻，用于加工锥角为 60°、90°、120° 的沉孔。

图 6-4d 所示为端面锪钻，这种锪钻只有端面上有切削齿，以刀杆来导向，保证加工平面与孔垂直，主要用于加工孔的内端面。

3. 铰刀

铰刀是对中小尺寸的孔进行精加工和半精加工的常用刀具。由于铰削余量小（一般小于 0.1mm），铰刀齿数较多（4~16 个），槽底直径大，导向性和刚度好，因此铰削的加工精度和生产率都比较高，在生产中得到了广泛的应用。铰孔后的尺寸公差等级可达 IT7~IT6，甚至为 IT5，表面粗糙度值为 $Ra1.6 \sim 0.4 \mu m$。

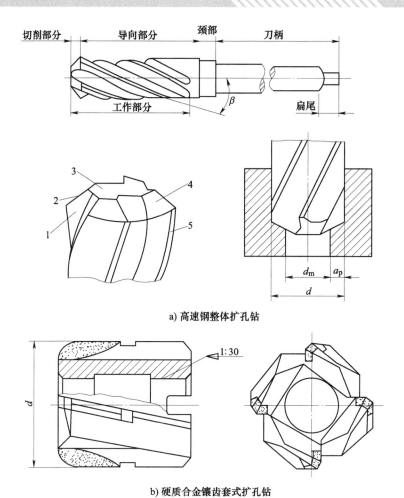

a) 高速钢整体扩孔钻

b) 硬质合金镶齿套式扩孔钻

图 6-3 扩孔钻

1—前刀面 2—主切削刃 3—钻芯 4—后刀面 5—刃带

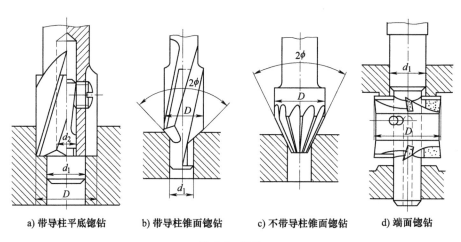

a) 带导柱平底锪钻   b) 带导柱锥面锪钻   c) 不带导柱锥面锪钻   d) 端面锪钻

图 6-4 锪钻

4. 镗刀

镗刀是一种很常见的对工件已有孔进行再加工的刀具。在许多机床上都可以用镗刀镗孔（如车床、铣床、镗床、数控机床、加工中心及组合机床等），可以用于较大直径（孔径大于 80mm）的通孔和不通孔的粗加工、半精加工和精加工。就其切削部分而言，与外圆车刀没有本质的区别。镗孔的尺寸公差等级可达 IT8～IT7，表面粗糙度值为 $Ra1.6～0.8\mu m$。

与其他加工方法相比，镗孔的一个突出优点是：可以用一种镗刀加工一定范围内各种不同直径的孔，尤其是直径很大的孔，它几乎是可供选择的唯一方法。此外，镗孔可以修正上一道工序产生的孔的相互位置误差，这一点是其他很多孔加工方法所难以实现的。

由于镗刀和镗杆截面尺寸及长度受到所镗孔径、深度的限制，所以镗刀和镗杆的刚度比较小，容易产生变形和振动，切削液的注入和排屑也比较困难，且观察和测量不便，因此生产率较低。

第二节　钻削用量及方法

一、钻削工艺特点

钻削时的切削运动和车削一样，由主运动和进给运动组成。其中，钻头（在钻床上加工孔时）或工件（在车床上加工孔时）的旋转运动为主运动，钻头的轴向运动为进给运动。

钻削属于内表面加工，钻孔时，钻头的切削部分始终处于一种半封闭状态，切屑难以排出，而加工过程中产生的热量又不能及时散发，导致切削区温度很高。浇注切削液虽然可以改善切削条件，但由于切削区是在内部，切削液最先接触的是正在排出的热切屑，待其达到切削区时，温度已显著升高，冷却作用已不明显。另外，为了便于排屑，一般在钻头上开出两条较宽的螺旋槽，导致钻头本身的强度及刚度都比较小；而横刃的存在，使钻芯定心差，易引偏，孔径容易扩大，且加工后的表面质量较差，生产率也较低。因此，在钻削加工中，冷却、排屑和导向定心是三大突出而又必须重点解决的问题。

动画：
钻削加工

二、钻削用量及其选择

1. 钻削用量

钻削用量包括背吃刀量、进给量和切削速度三要素，如图 6-5 所示。

（1）钻削时的背吃刀量（a_p）　指已加工表面与待加工表面之间的垂直距离，也可以理解为是一次进给所能切下的金属层厚度，即 $a_p = d/2$。

（2）钻削时的进给量（f）　指主轴每转一转，钻头对工件沿主轴轴线的相对移动量，单位是 mm/r。

（3）钻削时的切削速度（v_c）　指钻孔时钻头直径上任一点的线速度。可由下式计算

$$v_c = \frac{\pi dn}{1000} \tag{6-1}$$

式中　d——钻头直径（mm）；

　　　n——钻床主轴转速（r/min）；

　　　v_c——切削速度（m/min）。

2. 钻削用量的选择

（1）选择钻削用量的原则　钻孔时，由于背吃刀量已由钻头直径确定，所以只需选择切削速度和进给量。对钻孔生产率的影响，切削速度 v_c 和进给量 f 是相同的；对钻头寿命的影响，切削速度 v_c 比进给量 f 大；对孔的加工质量的影响，进给量 f 比切削速度 v_c 大。

综合以上的影响因素，钻孔时选择切削用量的基本原则是：在允许范围内，尽量先选较大的进给量 f，当 f 受到表面粗糙度和钻头刚度的限制时，再考虑较大的切削速度 v_c。

（2）钻削用量的选择方法

1）背吃刀量的选择。直径小于 30mm 的孔可一次钻出；直径为 30~80mm 的孔可分为两次钻削，先用（0.6~0.8) d（d 为要求的孔径）的钻头钻底孔，然后用直径为 d 的钻头将孔扩大。这样可以减小背吃刀量及轴向力，保护机床，同时提高钻孔质量。

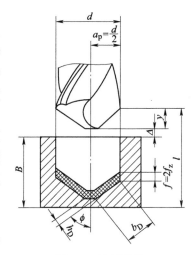

图 6-5　钻削用量

2）进给量的选择。孔的精度要求较高和表面粗糙度值要求较小时，应取较小的进给量；钻孔较深、钻头较长且刚度和强度较差时，也应取较小的进给量。

对于普通钻头，进给量可按经验公式 $f=(0.01~0.02)d$ 估算；对于合理修磨的钻头，进给量可依照 $f=0.03d$ 选用；直径小于 5mm 的钻头，常采用手动进给。

3）钻削速度的选择。当钻头的直径和进给量确定后，钻削时的切削速度应按钻头寿命选取合理的数值。高速钢钻头的切削速度见表 6-1，也可参考有关手册、资料选取。孔深较大时，应取较小的切削速度。

表 6-1　高速钢钻头的切削速度　　　　　　　　　　　（单位：m/min）

加工材料	低碳钢、易切削钢	中、高碳钢	高合金钢、不锈钢	铸铁	铜、铝合金
高速钢钻头	25~30	20~25	15~20	15~20	40~70
涂层硬质合金钻头	80~120	70~100	50~70	90~140	90~220

第三节　麻　花　钻

麻花钻是目前孔加工中应用最广的刀具。它主要用于在实体材料上钻出精度较低的孔，或用于攻螺纹、扩孔、铰孔和镗孔的预加工。麻花钻有时也可当作扩孔钻使用。钻孔直径范围为 0.1~80mm，一般加工尺寸的公差等级为 IT13~IT11，表面粗糙度值为 $Ra12.5~6.3\mu m$。加工直径为 30mm 以下的孔时，至今仍以麻花钻为主。

按刀具材料不同，可将麻花钻分为高速钢麻花钻和硬质合金麻花钻。高速钢麻花钻种类很多，本节重点介绍。按柄部分类，有直柄和锥柄之分。直柄一般用于小直径钻头；锥柄一般用于大直径钻头。按长度分类，则有基本型和短、长、加长、超长等各型钻头。

一、麻花钻的组成

标准麻花钻由柄部、颈部和工作部分构成，如图 6-6a 所示。

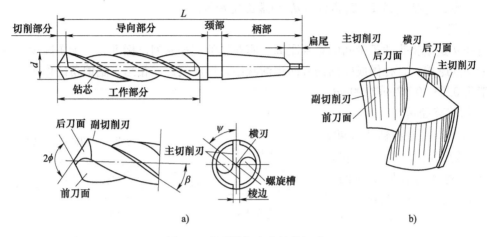

图 6-6　莫氏锥柄麻花钻的组成

1. 柄部

柄部是钻头的装夹部分，用于与机床的连接并传递转矩。当钻头直径小于 13mm 时，通常采用圆柱形直柄麻花钻（图 6-7）；当钻头直径大于 12mm 时，采用莫氏锥柄麻花钻（图 6-6）。锥柄后端制出扁尾，其作用是供楔铁把

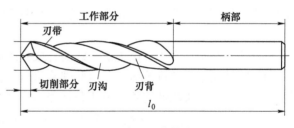

图 6-7　直柄麻花钻的组成

钻头从莫氏锥套中卸下，在钻削时，扁尾可防止钻头与莫氏锥套之间打滑。

2. 颈部

颈部是柄部和工作部分之间的连接部分，用于磨削时砂轮退刀和打印标记（钻头的规格及厂标）。为制造方便，直柄麻花钻一般不制作颈部。

3. 工作部分

麻花钻的工作部分有两条螺旋槽，因其外形很像麻花而得名。它是钻头的主要部分，由切削部分和导向部分组成。

（1）导向部分　钻头的导向部分由两条螺旋槽所形成的两螺旋形刃瓣组成，两刃瓣由钻芯连接。为减小两螺旋形刃瓣与已加工表面的摩擦，在两刃瓣上制造出了两条螺旋棱边（称为刃带），用以引导钻头并形成副切削刃；螺旋槽用以排屑和导入切削液并形成前刀面。导向部分也是切削部分的备磨部分。

（2）切削部分　钻头的切削部分由两个螺旋形前刀面、两个圆锥后刀面（刃磨方法不同，也可能是螺旋面）、两个副后刀面（刃带棱面）、两条主切削刃、两条副切削刃（前刀面与刃带的交线）和一条横刃（两个后刀面的交线）组成，如图 6-6b 所示。主切削刃和横刃起切削作用，副切削刃起导向和修光作用。

二、麻花钻的结构参数

麻花钻的结构参数是指钻头在制造时控制的尺寸和有关角度，它们是决定钻头几何形状的独立参数，包括直径 d，钻芯直径 d_0 和螺旋角 β 等。

1. 直径 d

直径 d 是指钻头两刃带间的垂直距离。麻花钻的直径系列已标准化。为了减少刃带与工件孔壁间的摩擦，直径做成向钻柄方向逐渐减小，形成倒锥，相当于副偏角的作用，其倒锥量一般为 $0.03 \sim 0.12\text{mm}/100\text{mm}$。

2. 钻芯直径 d_0

钻芯直径 d_0 是指钻芯与两螺旋槽底相切圆的直径。它直接影响钻头的刚度与容屑空间的大小。一般钻芯直径约为钻头直径的 $0.125 \sim 0.15$ 倍。对标准麻花钻而言，为提高钻头的刚度和强度，钻芯制成向钻柄方向逐渐增

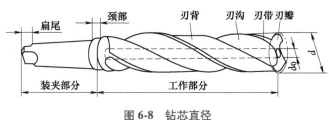

图 6-8　钻芯直径

大的正锥，如图 6-8 所示。其正锥量一般为 $1.4 \sim 2\text{mm}/100\text{mm}$。

3. 螺旋角 β

螺旋角 β 是指钻头刃带棱边螺旋线展开成直线后与钻头轴线间的夹角，如图 6-6a 所示。螺旋角实际就是钻头的进给前角。因此螺旋角越大，钻头的进给前角越大，钻头越锋利。但螺旋角过大时，钻头刚性变差，散热条件变坏。麻花钻的不同直径处的螺旋角不同，外径处螺旋角最大，越接近中心螺旋角越小。一般高速钢麻花钻的螺旋角为：当钻头直径小于 10mm 时，$\beta = 18° \sim 28°$；当钻头直径为 $10 \sim 80\text{mm}$ 时，$\beta = 30°$。螺旋角的方向一般为右旋。

三、麻花钻的几何参数

麻花钻的两条主切削刃相当于两把反向安装的车孔刀切削刃，切削刃不过轴线且相互错开，其距离为钻芯直径，相当于车孔刀的切削刃高于工件中心。表示钻头几何角度所用的坐标平面，其定义与从车刀引出的相应定义相同。

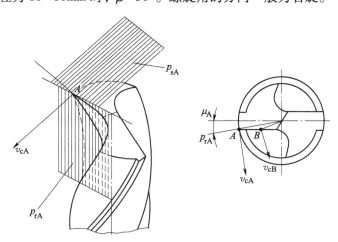

图 6-9　麻花钻的基面与切削平面

1. 基面与切削平面（图 6-9）

（1）基面 p_r　主切削刃上选定点 A 的基面 p_{rA} 是通过该点且包括钻头轴线在内的平面。显然，它与该点的切削速度 v_{cA} 方向垂直。因主切削刃上选定点的切削速度垂直于该点的回转半径，所以基面 p_r 总是包含钻头轴线的平面，同时各点基面的

位置也不同。

（2）切削平面 p_s　主切削刃选定点的切削平面是通过该点与主切削刃相切并垂直于基面的平面。显然切削平面的位置也随基面位置的变化而变化。

此外，正交平面 p_o、假定工作平面 p_f 和背平面 p_p 等的定义也与车刀中的规定相同。

2. 麻花钻的几何角度（图 6-10）

麻花钻的各种几何参数性质不同。有一些是钻头制造时已定的参数，在使用时无法改变，如钻头直径 d、直径倒锥度、钻芯直径 d_0，螺旋角 β 等，可以称之为固有参数。另一些几何参数是钻头在使用时可以根据具体的加工条件，通过刃磨来控制其大小，它们是构成钻头切削部分几何形状的独立参数，也称为独立角度，包括顶角 2ϕ、侧（进给）后角 α_f、横刃斜角 ψ。还有一些几何参数是非独立的，是由钻头的固有参数和独立角度换算而求得的，例如主切削刃上的主偏角 κ_r、刃倾角 λ_s、前角 γ_o、后角 α_o 等，一般称为派生角度。

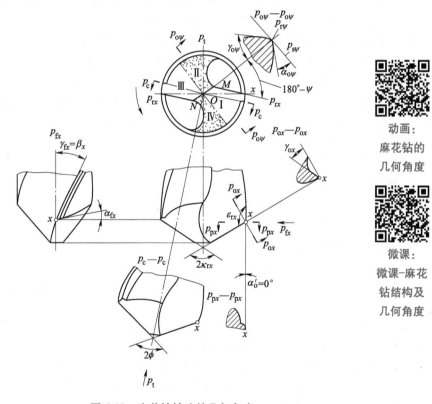

动画：
麻花钻的
几何角度

微课：
微课-麻花
钻结构及
几何角度

图 6-10　麻花钻钻头的几何角度

（1）顶角 2ϕ　主切削刃在与其平行的轴向平面（p_c-p_c）内投影之间的夹角，称为顶角，用 2ϕ 表示。标准麻花钻的顶角 2ϕ 一般为 118°。

（2）主偏角 κ_r　任一点的主偏角 κ_{rx} 是指主切削刃在该点基面（p_{rx}-p_{rx}）内的投影与进给方向的夹角。由于主切削刃上各点的基面不同，因此主切削刃上各点的主偏角也是变化的，即外径处主偏角大，钻芯处主偏角小。

当顶角 2ϕ 磨出后，各点主偏角 κ_r 也就确定了。顶角 2ϕ 与外径处的主偏角 κ_r 的大小较接近，故常用顶角 2ϕ 来分析对钻削过程的影响。

（3）前角 γ_o。 主切削刃上任一点的前角 γ_o 是在正交平面内测量的前刀面与基面的夹角。在假定工作平面 p_{fx} 内，前角 γ_{fx} 也是螺旋角 β_x，它与主偏角 κ_{rx} 有关。由于螺旋角 β_x 越靠近钻芯越小，故在切削刃上各点的前角 γ_o 也是变化的。标准麻花钻主切削刃上的各点的前角变化很大，从外径到钻芯处，约由 30° 减小到 -30°。因此，越靠近钻芯处，切削条件越差。此外，由于主切削刃前角不是直接刃磨得到的，所以钻头的工作图上一般不标注前角。

（4）进给后角 α_f 主切削刃上任一点的进给后角 α_{fx} 是在假定工作平面内测量的后刀面与切削平面间的夹角。在刃磨后刀面时，应使后角 α_f 满足外径处小，钻芯处大的要求。一般从 8°~14° 增大到 20°~27°。其主要目的是减少进给运动对主切削刃上各点工作后角产生的影响，改善横刃处切削条件和使主切削刃上各点的楔角基本相等。

（5）副后角 α_o'。 由于钻头的副后刀面（刃带）是一条狭窄的圆柱面，所以副后角 $\alpha_o' = 0°$。

（6）横刃角度 横刃是两个后刀面的交线，横刃角度是在端平面 p_t 上表示的，包括横刃斜角 ψ、横刃前角 $\gamma_{o\psi}$、横刃后角 $\alpha_{o\psi}$。如图 6-10 所示，以钻头轴线为分界，可以将横刃分为两段四个区。过横刃 OM 段作正交平面 $p_{o\psi}$，则 II 区是前刀面，前角 $\gamma_{o\psi}$ 为负值，I 区是后刀面，后角为 $\alpha_{o\psi}$。同理在横刃 ON 段中，IV 区是前刀面，III 区是后刀面。横刃斜角 ψ 是横刃与主切削刃之间的锐夹角，它是刃磨后刀面时形成的。标准麻花钻的横刃斜角 ψ 一般为 50°~55°。当后角 α_f 磨得偏大时，横刃斜角 ψ 减小，横刃长度增大。因此，在刃磨麻花钻时，可以通过观察横刃斜角 ψ 的大小来判断后角 α_f 磨得是否合适。

四、麻花钻的缺陷与修磨

1. 麻花钻的缺陷

标准麻花钻由于本身结构的原因，存在以下几方面缺陷。

（1）主切削刃方面 主切削刃上各点的前角不相等，从外径到钻芯处，由 30° 到 -30° 逐渐变化，各点的切削条件相差很大，切削速度方向也不同。同时，主切削刃较长，切削宽度大，各点的切屑流出速度和方向不同，互相牵制，不利于切屑的排出，切削液也不易注入切削区，排屑与冷却不利。另外，主切削刃外径处的切削速度高，切削温度高，切削刃易磨损。

（2）横刃方面 横刃较长，引钻时不易定中心，钻削时容易使孔钻偏。同时，横刃处的前角为较大的负值，钻芯处的切削条件较差，轴向力大。

（3）刃带棱边 刃带棱边处无副后角（α_o'），摩擦严重，主切削刃与刃带棱边转角处的切削速度又最高，刀尖角又较小，热量集中不易传散，磨损最快，也是钻头最薄弱的部位。

标准麻花钻结构上的这些特点，严重影响了它的切削性能，因此在使用中常常需要修磨。

2. 麻花钻的修磨

麻花钻的修磨是指在普通刃磨的基础上，针对钻头某些不够合适的结构参数进行的补充刃磨。在使用过程中，可采用修磨麻花钻的刃形及几何角度的方法来充分发挥钻头的切削性能，保证加工质量和提高钻削效率。

（1）修磨过渡刃（图 6-11） 在钻头的转角处磨出过渡刃，使钻头具有双重顶角。其优点是增大刀尖角，提高刀尖强度，改善刀尖的散热条件。此法主要适用于较大直径钻头和铸件钻孔。

（2）修磨横刃（图6-12）　修磨横刃的目的是在保持钻尖强度的前提下，增大钻尖的前角，缩短横刃的长度，从而有利于钻头的定心和减小轴向力。较好的形式有两种：十字形修磨和内直刃修磨。

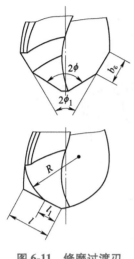

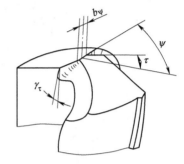

图6-11　修磨过渡刃　　　　　　　　　　　　图6-12　修磨横刃

（3）修磨分屑槽（图6-13）　在钻削塑性材料或尺寸较大的孔时，在钻头的后刀面上交错磨出分屑槽，将切屑分割成窄条，便于切屑的卷曲、排出和切削液的注入。此法主要适用于中等以上直径钻头钻削钢件。

（4）修磨刃带（图6-14）　修磨刃带的目的是减小刃带宽度，磨出副后角，以减小刃带与加工孔壁间的摩擦。这种修磨方法适用于直径大于12mm的钻头，钻削韧性高的软材料，以提高工件表面质量。修磨后钻头寿命可提高一倍以上。

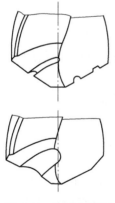

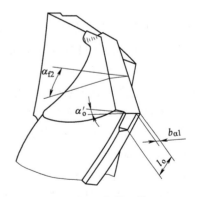

图6-13　修磨分屑槽　　　　　　　　　　　　图6-14　修磨刃带

五、先进钻头

1. 群钻

群钻是针对标准麻花钻的缺陷，经过综合修磨后而形成的新钻型，在长期的生产实践中已演化扩展成一整套钻型。图 6-15 所示为基本型群钻切削部分的几何形状。群钻的刃磨主要包括磨出月牙槽、修磨横刃和开分屑槽等。群钻共有七条切削刃，外型上呈现三个尖。其主要特点可概括为：三尖七刃锐当先，月牙弧槽分两边，一侧外刃开屑槽，横刃磨低窄又尖。

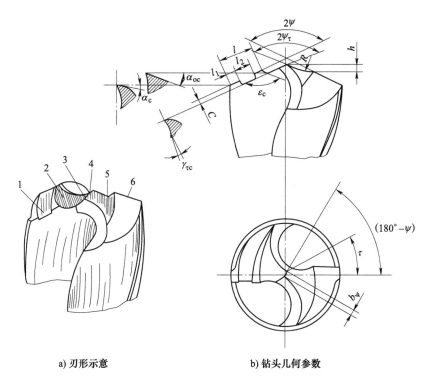

a) 刃形示意　　　　　　　b) 钻头几何参数

图 6-15　基本型群钻

1—分屑槽　2—月牙槽　3—横刃　4—内直刃　5—圆弧刃　6—外直刃

与普通麻花钻比较，群钻具有以下优点：

1) 群钻的横刃长度只有普通钻头的 1/5，主切削刃上的前角平均值增大，进给力下降 35%~50%，转矩下降 10%~30%。

2) 进给量比普通麻花钻提高 3 倍，钻孔效率得到很大提高。

3) 群钻的寿命比普通麻花钻可提高 2~4 倍。

4) 群钻的定心性好，钻孔精度提高，表面粗糙度值也较小。

2. 硬质合金麻花钻

硬质合金麻花钻有整体式、镶片式和可转位式等结构。加工硬脆材料，如铸铁、玻璃、大理石、花岗石、淬硬钢及印制电路板等复合层压材料，采用硬质合金钻头时，可显著提高钻削效率。

小直径（$d \leq 5$mm）的硬质合金钻头都做成整体式（图 6-16a）。直径 $d > 5$mm 的硬质合金钻头可做成镶片式（图 6-16b），其切削部分相当于一个扁钻。刀片材料一般采用 K30（YG8），刀体材料采用 9SiCr，并淬硬至 50~55HRC。其目的是提高钻头的强度和刚度，减小振动，便于排屑，防止刀片碎裂。硬质合金可转位钻头如图 6-17 所示。它选用凸三角

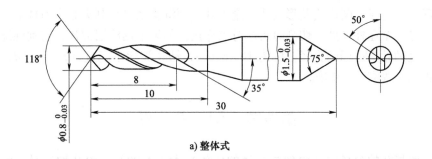

a) 整体式

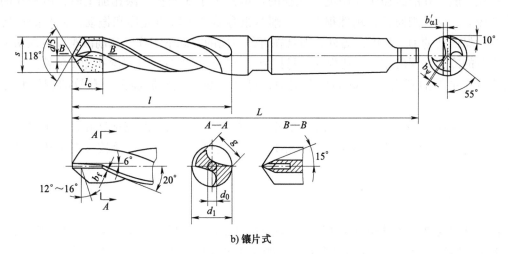

b) 镶片式

图 6-16 硬质合金钻头

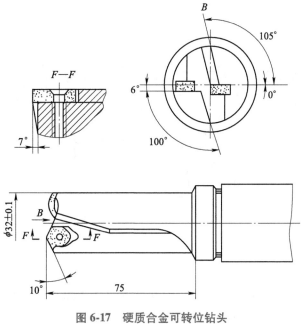

图 6-17 硬质合金可转位钻头

形、三边形、六边形、圆形或菱形硬质合金刀片，用沉头螺钉将其夹紧在刀体上，一个刀片靠近中心，另一个在外径处，切削时可起分屑作用。如果采用涂层刀片，切削性能可获得进一步提高。这种钻头适用的直径范围为 $16\sim60mm$，钻孔深度不超过（$3.5\sim4$）d，其切削效率比高速钢钻头提高 $3\sim10$ 倍。

第四节　深　孔　钻

深孔一般指孔的深径比（深度与孔径的比值）大于 5 的孔。深孔加工时，由于孔的深径比比较大，钻杆细而长，刚性很差，切削时很容易产生弯曲变形和振动，使孔的位置偏斜，难以保证孔的加工精度；另外，刀具在近似封闭的状态下工作，切削液难以进入切削区起到充分的冷却与润滑作用，切削热不易扩散，排屑也很困难。针对深孔加工的特点，深孔刀具应具有足够的刚度和良好的导向能力，可靠的断屑和排屑能力，有效的润滑和冷却功能。

对于深径比为 $5\sim20$ 的普通深孔，可在车床或钻床上用加长麻花钻钻孔；对于深径比在 20 以上的深孔，应在深孔钻床上用深孔钻加工；对于要求较高且直径较大的深孔，可以在深孔镗床上加工。

一、枪钻

图 6-18 所示为单刃外排屑深孔钻。单刃外排屑深孔钻最早用于枪管加工，故又称为枪钻。它主要用来加工直径为 $3\sim20mm$ 的深孔，孔的深径比可大于 100。它的切削部分采用高速钢或硬质合金，工作部分用无缝钢管压制成形。其工作原理是：高压切削液从钻杆和切削部分的油孔进入切削区，以冷却和润滑钻头，并把切屑沿钻杆与切削部分的 V 形槽冲出孔外。

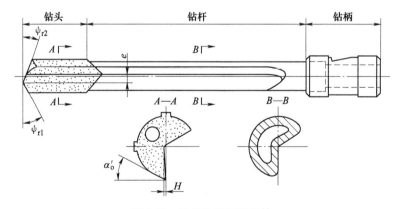

图 6-18　单刃外排屑深孔钻

二、喷吸钻

图 6-19 所示为高效、高质量的内排屑深孔钻（又称为喷吸钻）的工作原理。它用于加工深径比小于 100，直径为 $20\sim65mm$ 的深孔。它由钻头、内管及外管三部分组成，内、外管之间留有环形空隙。喷吸钻工作时，高压切削液从进液口进入连接套，2/3 的切削液以一

定的压力经内、外管之间输送至钻头，并通过钻头上的小孔喷向切削区，对钻头进行冷却和润滑，此外 1/3 的切削液通过内管上六个月牙形的喷嘴向后喷入吸管，由于喷速高，在内管中形成低压区而将前端的切屑向后吸，在前推后吸的作用下，使排屑顺畅。

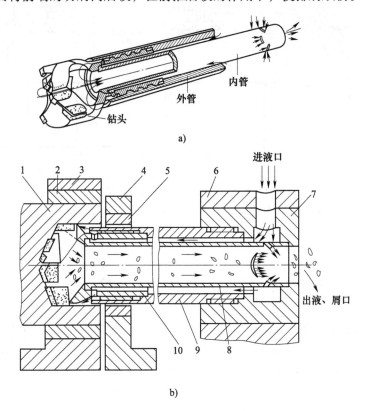

图 6-19　喷吸钻工作原理

1—工件　2—夹爪　3—中心架　4—引导架　5—导向管　6—支持座
7—连接套　8—内管　9—外管　10—钻头

喷吸钻附加一套液压系统与连接套，可在车床、钻床、镗床上使用，适用于中等直径的深孔加工，钻孔的效率较高。

三、DF 系统深孔钻

DF（DoubleFeeder）系统深孔钻又称为双加油器深孔钻，如图 6-20 所示。工作系统在工件端面放置一个 BTA 系统的密封装置，后面放置一个产生喷吸效应的装置。由于发挥了推、吸双重作用，排屑效果进一步得到改善，特别适用于直径为 6~20mm 的小深孔以及用于不易断屑材料的加工。DF 系统深孔钻只有一个钻杆，内有压力切削液的支承，振动小，排屑空间大，加工精度好，效率高，是很有发展前途的深孔加工工具。

四、环孔钻

图 6-21 所示为套料钻。套料钻又称为环孔钻，用于加工直径大于 60mm 的孔。采用套料钻加工时，只切出一个环形孔，在中心部位留下料芯。由于它切下的金属少，不但节省金

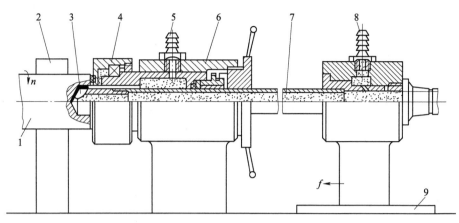

图 6-20　DF 系统深孔钻装置示意

1—工件　2—中心架　3—钻头　4—BTA 系统密封头　5—进液口

6—导向支架　7—钻杆　8—喷吸效应进液口　9—进给拖板

属材料，还可节省刀具和动力
的消耗，并且生产率极高，加
工精度也高。因此，在重型机
械的孔加工中应用较多。

套料钻的刀齿分布在圆形
的刀体上，图 6-21 所示套料钻
有四个刀齿，同时在刀体上装
有分布均匀的导向块（4～6
个），用于导向。加工时，将工

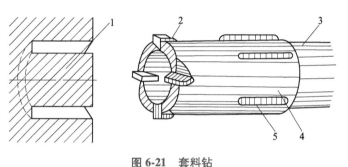

图 6-21　套料钻

1—料芯　2—刀齿　3—钻杆　4—刀体　5—导向块

件上一圈环形材料切除，从中间套出一个尚可利用的芯棒。

第五节　铰　　刀

铰刀是对预制孔进行半精加工或精加工的多刃刀具。铰孔常用于钻孔或扩孔等工序之后。因铰削加工余量小，齿数多（4~12 个），刚性和导向性好，故工作平稳，加工尺寸公差等级可达 IT7~IT6，甚至可达 IT5，表面粗糙度值为 $Ra1.6～0.4\mu m$。铰削可以加工圆柱孔、圆锥孔、通孔和不通孔；可以在钻床、车床、组合机床、数控机床和加工中心等多种机床上进行，也可以采用手工操作，因此，铰削是一种应用非常广泛的孔加工方法。

一、铰刀的种类和铰削特点

1. 铰刀的种类

铰刀按精度等级可分为三级，分别适用于铰削 H7、H8、H9 级的孔。

铰刀按使用方式可分为手用铰刀和机用铰刀两大类。机用铰刀由机床引导方向，导向性好，故工作部分尺寸短。手用铰刀的柄部为圆柱形，尾部制

微课：
铰刀

成方头，以便使用铰杠。

图 6-22d 所示为手用铰刀，其主偏角 κ_r 小，工作部分长，常用直径为 1~71mm，适用于单件小批生产或在装配中铰削圆柱孔。图 6-22e 所示为可调节手用铰刀。铰刀刀片装在刀体的斜槽内，并靠两端有内斜面的螺母夹紧。旋转两端螺母，推动刀片在斜槽内移动，可使其直径有微量伸缩。常用直径为 6.5~100mm。这种铰刀常用于机器修配场合。

机用铰刀可分为高速钢机用铰刀和硬质合金机用铰刀。高速钢机用铰刀的直径为 1~20mm 时，做成直柄（图 6-22a）；直径为 5.5~50mm 时，做成锥柄（图 6-22b）；直径为 25~100mm 时，做成套式（图 6-22f），它们用于成批生产的低速机动铰孔。硬质合金机用铰刀直径为 6~20mm 时，做成直柄，直径为 $\phi 8$~40mm 时，做成锥柄（图 6-22c），它们用于成批生产的机动铰削普通材料、难加工材料的孔。

铰刀按孔加工的形状可分为圆柱铰刀和圆锥铰刀。图 6-22g 所示为用于铰削 0~6 号莫氏锥度锥孔的圆锥铰刀，由于加工余量大，通常是两把刀组成一套，粗铰刀上有分屑槽。图 6-22h 所示为用于铰削 1∶50 锥度的销孔铰刀，常用直径为 0.6~50mm。

上述各种铰刀均已标准化，可查阅相关国家标准。

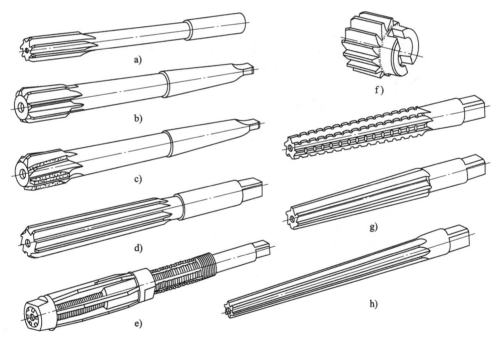

图 6-22　铰刀的种类

2. 铰削特点

铰刀是定尺寸工具，一把铰刀只能加工一种尺寸和一种精度要求的孔，且直径大于80mm 的孔不适宜铰削。由于铰削余量小，一般为 0.05~0.2mm，所以铰削时的切削厚度 h_D很小。此时，在切削刃与校准刃之间的过渡部分形成一段切削厚度极薄的区域。由于铰刀切削刃存在一定钝圆半径 r_n，所以经常在 $h_D < r_n$ 的情况下进行切削。此时切削刃中起切削作用的前角为负值，因而产生挤刮作用。受挤刮作用的已加工表面弹性回复，又受到校准部分后角为 0° 的刃带挤压与摩擦，因此铰削过程是个非常复杂的切削、挤压与摩擦的过程。另外，

铰削速度较低（$v_c < 10\text{m/min}$），易产生积屑瘤，使孔径扩大并增大表面粗糙度值。由于铰刀切削量小，为防止铰刀轴线与主轴轴线相互偏斜而引起孔轴线歪斜、孔径扩大等现象，铰刀与机床主轴之间常采用浮动连接。当采用浮动连接时，铰削不能校正底孔轴线的偏斜，故孔的位置精度应由前道工序来保证。

二、铰刀的结构及几何参数

1. 铰刀的结构

如图 6-23 所示，铰刀由工作部分、颈部和柄部组成。工作部分包括引导锥、切削部分和校准部分，其中校准部分又分为圆柱部分和倒锥部分。对于手用铰刀，引导锥仅起便于铰刀引入预制孔的作用；切削部分呈锥形，担负主要的切削工作；校准部分用于校准孔径、修光孔壁与导向。校准部分的后部具有很小的倒锥，其倒锥量为（$0.005 \sim 0.006$）mm/100mm，用于减少与孔壁之间的摩擦和防止铰削后孔径扩大。对于手用铰刀，为增强导向作用，校准部分应做得长些；对于机用铰刀，为减少机床主轴和铰刀同轴度误差的影响和避免增大摩擦，应做得短些。

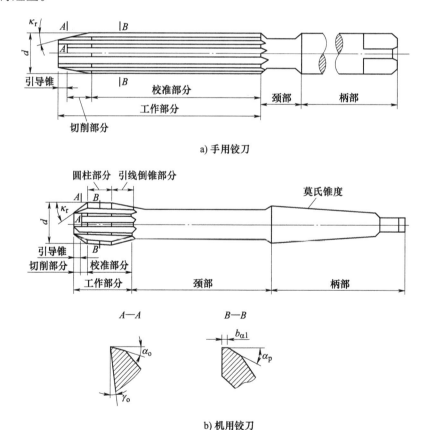

a) 手用铰刀

b) 机用铰刀

图 6-23　铰刀的结构

2. 铰刀的齿数和齿槽

铰刀的齿数应根据直径大小、铰削精度和齿槽容屑空间要求而定。增加铰刀齿数，使切削厚度减小，铰刀导向性好，可提高孔的加工质量，但容屑空间减小。一般情况下，高速钢铰刀直径为 1~55mm 时，齿数为 4~12；当硬质合金铰刀直径小于 6mm 时，齿数≤3，当硬质合金铰刀直径大于 40mm 时，齿数≥10，当硬质合金铰刀直径为 6~40mm 时，齿数为 4~8。加工塑性材料时，取较少齿数；加工脆性材料时，取较多齿数。为了便于测量直径，铰刀齿数一般取偶数。

铰刀刀齿在圆周上的分布有等齿距和不等齿距两种形式，如图 6-24 所示。等齿距分布的铰刀制造简单，应用广泛。为避免铰刀颤振时使刀齿切入的凹痕定向重复加深，手用铰刀常采用不等齿距分布；为便于制造和测量，采用对顶齿间角相等的不等齿距分布。

铰刀的齿背形式有直线齿背（图 6-25a）、圆弧齿背（图 6-25b）和折线齿背（图 6-25c）三种。直线齿背形状简单，能用标准角度铣刀铣削，制造容易，一般机用和手用铰刀都采用这种槽形。铰刀直径 $d = 4~7mm$ 时，$\theta = 80°$；$d = 14~20mm$ 时，$\theta = 70°$。圆弧齿背有较大的容屑空间，通常 $d > 20mm$ 时，r 一般取 15mm、20mm、25mm。折线齿背结构较简单，制造和刃磨方便，主要用于硬质合金铰刀。

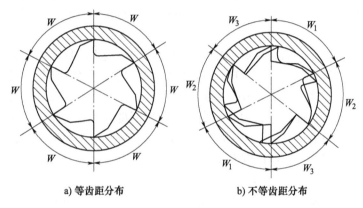

a) 等齿距分布　　　　　　　　　b) 不等齿距分布

图 6-24　刀齿分布

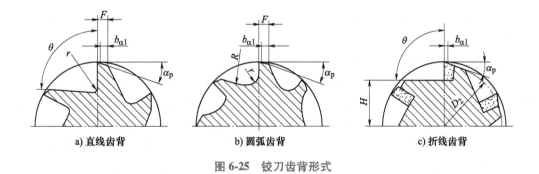

a) 直线齿背　　　　　　b) 圆弧齿背　　　　　　c) 折线齿背

图 6-25　铰刀齿背形式

铰刀的齿槽可做成直槽或螺旋槽。直槽铰刀制造、刃磨和检验都比较方便，生产中常用；螺旋槽铰刀铰削较平稳，主要用于铰削深孔或带断续表面的孔，其旋向有左旋和右旋两种（图 6-26）。右旋槽铰刀在铰削时切屑向后排出，适用于加工不通孔；左旋槽铰刀在铰削时切屑向前排出，适用于加工通孔。螺旋槽铰刀的螺旋角根据被加工材料选取：加工铸铁和硬钢时取 $\beta = 7°~8°$；加工软钢、中硬钢、可锻铸铁时取 $\beta = 12°~20°$；加工铝等轻金属时取

$\beta = 35° \sim 45°$。

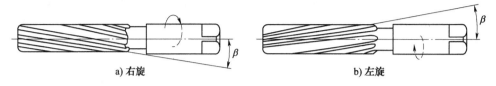

a) 右旋　　　　　　　　　　　　b) 左旋

图 6-26　铰刀螺旋槽方向

3. 铰刀的几何角度

对于铰刀，可把主偏角 κ_r 看成是切削部分半锥角。主偏角过大会使切削部分的长度过短，使进给力增大并造成铰削时定心精度差；主偏角过小会使切削宽度增大，切削厚度变小，不利于排屑。采用机用铰刀加工钢件等塑性材料时，一般取 $\kappa_r = 12° \sim 15°$；加工铸铁等脆性材料时，一般取 $\kappa_r = 3° \sim 5°$；手用铰刀一般取 $\kappa_r = 1° \sim 1°30'$。

铰削时切屑较薄，切屑与前刀面在刃口附近处接触，前角的大小对切削变形的影响并不显著。通常高速钢铰刀在精铰时 $\gamma_p = 0°$；粗铰塑性材料时，为了减小切削变形，取 $\gamma_p = 5° \sim 15°$。硬质合金铰刀一般取 $\gamma_p = 0° \sim 5°$。

铰削时切削厚度较小，后刀面磨损较为显著，应选择较大的后角。但为了使铰刀使用时径向尺寸变化缓慢，通常取 $\alpha_o = 6° \sim 14°$。高速钢铰刀切削部分的切削刃应锋利，不留刃带；硬质合金铰刀的切削刃通常留有 $0.01 \sim 0.07$mm 的窄刃带，以增加切削刃强度。在铰刀校准部分磨出刃带，这样不仅能够延长刀具寿命，还能保证良好的导向和修光作用，提高工件已加工表面质量，同时也有利于制造和检验。高速钢铰刀校准部分的刃带宽度通常取 $0.15 \sim 0.4$mm，硬质合金铰刀的刃带宽度取 $0.1 \sim 0.25$mm。

一般铰刀没有刃倾角。铰削塑性材料时，在高速钢直槽铰刀切削部分的切削刃上磨出与铰刀轴线成 $15° \sim 20°$ 的轴向刃倾角 λ_s，可使铰刀工作更平稳，还可使切屑排向工件的待加工表面，提高已加工表面质量。

4. 工作部分的尺寸

在切削部分前端做出 $(1 \sim 2)$ mm×45° 前导锥，便于将铰刀引入工件，并对切削刃起保护作用。

切削部分长度 l_1 根据主偏角 κ_r 和铰削余量 A 来确定，取 $l_1 = (1.3 \sim 1.4)A\cot\kappa_r$。

高速钢机用铰刀校准部分有圆柱部分和倒锥部分。倒锥部分可减少刀具与孔壁的摩擦，减少扩张量，倒锥量为 $0.005 \sim 0.02$mm。当铰刀直径 $d = 3 \sim 32$mm 时，取机用铰刀工作部分长度 $l = (0.8 \sim 3)d$，圆柱部分长度 $l_2 = (0.25 \sim 0.5)d$。

硬质合金铰刀工作部分长度等于刀片长度，其校准部分允许倒锥量为 0.005mm。在校准部分的末端应做出后锥角为 $3° \sim 5°$、长度为 $3 \sim 5$mm 的后锥，以防止退刀时划伤孔壁和挤碎刀片。

三、铰刀的刃磨与研磨

铰刀的切削厚度较小，磨损主要发生在后刀面上，为避免铰刀重磨后直径减小或校准部分刃带宽度减小，通常只重磨切削部分的后刀面。铰刀刃磨通常在工具磨床上进行，如图 6-27 所示。重磨时，铰刀轴线相对于工具磨床导轨倾斜一个角度，并使砂轮的端面相对于切削部分的后刀面倾斜 $1° \sim 3°$，以避免两者接触面过大而烧伤刀齿。磨削时，为使后刀面和砂轮都处于垂直位置，支承在铰刀前刀面的支承片顶端应低于铰刀中心，高度差为 $h = (d_0/2)\sin\alpha_0$，这样便可得到所要求的后角 α_0。重磨后的铰刀应用油石在切削部分和校准部分交接处研磨出宽度为 $0.5 \sim 1mm$ 的倒角，以提高铰削质量和延长刀具寿命。

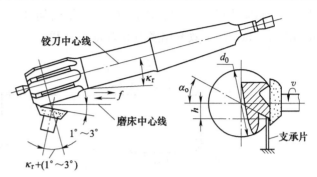

图 6-27　铰刀的刃磨

　　工具厂供应的新铰刀，通常留有 0.01mm 左右的直径研磨量，使用前须经研磨才能达到要求的铰孔精度。磨损的铰刀可通过刃磨改制为铰削其他配合精度的孔。此外，在决定专用铰刀直径的尺寸公差时，若扩张量与收缩量无法事先确定，可将铰刀直径预先做得大一点，留有适当的研磨量，通过试切实测加以确定。铰刀的研磨可在车床上用铸铁研磨套沿校准部分刃带进行，如图 6-28 所示。研磨套用三个调节螺钉支承在外套的孔内。研磨套有开口斜槽，调节螺钉使研磨套产生变形，与铰刀圆柱刃带轻微接触，在接触面加入少量的研磨膏。研磨时，铰刀低速转动，研磨套沿轴向做往复运动。

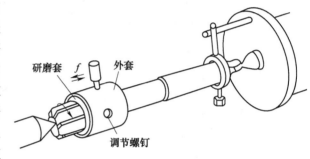

图 6-28　铰刀的研磨

四、新结构铰刀

1. 大螺旋角推铰刀

　　图 6-29 所示的推铰刀具有很小的主偏角和很大的螺旋角。与普通铰刀比较，其切削刃的工作长度明显增长，降低了单位切削刃上的切削力和切削温度，因而刀具寿命可延长 $3 \sim 5$ 倍。用推铰刀铰孔时，由于螺旋角大，切屑沿前刀面

图 6-29　大螺旋角推铰刀

流出的速度很快，不易黏结在前刀面上，从而抑制了积屑瘤的形成，铰削时不会产生沟痕。另外，切屑流向待加工表面，不会出现切屑划伤孔壁现象。推铰刀切削过程平稳，不易引起振动，加工表面粗糙度值为 $Ra1.6 \sim 0.8\mu m$。但推铰刀制造较困难。

2. 单刃铰刀

　　图 6-30 所示为焊接式硬质合金单刃铰刀，它利用单刃（单齿）切削。刀具切削部分分为两段，主偏角 $\kappa_r = 15° \sim 45°$ 的主切削刃切去大部分余量，主偏角 $\kappa_r = 3°$ 的过渡刃和圆柱校准部分用于精铰。两个导向块则起导向、支承和挤压作用。导向块 2 和导向块 3 相对于刀齿 1 的配置角度分别为 84° 和 180°。单刃铰刀的加工尺寸公差等级可达 IT8 ~ IT7，表面粗糙度值为 $Ra1.6 \sim 0.8\mu m$，孔的圆度公差为 $0.003 \sim 0.008mm$，直线度公差为 $0.005mm/100mm$。

切削时，如果使用 0.3 ~ 32.5MPa 的压力供给切削液，还能进行高速铰孔，切削速度可达 80 ~ 150m/min，加工效率比多齿铰刀高 2 ~ 4 倍。

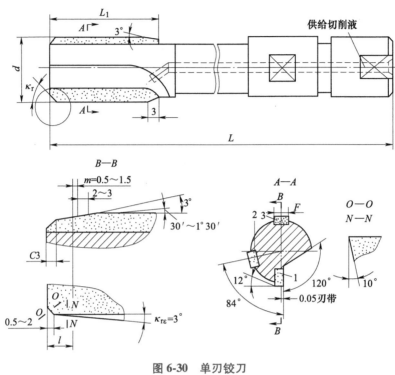

图 6-30 单刃铰刀

1—刀齿 2、3—导向块

五、铰削用量

铰削用量包括铰削余量（$2a_p$）、切削速度（v_c）和进给量（f）。

1. 铰削余量

铰削余量是指上道工序（钻孔或扩孔）完成后留下的直径方向的加工余量。铰削余量不宜过大，因为铰削余量过大会使刀齿切削负荷增大，变形增大，切削热增加，被加工表面呈撕裂状态，致使加工精度降低，表面粗糙度值增大，同时加剧铰刀磨损。

铰削余量也不宜太小，否则，上道工序的残留变形难以纠正，原有刀痕不能被去除，铰削质量达不到要求。

选择铰削余量时，应考虑孔径大小、材料软硬、加工精度、表面粗糙度要求及铰刀类型等因素的综合影响。用普通标准高速钢铰刀铰孔时，铰削余量参见表 6-2。

表 6-2 铰削余量 （单位：mm）

铰孔直径	<5	5 ~ 20	21 ~ 32	33 ~ 50	51 ~ 70
铰削余量	0.1 ~ 0.2	0.2 ~ 0.3	0.3	0.5	0.8

此外，铰削余量的确定与上道工序的加工质量有直接关系。对铰削前预加工孔出现的弯曲、锥度、椭圆和不光洁等缺陷，应有一定限制。铰削精度较高的孔，必须经过扩孔或粗

铰，才能保证最后的铰孔质量。因此，在确定铰削余量时，还要考虑铰孔的工艺过程。例如用标准铰刀铰削直径小于 40mm、尺寸公差等级为 IT8、表面粗糙度值为 $Ra1.25\mu m$ 的孔，其工艺过程是：钻孔→扩孔→粗铰→精铰。

精铰时的铰削余量一般为 0.1~0.2mm。

用标准铰刀铰削尺寸公差等级为 IT9（H9）、表面粗糙度值为 $Ra2.5\mu m$ 的孔，工艺过程是：钻孔→扩孔→铰孔。

2. 机铰切削速度

为了得到较小的表面粗糙度值，必须避免产生积屑瘤，减少切削热及变形，因而应选取较小的切削速度。用硬质合金铰刀铰削钢件（抗拉强度 $R_m > 1000MPa$）时，$v_c = 4~10m/min$；铰削铸铁件（>200HBW）时，$v_c = 5~10m/min$；铰削铜件时，$v_c = 6~12m/min$。

3. 机铰进给量

铰削时的进给量要适当，若进给量过大，则铰刀易磨损，也影响加工质量；若进给量过小，则很难切下金属材料，并使材料受到挤压，产生塑性变形和表面硬化，最后导致切削刃撕去大片切屑，表面粗糙度值增大，铰刀磨损加快。

用硬质合金铰刀机铰钢件时，$f = 0.25~1.2mm/r$；机铰铸铁件时，$f = 0.7~3.0mm/r$ 机铰铜件和铝件时，$f = 0.15~0.5mm/r$。

六、铰孔时的冷却与润滑

铰削的切屑细碎且易黏附在切削刃上，甚至挤在孔壁与铰刀之间而刮伤表面，扩大孔径。铰削时必须用适当的切削液冲掉切屑，减少摩擦，并降低工件和铰刀温度，防止产生积屑瘤。选用切削液时可参考表 6-3。

表 6-3　铰孔时的切削液

加工材料	切削液（体积分数）
钢	①10%~20%乳化液 ②铰孔要求较高时，采用30%煤油加70%肥皂水 ③铰孔要求较高时，可采用苯油、柴油、猪油等
铸铁	①煤油（但会引起孔径缩小，最大收缩量 0.02~0.04mm） ②低浓度乳化液 ③也可不用切削液
铝	煤油
铜	乳化液

七、铰孔时的工作要点

1）装夹要可靠。将工件夹正、夹紧。对于薄壁零件，要防止夹紧力过大而将孔夹扁。

2）手铰时，两手用力要平衡、均匀、稳定，以免在孔的进口处出现喇叭孔或使孔径扩大；进给时，不要猛力推压铰刀，而应一边旋转，一边轻轻加压，否则，孔表面会很粗糙。

3）注意变换铰刀每次停歇的位置，以消除铰刀在同一处停歇所造成的振痕。

4）铰刀只能顺转，否则切屑扎在孔壁和刀齿后刀面之间，既会将孔壁拉毛，又易使铰刀磨损，甚至崩刃。

5）当手用铰刀被卡住时，不要猛力扳转，而应及时取出铰刀，清除切屑，检查铰刀后再继续缓慢进给。

6）机铰退刀时，应先将铰刀退出后再停机。铰通孔时，铰刀的校准部分不要全出头，以防孔的下端被刮坏。

7）机铰时要注意机床主轴、铰刀及待铰孔三者间的同轴度是否符合要求，对于高精度孔，必要时应采用浮动铰刀夹头装夹铰刀。

8）圆锥孔的铰削。铰削尺寸较小的圆锥孔时，先按圆锥孔小端直径并留铰削余量钻出圆柱孔，孔口按圆锥孔大端直径锪出45°的倒角，然后用圆锥铰刀铰削。在铰削过程中，一定要及时使用精密配锥（或圆锥销）试深控制尺寸。铰削尺寸较大的圆锥孔时，铰孔前先将工件钻出阶梯孔。锥度为1∶50的圆锥孔可钻两节阶梯孔。锥度为1∶10圆锥孔、锥度为1∶30圆锥孔、莫氏锥孔、圆锥管螺纹底孔可钻三节阶梯孔。阶梯孔的最小直径按锥孔小端直径确定，并留有铰削余量，其余各段直径可根据锥度计算公式算得。

第六节　镗削与镗刀

镗孔是利用镗刀对已钻出、铸出或锻出的孔进行加工的过程。对于直径较大的孔（一般 $D>80\sim100mm$）内成形面或孔内环形槽等，镗孔是主要的加工方法。

一、镗床及镗削运动

图6-31所示为常用的卧式镗床，卧式镗床主要由床身、前立柱、主轴箱、主轴（镗轴）、平旋盘、工作台、后立柱和尾架（后尾筒）等组成。

1. 主轴与平旋盘

主轴与平旋盘可根据加工需要，分别由各自的传动链带动，独立地做旋转运动。主轴可沿本身轴线移动，做轴向进给运动。其前端的锥孔可安装镗杆或其他刀具。平旋盘装在主轴外层，其上装有径向刀架，刀具可沿导轨作径向进给运动。

2. 前立柱和主轴箱

前立柱固定在床身的右端，主轴箱可沿前立柱上的垂直导轨升降，实现其位置调整或使刀架做垂直进给运动。

3. 工作台

工作台装在床身的中部，由下滑座、上滑座和回转工作台组成。下滑座可沿床身导轨在平行于主轴方向上做纵向进给运动；上滑座可沿下滑座上的横向导轨在垂直于主轴方向上做横向进给运动。回转工作台可绕上滑座的环形导轨在水平面内回转任意角度。

4. 后立柱和支架

后立柱上安装支架，其作用是支承悬伸长度较长的镗杆，以增加镗杆刚度。后立柱可沿床身导轨做水平移动，以适应不同的镗杆长度。支架可在后立柱的垂直导轨上与主轴箱同时升降，以保证其支承孔与镗轴同轴，并镗削不同高度的孔。

此外，为了加工精度要求较高的孔，卧式镗床的主轴箱和工作台的移动部分都有精密的刻度尺和准确的读数装置。

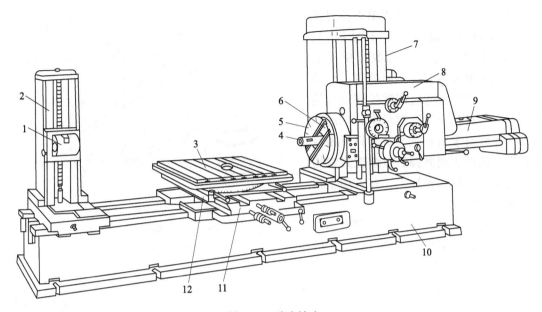

图 6-31 卧式镗床

1—支架 2—后立柱 3—工作台 4—镗轴 5—平旋盘 6—径向刀具溜板 7—前立柱
8—主轴箱 9—后尾筒 10—床身 11—下滑座 12—上滑座

二、镗刀分类及装夹

镗刀的种类很多，按结构特点和使用方式，一般可分为单刃镗刀和双刃镗刀。

微课：
镗刀

1. 单刃镗刀

（1）机夹式单刃镗刀 图 6-32 所示为机夹式单刃镗刀，它具有结构简单、制造方便、通用性强等优点。为了使镗刀头在镗杆内有较大的安装长度，并有足够的位置安置压紧螺钉和调节螺钉，在镗不通孔或阶梯孔时，镗刀头在镗杆内的安装倾斜角 δ 一般取 $10° \sim 45°$；镗通孔时，$\delta = 0°$。在设计不通孔镗刀时，应使压紧螺钉不妨碍镗刀进行镗削。通常镗杆上应设置调节直径的螺钉。镗杆上的装刀孔通常对称于镗杆轴线，因而镗刀头装入刀孔后，刀尖高于工件中心，使切削时工作前角减小，后角增大。因此，在选择镗刀头的前角、后角时要相应增大前角、减小后角。

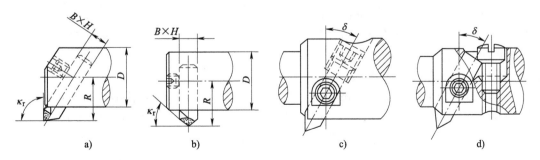

图 6-32 机夹式单刃镗刀

（2）微调镗刀　机夹式单刃镗刀尺寸调节较费时，调节精度不易控制。图 6-33 所示为坐标镗床和数控机床上使用的微调单刃镗刀。它们都有一个精密刻度盘，刻度盘的微调螺母同刀头的丝杠组成一对精密丝杠螺母副，转动刻度盘，丝杠由于用导航键定向只可做直线移动，从而实现微调。微调镗刀常用于孔的半精镗和精镗加工，并可用于组成多刃镗刀。

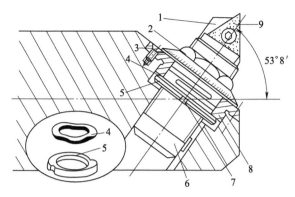

图 6-33　微调单刃镗刀

1—镗刀头　2—微调螺母　3—螺钉　4—波形垫圈　5—调节螺母
6—镗杆　7—导航键　8—固定座套　9—刀片

微调镗刀在镗杆上的安装角度通常采用两种形式，即直角型和倾斜型。倾斜型交角通常为 53°8′。若微调螺母的螺距为 0.5mm，微调螺母每转过 1 格，镗刀头沿径向的移动量为

$$\Delta R = (0.5\text{mm}/80)\sin 53°8′ = 0.005\text{mm}$$

2. 双刃镗刀

动画：
镗削加工

双刃镗刀的两条切削刃在两个对称位置同时切削，可消除由径向切削力对镗杆的作用而造成的加工误差。这种镗刀是一种定直径尺寸刀具。切削时，孔的直径尺寸是由刀具保证的，刀具外径是根据工件孔径确定的，其结构比单刃镗刀复杂，刀片和刀杆制造较困难，但生产率较高。因此，双刃镗刀适用于加工精度要求较高、生产批量大的场合。

双刃镗刀块分整体和可调两大类。整体镗刀块有定装的和浮动的，这两种形式又都可做成可调的。双刃镗刀多用于镗削直径大于 30mm 的孔。

图 6-34 所示为固定式双刃镗刀，其直径尺寸不能调节，刀片一端有定位凸肩，用于刀片在镗杆中的定位，刀片用螺钉或楔块紧固在镗杆中。固定式镗刀刚性好，不易引起振动，容屑空间大，生产率高，适用于粗镗和半精镗，还可用于锪沉孔及端面的加工。

图 6-35 所示为可调式硬质合金浮动镗刀。调节尺寸时，稍微松开紧固螺钉 2，转动调节螺钉 3 推动刀体，可使直径增大。浮动镗刀的直径为 20 ~

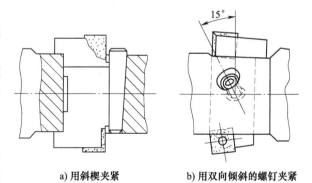

a) 用斜楔夹紧　　　　b) 用双向倾斜的螺钉夹紧

图 6-34　固定式双刃镗刀

330mm，其调节量为 2~30mm。镗孔时，将浮动镗刀装入镗杆的方孔中，如图 6-36 所示，无须夹紧，通过作用在两侧切削刃上的切削力来自动定心，因此它能自动补偿由于刀具制造、安装误差和镗杆的全跳动而造成的加工误差，加工尺寸的公差等级可达 IT7 ~ IT6，表面粗糙度值为 $Ra1.6~0.2\mu\text{m}$。但这种镗刀不能校正孔的直线度误差和孔的位置偏差。其优点是制造简单、刃磨方便，缺点是不能加工直径为 20mm 以下的孔。在单件小批生产，特别是

在通用机床上加工箱体零件上精度较高的大直径孔或孔系时，浮动镗刀是常用的加工刀具。

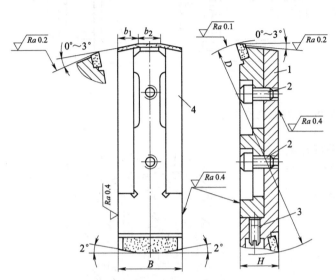

图 6-35　可调式硬质合金浮动镗刀

1—上刀体　2—紧固螺钉　3—调节螺钉　4—下刀体

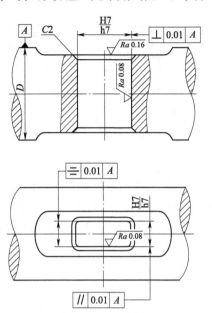

图 6-36　安装浮动镗刀的镗杆

图 6-37 所示为滑槽式双刃镗刀。镗刀头 3 的凸肩置于刀体 4 的凹槽中，用螺钉 1 将镗刀头压紧在刀体上。调整尺寸时，稍微松开螺钉 1，拧动调整螺钉 5，推动镗刀头上的销 6，使镗刀头沿槽移动来调整尺寸。其镗孔范围为 $\phi25 \sim \phi250\text{mm}$，目前广泛用于数控机床。

三、卧式镗床的主要工作

1. 镗孔

镗床镗孔的方式如图 6-38 所示。其进给形式包括主轴进给和工作台进给两种方式。

主轴进给方式如图 6-38a 所示。在工作过程中，随着主轴的进给，主轴的悬伸长度是变化的，刚度也是变化的，易使孔产生锥度误差；另外，随着主轴悬伸长度的增加，其自重所引起的弯曲变形也随之增大，使镗出孔的轴线弯曲。因此，这种方式只适宜镗削长度较短的孔。

工作台进给方式如图 6-38b ~ d 所示。图 6-38b 所示为悬臂式，用于镗削较短的孔；图 6-38c 所示为多支承式，用于镗削箱体两壁相距较远的同轴孔系；图 6-38d 所示为用平旋盘镗大孔。

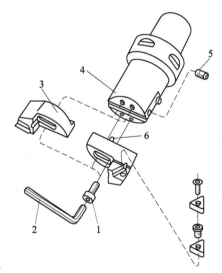

图 6-37　滑槽式双刃镗刀

1—螺钉　2—内六角扳手　3—镗刀头
4—刀体　5—调整螺钉　6—销

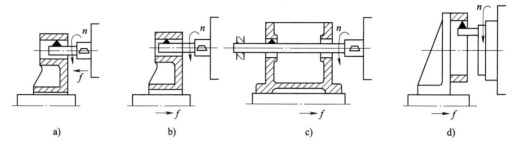

图 6-38　镗床镗孔的方式

镗床上镗削箱体上的同轴孔系、平行孔系和垂直孔系的方法通常有坐标法和镗模法两种。图 6-39 所示为用镗模法镗削箱体孔系的情况。

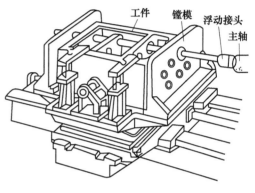

图 6-39　镗模法镗孔

2. 镗床其他工作

在镗床上不仅可以镗孔，还可以进行钻孔、扩孔、铰孔、铣平面、镗内槽、车外圆、车端面、切槽及加工螺纹等工作，其加工方式如图 6-40 所示。

四、镗削的工艺特点及应用

1. 镗床是加工机座、箱体、支架等外形复杂的大型零件的主要设备

在一些箱体上往往有一系列孔径较大、精度较高的孔，这些孔在一般机床上加工很困难，但在镗床上加工却很容易，并可方便地保证孔与孔之间、孔与基准平面之间的位置精度和尺寸精度要求。

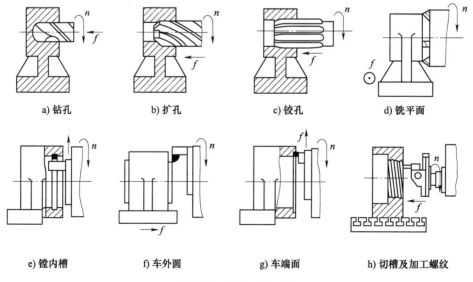

a) 钻孔　　　　b) 扩孔　　　　c) 铰孔　　　　d) 铣平面

e) 镗内槽　　　f) 车外圆　　　g) 车端面　　　h) 切槽及加工螺纹

图 6-40　镗床其他工作

2. 加工范围广泛

镗床是一种多功能通用机床，既可加工单个孔，又可加工孔系；既可加工小直径的孔，又可加工大直径的孔；既可加工通孔，又可加工台阶孔及内环形槽。除此之外，还可进行部分铣削和车削工作。

3. 能获得较高的精度和较低的表面粗糙度值

普通镗床镗孔的尺寸公差等级可达 IT8～IT7，表面粗糙度值可达 $Ra1.6～0.8\mu m$。若采用金刚镗床（因采用金刚石镗刀而得名）或坐标镗床，能获得更高的精度和更小的表面粗糙度值。

4. 生产率较低

由于镗床和刀具调整复杂，操作技术要求较高，在单件、小批量生产中使用镗模生产率较低，在大批、大量生产中则须使用镗模以提高生产率。

第七节　孔加工复合刀具

孔加工复合刀具是将两把或两把以上同类或不同类的孔加工刀具组合成一体的专用刀具。它在一次加工过程中，可完成钻孔、扩孔、铰孔、锪孔和镗孔等多种不同工序的工艺组合，具有高效率、高精度和高可靠性的成形加工特点。由于复合刀具是专用的，须专门设计制造，而且制造复杂，重磨和调整尺寸较困难，与其他单个刀具比较，价格较贵，因此只有在成批大量生产的情况下才经济合理。复合刀具在组合机床、自动线和专用机床上应用很广泛，较多的用于加工汽车发动机、摩托车、农用柴油机和箱体等的机械零部件。

孔加工复合刀具的种类繁多，按零件工艺类型可分为同类工艺复合刀具，如图 6-41 所示的复合钻、复合扩孔钻、复合铰刀和复合镗刀等；不同类工艺复合刀具，如图 6-42 所示的钻-扩、扩-铰、钻-铰等孔加工复合刀具。

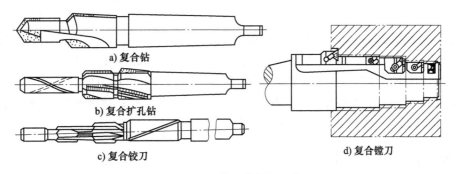

a) 复合钻

b) 复合扩孔钻

c) 复合铰刀

d) 复合镗刀

图 6-41　同类工艺复合刀具

孔加工复合刀具按结构可分为整体式、焊接式和装配式。

复合刀具由通用刀具组合而成，因此其设计方法与通用刀具基本相同，但设计复合刀具时，应着重处理好以下问题。

一、正确选择复合程度和形式

选择复合程度高的复合刀具，可减少机床台数，提高生产率，并且易保证零件相互位置精度。通常根据零件的工艺要求、加工表面形状、尺寸精度要求和表面质量要求来确定。例如在实心材料上加工尺寸公差等级为IT8～IT7、表面粗糙度值为 $Ra3.2～1.6\mu m$ 的孔，当孔的尺寸较小时，可选用图 6-43a 所示的钻-扩-铰顺序加工刀具；若钻孔的尺寸精度要求较高时，可采用图 6-43b 所示的钻-铰-铰复合刀具，能较容易达到孔的精度要求；若孔的尺寸较大，可采用图 6-43c 所示的扁钻-镗复合刀具，它具有结构简单、尺寸调节方便等优点。

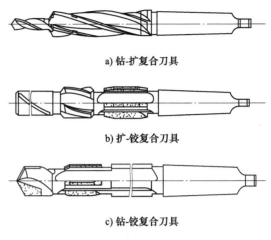

a) 钻-扩复合刀具

b) 扩-铰复合刀具

c) 钻-铰复合刀具

图 6-42 不同类工艺复合刀具

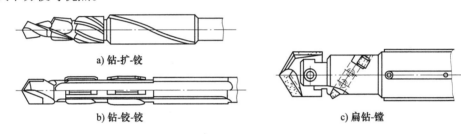

a) 钻-扩-铰

b) 钻-铰-铰

c) 扁钻-镗

图 6-43 孔加工刀具复合形式

二、刀具结构形式

整体式孔加工复合刀具刚性好，能使各单刀间保持高的同轴度、垂直度等位置精度，但重磨后尺寸不能调整，刀具利用率低，适合于小尺寸孔加工复合刀具。图 6-44a 所示为钻-扩镶装可调的复合刀具，钻头和扩孔钻分别固定在刀体上。钻头重磨后，可用螺钉调节其悬伸长度。图 6-44b 所示为可转位复合扩孔钻，刀片通过锥形沉头螺钉夹紧在刀体上。其结构简单，刀片转位迅速，节省了刀具重磨和调刀时间。图 6-44c 所示为加工摩托车零件的镶装可转位复合镗刀。该镗刀前端装有微调镗刀，用于半精镗 d_1 孔；后端两侧分别装有 90°F 型刀夹和 45°S 型刀夹，进行 d_2 孔加工和 C1 倒角。

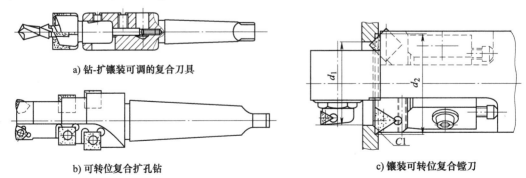

a) 钻-扩镶装可调的复合刀具

b) 可转位复合扩孔钻

c) 镶装可转位复合镗刀

图 6-44 刀具结构形式

三、强度和刚度

复合刀具切削时产生较大的切削力。切削力的大小与各单刀切削面积及排屑阻力有关。为此复合刀具应满足刀体强度高、连接牢固、刚度足够、各单刀受力达到相互平衡的要求。对于刚性较差、受力大、加工孔的同轴度要求高的复合刀具，通常在刀体上做出导向部。如图 6-45 所示，导向部可设置在复合刀具的前端、后端、中间或前、后端位置上。

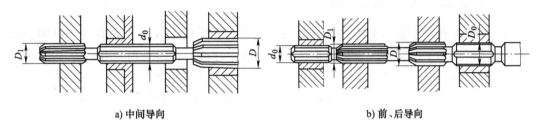

a) 中间导向　　　　　　　　　　　　　　b) 前、后导向

图 6-45　复合刀具的导向部

四、排屑、分屑和断屑

为了防止各单刀的切屑相互干扰和阻塞，要求各单刀都具有各自宽敞的容屑槽，常做成图 6-46a 所示的交错分布容屑槽，以避免切屑流出时互相干扰。为了减小切屑宽度，可在切削刃上磨出分屑槽。图 6-46b 所示为在复合刀具上增加切削液浇注通道，利用切削液冲走切屑。此外，应合理地选择可转位刀片的断屑槽形，以确保断屑。

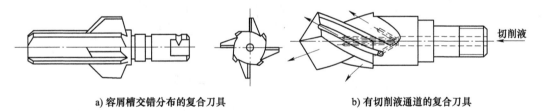

a) 容屑槽交错分布的复合刀具　　　　　　b) 有切削液通道的复合刀具

图 6-46　妥善处理切屑的复合刀具

五、合理地选择切削用量

复合刀具制造、重磨和调整困难，为了确保刀具寿命不低于 4h，应选择较小的切削用量。孔加工复合刀具的背吃刀量 a_p 由相邻单刀的直径差来确定，a_p 不易过大。复合刀具的进给量是各刀共有的，进给量按最小尺寸的单刀来确定。对于先后切削的复合刀具，例如钻-扩-攻螺纹复合刀具，在切削时，应相应地改变进给量，以适应各单刀的加工需要。最大直径刀具的切削速度高，磨损最快，故应按最大直径刀具来确定切削速度。各单刀进行不同加工工艺时，需兼顾其不同的工艺特点。例如，采用钻-铰复合刀具加工时，采用的切削速度应低于正常的钻削速度，而高于正常的铰削速度。

典型案例及应用

图 6-47 所示为法兰端盖的零件图样，请仔细分析一下若想完成法兰端盖的孔加工，需要用到哪些刀具？加工孔类零件的刀具有哪几种？如何确定这些刀具的结构、几何参数和切削用量？

一、孔加工刀具种类的选用

法兰端盖零件属于盘套类零件，材料为灰铸铁。零件的底板尺寸为 $80_{-1}^{\,0}\,\mathrm{mm} \times 80_{-1}^{\,0}\,\mathrm{mm}$，它的周边不需要加工，其精度直接由铸造毛坯保证；底板上有四个均匀分布的 $\phi 9\mathrm{mm}$ 的通孔，用于法兰盘与其他零件的连接。$\phi 60\mathrm{d}11$ 外圆面是与其他零件相配合的基孔制的轴，内圆面 $\phi 47\mathrm{J}8$ 是与其他零件相配合的基轴制的孔，它们的表面粗糙度值均为 $Ra3.2\mu\mathrm{m}$，精度要求较低。

该零件的生产过程为：铸造→划线→车外圆→车端面→镗孔→划线（钻孔前）→钻孔。所需孔加工刀具有麻花钻和镗刀。

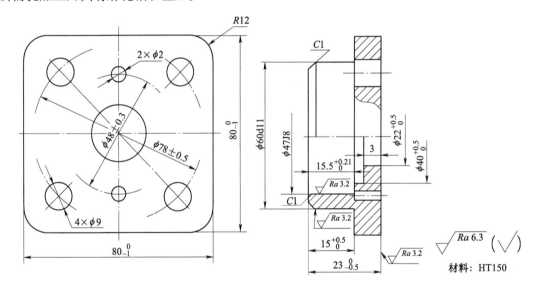

图 6-47　法兰端盖的零件图样

二、孔加工切削用量选择

以法兰端盖 $\phi 47\mathrm{J}8\,(^{+0.024}_{-0.015})$ 孔加工为例，切削用量选择过程如下（所选机床型号为 CA6140）。

1. 钻孔（$\phi 20\mathrm{mm}$）

（1）刀具及规格　$\phi 20\mathrm{mm}$ 高速钢麻花钻头，其长度 $L=$ 孔深 $+(5\sim 10)\mathrm{mm}=23+(5\sim 10)\mathrm{mm}=28\sim 33\mathrm{mm}$，取 $L=30\mathrm{mm}$。

（2）切削用量选择　$a_\mathrm{p}=d/2=10\mathrm{mm}$。

由表 6-1 可知，$v_T = 15 \sim 20 \mathrm{m/min}$，取 $v_T = 15 \mathrm{m/min}$，则

$$n = \frac{1000 v_T}{\pi d} = \frac{1000 \times 15}{20\pi} \mathrm{r/min} \approx 240 \mathrm{r/min}$$

查机床转速表，取 $n_{\text{实}} = 250 \mathrm{r/min}$，则

$$v_c = \frac{\pi d n_{\text{实}}}{1000} = \frac{\pi \times 20 \times 250}{1000} \mathrm{m/min} = 15.7 \mathrm{m/min}$$

2. 镗孔（$\phi 40^{+0.5}_{0} \mathrm{mm}$）

（1）刀具及规格　可转位镗刀（SNMM150604），刀片材料为 K20（YG6），刀杆截面尺寸 $B \times H = 20 \mathrm{mm} \times 20 \mathrm{mm}$，长度 $L = 180 \mathrm{mm}$。

（2）切削用量选择　$a_p = 10 \mathrm{mm}$（两次进给）。

由《机械加工实用手册》可知，$v_T = 40 \sim 80 \mathrm{m/min}$，取 $v_T = 60 \mathrm{m/min}$，则

$$n = \frac{1000 v_T}{\pi d} = \frac{1000 \times 60}{40\pi} \mathrm{r/min} \approx 478 \mathrm{r/min}$$

查机床转速表，取 $n_{\text{实}} = 500 \mathrm{r/min}$，则

$$v_c = \frac{\pi d n_{\text{实}}}{1000} = \frac{\pi \times 40 \times 500}{1000} \mathrm{m/min} = 62.8 \mathrm{m/min}$$

由《机械加工工艺手册》可知，$f = 0.15 \sim 0.30 \mathrm{mm/r}$，查机床纵向进给量表，取 $f = 0.24 \mathrm{mm/r}$。

3. 镗孔（$\phi 47^{+0.024}_{-0.015} \mathrm{mm}$）

（1）刀具及规格　可转位镗刀（SNMM150604），刀片材料为 K20（YG6），刀杆截面尺寸 $B \times H = 20 \mathrm{mm} \times 20 \mathrm{mm}$，长度 $L = 180 \mathrm{mm}$。

（2）粗镗 $\phi 40 \mathrm{mm}$ 孔至 $\phi 44^{+0.250}_{0} \mathrm{mm}$ 的切削用量选择　$a_p = 2 \mathrm{mm}$。

由《机械加工实用手册》可知，$v_T = 40 \sim 80 \mathrm{m/min}$，取 $v_T = 60 \mathrm{m/min}$，则

$$n = \frac{1000 v_T}{\pi d} = \frac{1000 \times 60}{44\pi} \mathrm{r/min} \approx 434 \mathrm{r/min}$$

查机床转速表，取 $n_{\text{实}} = 450 \mathrm{r/min}$，则

$$v_c = \frac{\pi d n_{\text{实}}}{1000} = \frac{\pi \times 44 \times 450}{1000} \mathrm{m/min} = 62.2 \mathrm{m/min}$$

由《机械加工工艺手册》可知，$f = 0.15 \sim 0.30 \mathrm{mm/r}$，查机床纵向进给量表，取 $f = 0.24 \mathrm{mm/r}$。

（3）半精镗 $\phi 47^{+0.024}_{-0.015} \mathrm{mm}$ 孔的切削用量选择　$a_p = 1.5 \mathrm{mm}$。

由《机械加工实用手册》可知，$v_T = 60 \sim 100 \mathrm{m/min}$，取 $v_T = 80 \mathrm{m/min}$，则

$$n = \frac{1000 v_T}{\pi d} = \frac{1000 \times 80}{47\pi} \mathrm{r/min} \approx 542 \mathrm{r/min}$$

查机床转速表，取 $n_{\text{实}} = 560 \mathrm{r/min}$，则

$$v_c = \frac{\pi d n_{\text{实}}}{1000} = \frac{\pi \times 47 \times 560}{1000} \mathrm{m/min} = 82.6 \mathrm{m/min}$$

由《机械加工工艺手册》可知，$f = 0.10 \sim 0.20 \mathrm{mm/r}$，查机床纵向进给量表，取 $f = 0.16 \mathrm{mm/r}$。

本 章 小 结

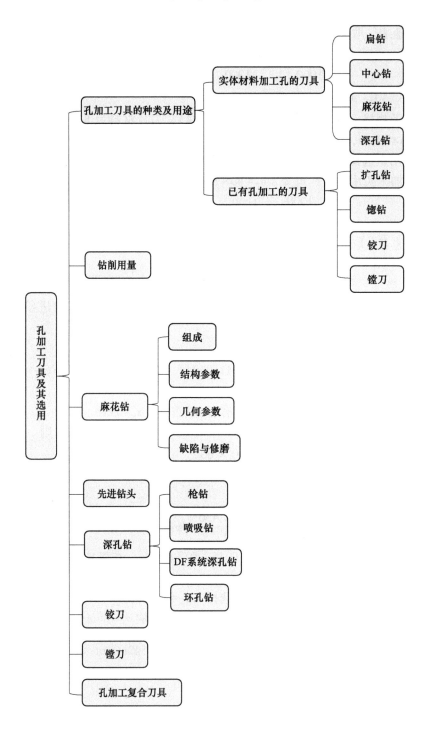

训练与实践

1. 填空题

(1) 麻花钻适合于直径小于_____的孔的粗加工。

(2) 麻花钻的柄部用于_____，有_____和_____两种。

(3) 麻花钻由_____、_____和_____组成，工作部分又由_____和_____组成。

(4) 麻花钻的工作部分由_____个前刀面、_____个后刀面和_____个副后刀面；_____条主切削刃、_____条副切削刃和_____条横刃组成，因此可看作"五刃六面"刀具。

(5) 一般钻芯的直径约为_____倍的钻头直径。

(6) 标准麻花钻螺旋角 $\beta = 18° \sim 30°$。螺旋角的方向一般为_____。

(7) 通常把深径比（孔深与孔径之比）大于_____的孔称为深孔。

(8) 深孔钻在结构上必须解决_____、_____和_____三个问题。

(9) 铰刀按精度等级可分为_____级，分别适用于铰削_____、_____和_____级的孔。

(10) 铰刀由_____、_____和_____组成。

(11) 铰刀刀齿在圆周上的分布有_____和_____两种形式。

(12) 螺旋槽铰刀切削较平稳，主要用于铰削深孔或带断续表面的孔，其旋向有_____和_____两种。

(13) 右旋槽铰刀在切削时切屑向____排出，适用于加工_____孔；左旋槽铰刀在切削时切屑向_____排出，适用于加工_____孔。

(14) 一般铰刀_____刃倾角。

(15) 铰刀是用于_____孔的半精加工与精加工的_____刀具。

(16) 按使用方式的不同通常将铰刀分为_____铰刀和_____铰刀。

(17) 镗刀按结构特点一般可分为_____和_____。

(18) 在镗床上加工孔系时，通常有_____和镗模法两种。

2. 判断题

(1) 直径大于 13mm 的麻花钻多为圆柱柄；直径小于 13mm 的麻花钻多为莫氏锥柄。　　　　　　　　　　　　　　　　　　　　　　　　　　　( )

(2) 麻花钻的两条螺旋槽是切削液流入和切屑排出的通道。　　( )

(3) 麻花钻具有外径从切削部分向柄部逐渐减小的锥度。　　　( )

(4) 麻花钻的前角以外缘处为最小，自外缘向中心逐渐增大。　( )

(5) 麻花钻的后角以外缘处为最小，自外缘向中心逐渐增大。　( )

(6) 在顶角一定的情况下，后角越大，横刃斜角 ψ 越小，横刃的长度就越长。( )

(7) 铰刀可用于一般孔的粗加工与精加工。　　　　　　　　　( )

(8) 双刃镗刀可以消除径向切削力对镗杆的作用而造成的误差。( )

（9）采用浮动式镗刀进行切削加工可以提高尺寸精度，也能校正上道工序的位置误差。

（　　）

3. 选择题

（1）在不使用切削液的条件下钻孔时，切削热传散的主要途径是（　　）

    A. 切屑　　　　　　B. 工件　　　　　　　C. 钻头　　　　D. 介质

（2）用标准麻花钻钻孔时，磨损最严重的位置是（　　）

    A. 横刃处　　　　　　　　　　　B. 前刀面

    C. 后刀面　　　　　　　　　　　D. 主、副切削刃交界处

（3）标准麻花钻的顶角为（　　）。

    A. 108°±2°　　　　B. 118°±2°　　　　　　C. 128°±2°

（4）标准麻花钻的横刃斜角 ψ 一般等于（　　）。

    A. 35°　　　　　　B. 45°　　　　　　　C. 55°

（5）麻花钻的螺旋角越大，前角（　　）。

    A. 越大　　　　　B. 大小不变　　　　　C. 越小

4. 名词解释

（1）（麻花钻的）顶角　　（2）（麻花钻的）横刃斜角 ψ　　（3）孔加工复合刀具

5. 简答题

（1）麻花钻的后角为什么要磨成内径处大，外径处小？

（2）麻花钻的修磨方法有哪些？

（3）如何刃磨和研磨铰刀？

（4）铰孔时产生孔径扩张或收缩的原因有哪些？

（5）以卧式镗床为例，试述镗床的运动有哪些？

（6）镗削的加工工艺的特点有哪些？

7

第七章　铣削与铣刀选用

【学习目标】

◆ 了解铣刀的类型、铣削用量与铣削层参数。
◆ 会正确选择铣刀的几何参数。
◆ 掌握铣刀磨损形式和寿命的确定方法。
◆ 能了解常用铣刀结构，掌握铣刀的选用方法。
◆ 掌握铣刀的刃磨方法。

【本章要点】

铣削是使用多齿旋转刀具进行切削加工的一种方法，常用来加工平面（包括水平面、垂面和斜面）、台阶面、沟槽（包括直角槽、键槽、V形槽、燕尾槽、T形槽、圆弧槽、螺旋槽）、切断及成形表面等。铣刀的种类很多，在铣削加工中，用圆柱铣刀和面铣刀铣削平面具有代表性，故本章以圆柱铣刀和面铣刀为例，介绍铣刀的几何角度、铣削要素、铣削方式和铣削特点，以及常用铣刀的结构特点与应用等。

第一节　铣削加工范围及铣刀种类

铣刀是金属切削刀具中种类最多的刀具之一，属于多齿回转刀具，其每一个刀齿相当于一把车刀固定在铣刀的回转表面上，其切削加工特点与车削加工基本相同，但铣削是断续切削，切削厚度和切削面积随时在变化，因此铣削过程具有一些特殊规律。

一、常用铣刀的特点及应用范围

铣刀的种类很多，常用的有圆柱铣刀、面铣刀、立铣刀、键槽铣刀、半圆键槽铣刀、三面刃铣刀、模具铣刀、角度铣刀、锯片铣刀等。通用规格的铣刀已标准化，一般由专业工具厂生产。按用途的不同，可将铣刀分为加工平面用铣刀、加工沟槽用铣刀、加工成形面用铣刀三大类。下面介绍几种常用铣刀的特点及其适用范围。

1. 圆柱铣刀

如图 7-1 所示，圆柱铣刀主要用于在卧式铣床上加工宽度小于铣刀长度的狭长平面。它一般都是用高速钢制成整体式（图 7-1a）；外径较大的铣刀，也可以镶焊螺旋形硬质合金刀片制成镶齿式（图 7-1b）。螺旋形切削刃分布在圆柱表面上，没有副切削刃，螺旋形的刀齿切削时是逐渐切入和脱离工件的，因此切削过程较平稳。根据加工要求不同，圆柱铣刀有粗齿（螺旋角 $\beta = 40° \sim 45°$）和细齿（螺旋角 $\beta = 30° \sim 35°$）之分，粗齿的容屑槽大，用于粗加工，细齿用于精加工。圆柱铣刀直径有 50mm、63mm、80mm、100mm 四种规格。

微课：
铣刀及
铣削方式

a) 整体式   b) 镶齿式

图 7-1　圆柱铣刀

2. 面铣刀

如图 7-2 所示，面铣刀主要用于在立式铣床上加工平面，特别适合较大平面的加工。铣削时，铣刀的轴线垂直于被加工表面。面铣刀的主切削刃位于圆柱或圆锥表面上，端面切削刃为副切削刃。用面铣刀加工平面时，由于同时参加切削的刀齿较多，又有副切削刃的修光作用，所以加工表面粗糙度值小，因此可以采用较大的切削用量，生产率较高，应用广泛。小直径的面铣刀一般用高速钢制成整体式（图 7-2a），大直径的面铣刀是在刀体上装有焊接式硬质合金刀头（图 7-2b），或采用机械夹固式可转位硬质合金刀片（图 7-2c）。

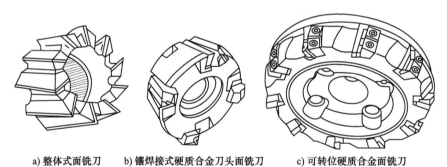

a) 整体式面铣刀　　b) 镶焊接式硬质合金刀头面铣刀　　c) 可转位硬质合金面铣刀

图 7-2　面铣刀

3. 立铣刀

如图 7-3 所示，立铣刀相当于带柄的小直径圆柱铣刀，一般由 3~4 个刀齿组成，圆柱面上的切削刃是主切削刃，端面上的切削刃没有通过中心，是副切削刃，工作时不宜沿铣刀轴线方向做进给运动。它主要用于加工凹槽、台阶面以及利用靠模加工成形面。标准立铣刀按柄部结构的不同，可分为直柄、莫氏锥柄、7∶24 锥柄等类型。用立铣刀铣槽时，槽宽有扩张，故应选用直径比槽宽略小的铣刀。

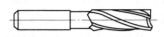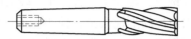

图 7-3　立铣刀

4. 键槽铣刀

如图 7-4 所示，它的外形与立铣刀相似，不同的是它在圆周上只有两个螺旋刀齿，其端面刀齿的切削刃延伸至中心，因为在铣两端不通的键槽时，可以做适量的轴向进给。它主要用来加工圆头封闭键槽，加工键槽时，铣刀要做多次垂直进给和纵向进给。铣削时，圆周切削刃仅在靠近端面的一小段长度内发生磨损，重磨时只需刃磨端面切削刃，以保证重磨后铣刀直径不变。

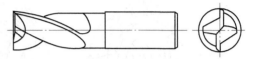

图 7-4　键槽铣刀

其他槽类铣刀还有 T 形槽铣刀（图 7-5）和燕尾槽铣刀（图 7-6）等。

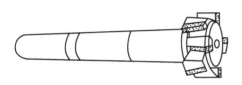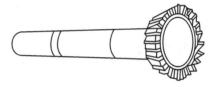

图 7-5　T 形槽铣刀　　　　　　　图 7-6　燕尾槽铣刀

5. 三面刃铣刀

如图 7-7 所示，三面刃铣刀在刀体的圆周及两侧环形端面上均有刀齿，因此称为三面刃铣刀。它主要用于在卧式铣床上加工台阶面和一端或两端贯穿的浅沟槽。三面刃铣刀有直齿（图 7-8a）和交错齿（图 7-8b）之分，直径较大的常采用镶齿结构（图 7-8c）。三面刃铣刀的圆周切削刃为主切削刃，两侧面切削刃是副切削刃，从而改善了两侧面的切削条件，提高了切削效率，减小了表面粗糙度值。但重磨后铣刀宽度尺寸变化较大，而镶齿三面刃铣刀可解决这一问题。

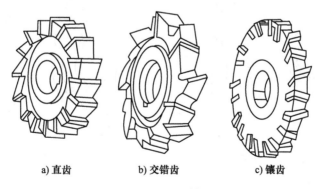

a) 直齿　　　　　　b) 交错齿　　　　　　c) 镶齿

图 7-7　三面刃铣刀

6. 角度铣刀

如图 7-8 所示，角度铣刀有单角铣刀（图 7-8a）和双角铣刀（图 7-8b、c），用于铣削带角度的沟槽和斜面。当角度铣刀大端和小端直径相差较大时，往往造成小端刀齿过密，容屑空间较小，因此常将小端面刀齿间隔地去掉，使小端的齿数减少一半，以增大容屑空间。单角铣刀的圆锥切削刃为主切削刃，端面切削刃为副切削刃。双角铣刀两圆锥面上的切削刃均为主切削刃，它又分为对称双角铣刀和不对称双角铣刀。

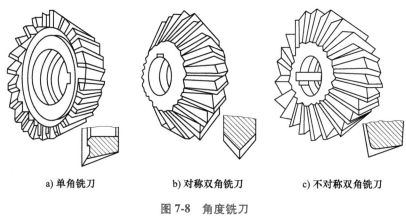

a) 单角铣刀　　　　　b) 对称双角铣刀　　　　　c) 不对称双角铣刀

图 7-8　角度铣刀

7. 锯片铣刀

如图 7-9 所示，锯片铣刀薄片的槽铣刀，只在圆周上有刀齿，用于铣削窄槽或切断。它与切断刀类似，对刀具几何参数的合理性要求较高。为了避免夹刀，其厚度由边缘向中心减薄，使两侧形成副偏角。

8. 成形铣刀

如图 7-10 所示，成形铣刀是在铣床上用于加工成形表面的刀具，其刀齿廓形要根据被加工工件的廓形来确定。用成形铣刀可在通用的铣床上加工复杂形状的表面，并获得较高的尺寸精度和表面质量，生产率也较高。除此之外，还有仿形用的指形齿轮铣刀（图7-11）等。

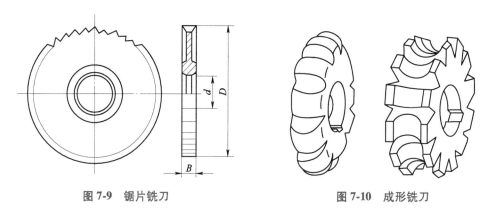

图 7-9　锯片铣刀　　　　　　　　　图 7-10　成形铣刀

二、铣刀的分类

1. 按齿背形式分类

按齿背形式的不同，可将铣刀分为尖齿铣刀和铲齿铣刀两大类，如图 7-12 所示。

（1）尖齿铣刀　如图 7-12a、b、c 所示，尖齿铣刀的特点是齿背经铣制而成，并在切削刃后磨出一条窄的后刀面，铣刀用钝后只需刃磨后刀面，刃磨比较方便。尖齿铣刀是铣刀中的一大类，上述铣刀除成形铣刀外基本为尖齿铣刀。

（2）铲齿铣刀　如图 7-12d 所示，铲齿铣刀的特点是齿背经铲制而成，铣刀用钝后仅刃磨前刀面，易于保持切削刃原有的形状，因此适用于切削廓形复杂的铣刀，如成形铣刀。

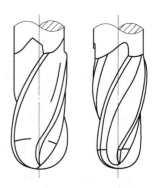

图 7-11　指形齿轮铣刀

2. 按铣刀的结构分类

按结构的不同，可将铣刀分为整体式、整体焊接式、镶齿式和可转位式。

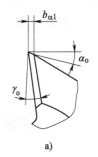 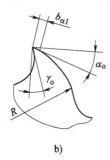 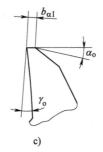 

a)　　　　　　　b)　　　　　　　c)　　　　　　　d)

图 7-12　铣刀刀齿齿背形式

（1）整体式　刀齿和刀体制成一体。

（2）整体焊接式　刀齿采用硬质合金或其他耐磨材料制成，并钎焊在刀体上。

（3）镶齿式　刀齿采用机械方法装夹在刀体上。刀头能够更换，可以是整体刀具材料的刀头，也可以是焊接刀具材料的刀头。刀头装夹在刀体上刃磨的铣刀，称为体内刃磨式铣刀，刀头单独刃磨的铣刀，称为体外刃磨式铣刀。

（4）可转位式　将能够转位使用的多边形刀片采用机械方法装夹在刀体上。这种结构已广泛应用于立铣刀、三面刃铣刀及成形铣刀等各类铣刀上。可转位式硬质合金铣刀现在已经使用得越来越广泛。

3. 按铣刀的材料分类

（1）高速钢铣刀　通用性好，可用于加工结构钢、合金钢、铸铁和非铁金属。切削钢件时，必须浇注充分的切削液。

（2）硬质合金铣刀　可以高效地铣削各种钢、铸铁和非铁金属。

（3）陶瓷铣刀　用于淬硬钢和铸铁，非铁金属等材料的精铣。

（4）金刚石铣刀　用于铣削塑料、复合材料、非铁金属及其合金。

（5）立方氮化硼铣刀　用于半精铣及精铣高温合金、淬硬钢和冷硬铸铁。

除此之外，铣刀还可以按刀齿数目分为粗齿铣刀和细齿铣刀。在直径相同的情况下，粗齿铣刀的刀齿数较少，刀齿的强度和容屑空间较大，适用于粗加工；细齿铣刀适用于半精加工和精加工。

第二节　铣刀的几何角度

铣刀的种类和形状虽多，但都可以归纳为圆柱铣刀和面铣刀两种基本形式，每个刀齿可以看作是一把简单的车刀，故车刀几何角度定义也适用于铣刀。不同的是，铣刀为回转体、刀齿较多。因此，只要对一个刀齿进行分析，就可以了解整个铣刀的几何角度。

一、圆柱铣刀的几何角度

如图 7-13 所示，圆周铣削时，铣刀的旋转运动是主运动，工件的直线移动是进给运动。圆柱铣刀的正交平面参考系 p_r、p_s 和 p_o 的定义可参考车削加工中的规定。对于以绕自身轴线旋转作为主运动的铣刀，基面 p_r 是通过切削刃选定点并包含铣刀轴线的平面，并假定主运动方向与基面垂直。切削平面 p_s 是通过切削刃选定点的圆柱的切平面。正交平面 p_o 是垂直于铣刀轴线的端剖面。

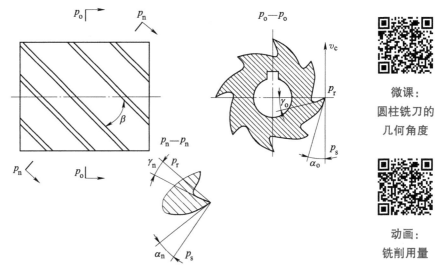

微课：
圆柱铣刀的
几何角度

动画：
铣削用量

图 7-13　圆柱铣刀的几何角度

如果圆柱铣刀的螺旋角为 β，则前角 γ_o 与法向平面上的前角 γ_n、后角 α_o 与法向平面上的后角 α_n 之间的关系，可用下列公式计算

$$\tan\gamma_n = \tan\gamma_o\cos\beta \tag{7-1}$$

$$\tan\alpha_n = \frac{\tan\alpha_o}{\cos\beta} \tag{7-2}$$

对于螺旋齿圆柱铣刀，前角 γ_n 一般按被加工材料来选取，铣削钢时取 $\gamma_n = 10° \sim 20°$；铣削铸铁时取 $\gamma_n = 5° \sim 15°$。通常取后角 $\alpha_o = 12° \sim 16°$，粗铣时取小值，精铣时取最大值。一般粗齿圆柱铣刀螺旋角 $\beta = 45° \sim 60°$；细齿圆柱铣刀螺旋角 $\beta = 25° \sim 30°$。

二、面铣刀的几何角度

由于面铣刀的每一个刀齿相当于一把车刀，因此面铣刀的几何角度与车刀相似，其各角度的定义可参照车刀，如图 7-14 所示。

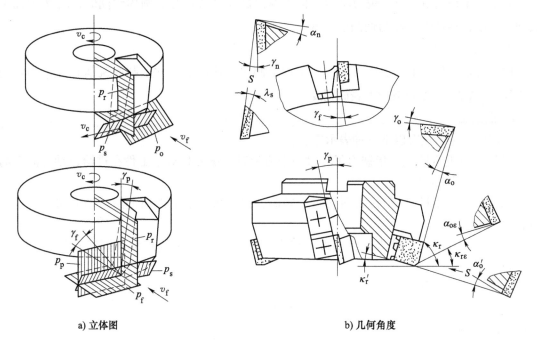

a) 立体图   b) 几何角度

图 7-14　面铣刀的几何角度

第三节　铣削用量及铣削力

一、铣削用量

如图 7-15 所示，铣削用量有背吃刀量 a_p、侧吃刀量 a_e、进给量和铣削速度 v_c。

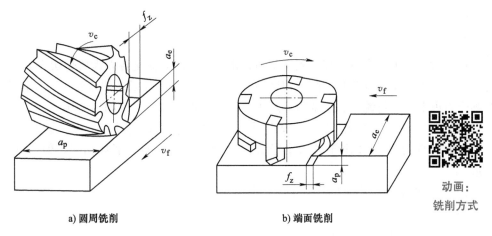

a) 圆周铣削   b) 端面铣削

动画：
铣削方式

图 7-15　铣削用量

1. 背吃刀量 a_p

背吃刀量是指沿平行于铣刀轴线方向上测量的切削层尺寸。圆周铣削时，a_p 为被加工表面的宽度；端铣时，a_p 为切削层深度。

2. 侧吃刀量 a_e

侧吃刀量是指在垂直于铣刀轴线的平面上测量的切削层尺寸。圆周铣削时，a_e 为切削层深度；端铣时，a_e 为被加工表面宽度。

3. 进给量

铣削时，进给量有以下三种表示方法。

（1）每齿进给量 f_z　指铣刀每转过一个刀齿时，铣刀相对于工件在进给运动方向上的位移量，单位为 mm/z。

（2）每转进给量 f　指铣刀每转过一转时，铣刀相对于工件在进给运动方向上的位移量，单位为 mm/r。

（3）进给速度 v_f　指铣刀切削刃选定点相对于工件的进给运动的瞬时速度，单位为 mm/min。

三者之间关系为

$$v_f = nf = nz f_z \tag{7-3}$$

式中　z——铣刀齿数；

　　　n——铣刀（主轴）转速（r/min）。

4. 铣削速度 v_c

铣削速度即铣刀切削刃选定点相对于工件主运动的瞬时速度，单位为 m/min。可按下式计算

$$v_c = \frac{\pi d n}{1000} \tag{7-4}$$

式中　d——铣刀直径（mm）；

　　　n——铣刀（主轴）转速（r/min）。

二、铣削力

1. 铣刀总切削力和分力

铣削时，每个工作刀齿都受到切削力，铣刀总切削力应是各刀齿所受切削力之和。由于每个工作刀齿的切削位置和切削面积随时在变化，为便于分析，假定铣刀总切削力 F_r 作用在某个刀齿上，并将铣刀总切削力分解为三个互相垂直的分力，如图 7-16 所示。

（1）切向力 F_y　作用于铣刀圆周切线方向上的分力，消耗功率最多，是主切削力。

（2）径向力 F_x　作用于铣刀半径方向上的分力，一般不消耗功率，但会使刀杆弯曲变形。

（3）轴向力 F_z　沿铣刀轴线方向上的分力。

圆周铣削时，F_x 和 F_y 的大小与螺旋齿圆柱铣刀的螺旋角 β 有关；端铣时，与面铣刀的主偏角 κ_r 有关。用大螺旋角立铣刀铣削时，F_z 较大且向下，如果立铣刀没有夹牢，很易造成"掉刀"，而造成"打刀"和工件报废。

2. 作用在工件上的铣削分力

如图 7-16 所示，作用在工件上的总切削力 F'_r 和铣刀总切削力 F_r 大小相等、方向相反，是一对作用力与反作用力。由于机床、夹具设计的需要和测量方便，通常将总切削力 F'_r 沿铣床工作台运动方向进行分解。

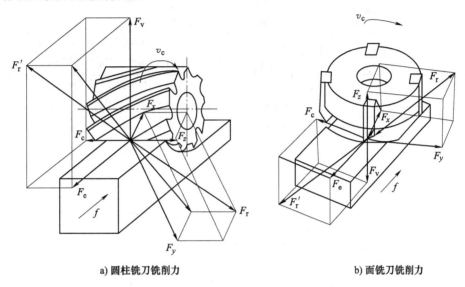

a) 圆柱铣刀铣削力　　　　　　　　　　　b) 面铣刀铣削力

图 7-16　铣削力

（1）纵向分力 F_e　与纵向工作台运动方向一致的分力，它作用在铣床纵向进给机构上。

（2）横向分力 F_c　与横向工作台运动方向一致的分力。

（3）垂直分力 F_v　与铣床垂直进给方向一致的分力。

铣削时，沿铣床工作台运动方向分解的三个分力与主切削力有一定比例，见表 7-1，如果求出 F_y，便可计算 F_e、F_c 和 F_v。

表 7-1　各铣削力之间的比值

铣削条件	比值	对称铣削	不对称铣削	
			逆铣	顺铣
端铣 $a_e = (0.4 \sim 0.8)d$ $f_z = 0.1 \sim 0.2 \text{mm/z}$	F_e/F_y	0.3~0.4	0.6~0.9	0.15~0.30
	F_v/F_y	0.85~0.95	0.45~0.7	0.9~1.0
	F_c/F_y	0.50~0.55	0.50~0.55	0.50~0.55
圆周铣削 $a_e = 0.05d$ $f_z = 0.1 \sim 0.2 \text{mm/z}$	F_e/F_y	—	1.0~1.2	0.8~0.9
	F_v/F_y		0.2~0.3	0.75~0.80
	F_c/F_y		0.35~0.40	0.35~0.40

铣刀总切削力 F_r 为

$$F_r = \sqrt{F_x^2 + F_y^2 + F_z^2} = \sqrt{F_e^2 + F_c^2 + F_v^2} \tag{7-5}$$

3. 铣削力的计算

与车削相似，圆柱铣刀和面铣刀的铣削力可按表 7-2 所列出的公式进行计算。当加工材料性能不同时，F_y 须乘以修正系数 K_{F_y}。

表 7-2　圆柱铣刀和面铣刀的铣削力计算公式

铣刀类型	刀具材料	工件材料	切削力 F_y/N
圆柱铣刀	高速钢	碳钢	$F_y = 9.81 \times 65.2a_e^{0.86}f_z^{0.72}a_p^{1.0}zd^{-0.86}K_{F_y}$
		灰铸铁	$F_y = 9.81 \times 30a_e^{0.83}f_z^{0.65}a_p^{1.0}zd^{-0.83}K_{F_y}$
	硬质合金	碳钢	$F_y = 9.81 \times 96.6a_e^{0.88}f_z^{0.75}a_p^{1.0}zd^{-0.87}K_{F_y}$
		灰铸铁	$F_y = 9.81 \times 58a_e^{0.90}f_z^{0.80}a_p^{1.0}zd^{-0.90}K_{F_y}$
面铣刀	高速钢	碳钢	$F_y = 9.81 \times 78.8a_e^{1.1}f_z^{0.80}a_p^{0.95}zd^{-1.1}K_{F_y}$
		灰铸铁	$F_y = 9.81 \times 50a_e^{1.14}f_z^{0.72}a_p^{0.90}zd^{-1.14}K_{F_y}$
	硬质合金	碳钢	$F_y = 9.81 \times 789.3a_e^{1.1}f_z^{0.75}a_p^{1.0}zd^{-1.3}n^{-0.2}K_{F_y}$
		灰铸铁	$F_y = 9.81 \times 54.5a_e^{1.0}f_z^{0.74}a_p^{0.90}zd^{-1.0}K_{F_y}$
被加工材料抗拉强度 R_m 或硬度不同时的修正系数 K_{F_y}	加工钢料时，$K_{F_y} = \left(\dfrac{R_m}{0.637}\right)^{0.30}$（式中 R_m 的单位为 GPa）		
	加工铸铁时，$K_{F_y} = \left(\dfrac{\text{布氏硬度值}}{190}\right)^{0.55}$		

第四节　铣削方式及其选择

铣削属于断续切削，实际切削面积随时都在变化，因此铣削力波动大，冲击与振动大，铣削平稳性差。但采用合理的铣削方式，可减缓冲击与振动，还对延长铣刀寿命、改善工件质量和提高生产率具有重要的作用。

一、周铣

圆柱铣刀在铣削平面时，主要是利用圆周上的切削刃切削工件，因此称之为周铣（圆周铣削），其铣削方式分为顺铣和逆铣两种，如图 7-17 所示。

1. 逆铣

当铣刀切削刃与铣削表面相切时，若切点铣削速度的方向与工件进给速度的方向相反，称为逆铣。逆铣具有如下特点：

1）切削厚度由薄变厚，当切入时，由于切削刃钝圆半径大于瞬时切削厚度，刀齿与工件表面进行挤压和摩擦，刀齿较易磨损。尤其当冷硬现象严重时，更加剧刀齿的磨损，并影响已加工表面的质量。

2）刀齿作用于工件上的垂直分力 F_v 向上，有抬起工件的趋势，因此要求工件夹紧可靠。

3）纵向分力 F_e 与纵向进给方向相反，使铣床工作台进给机构中的丝杠与螺母始终保持良好的左侧接触，见图 7-17a 局部放大视图，因此工作台进给速度均匀，铣削过程平稳。

4）逆铣时，刀齿是从切削层内部开始切削的，当工件表面有硬皮时，对刀齿没有直接的影响。

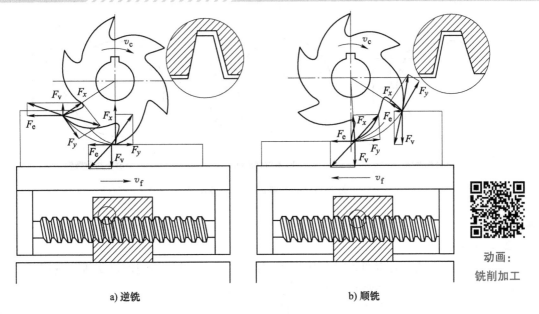

a) 逆铣　　　　　　　　　　　　　b) 顺铣

动画：
铣削加工

图 7-17　逆铣和顺铣

2. 顺铣

当铣刀切削刃与铣削表面相切时，若切点的铣削速度的方向与工件进给速度的方向相同，称为顺铣。顺铣具有如下特点：

1）切削厚度由厚变薄，容易切下切屑，刀齿磨损较慢，已加工表面质量高。有些实验表明，相对逆铣，其刀具寿命可延长 2~3 倍。尤其在铣削难加工材料时效果更加明显。

2）刀齿作用于工件上的垂直分力 F_v 指向工作台，有利于夹紧工件。

3）纵向分力 F_e 与纵向进给方向相同，当丝杠与螺母存在间隙时，会使工作台带动丝杠向左窜动，造成进给不均匀，会影响工件表面质量，也会因进给量突然增大而容易损坏刀齿。

3. 铣削方式的选择

综合逆铣和顺铣的特点，选择铣削方式的原则如下：

1）因为顺铣无滑移现象，加工后工件的表面质量较好，所以顺铣多用于精加工。逆铣多用于粗加工。

2）加工有硬皮的铸件、锻件毛坯时，应采用逆铣。

3）使用无丝杠螺母间隙调整机构的铣床加工时，应采用逆铣。

二、端铣

采用面铣刀铣削工件时，主要是刀具端面的切削刃进行切削，故称之为端铣。面铣刀在铣削平面时有许多优点，在目前的平面铣削中有逐渐以面铣刀来代替圆柱铣刀的趋势。根据面铣刀和工件间的相对位置不同，可将端铣分为对称铣削和不对称铣削两种不同的铣削方式。不对称铣削可以调节切入和切出时的切削厚度。不对称铣削又分为不对称顺铣和不对称逆铣，如图 7-18 所示。

1. 对称铣削

刀齿切入、切出工件时，切削厚度相同的铣削称为对称铣削。一般端铣时常采用这种铣

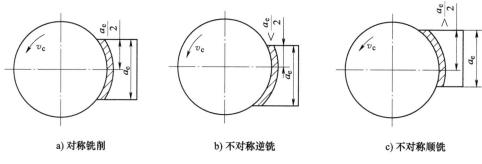

a) 对称铣削　　　　　　　b) 不对称逆铣　　　　　　　c) 不对称顺铣

图 7-18　对称铣削和不对称铣削

削方式。

2. 不对称铣削

（1）不对称逆铣　刀齿切入时的切削厚度最小，切出时的切削厚度最大。这种铣削方式切入冲击小，常用于铣削碳钢和低合金钢，如 9Cr2。

（2）不对称顺铣　刀齿切入、切出时的切削厚度正好与不对称逆铣相反。这种铣削方式可减小硬质合金的剥落破损，延长刀具寿命，可用于铣削不锈钢和耐热合金，如 20Cr13、1Cr18Ni9Ti。

3. 工件与铣刀之间的相对正确位置

铣刀安装位置直接影响切入角 δ 和切离角 δ_1。如图 7-19 所示，铣削时，刀齿的切削面为四边形 $STUV$。面铣刀切入工件时，前刀面与工件的接触点可能是四边形 $STUV$ 区域范围内的某一点。为了增加刀齿抗冲击能力，减少刀齿疲劳现象，希望开始接触点在点 U 而不在点 S。这就取决于面铣刀的几何角度和相对于工件的安装位置。由图 7-19b 可知，若 $\gamma_f < \delta$，则刀齿以点 V 或点 U 或直线 UV 首先接触工件；由图 7-19c 可知，若 $\gamma_f > \delta$，根据 γ_p 的大小，刀齿以点 S 或点 T 或直线 ST 首先接触工件；若 $\gamma_f = \delta$、$\gamma_p = 0°$，刀齿切入时，前刀面与工件的四边形 $STUV$ 接触，刀齿经受很大冲击力，极易产生破损。合理地选择面铣刀安装位置对减小面铣刀破损，延长刀具寿命起着重要的作用，如图 7-20 所示。

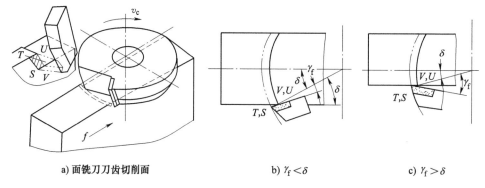

a) 面铣刀刀齿切削面　　　　　　b) $\gamma_f < \delta$　　　　　　c) $\gamma_f > \delta$

图 7-19　面铣刀切入工件时，前刀面与工件的接触位置

采用不对称铣削时，铣刀安装时的偏移量 K 与切入角 δ 之间的关系如图 7-21 所示。由直角三角形 OAE，可得到如下关系式

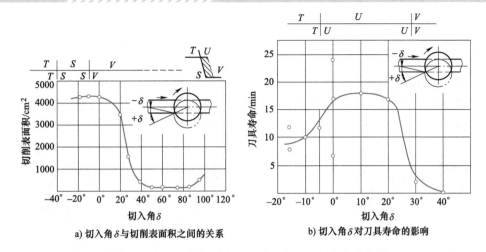

a) 切入角 δ 与切削表面积之间的关系　　　b) 切入角 δ 对刀具寿命的影响

图 7-20　切入角 δ 与切削表面积的关系及对刀具寿命的影响

$$\sin\delta = \frac{\dfrac{a_e}{2} \pm K}{\dfrac{d}{2}} = \frac{a_e \pm 2K}{d} \tag{7-6}$$

式中　δ——切入角（°）；

　　　　d——铣刀的直径（mm）；

　　　　K——铣刀安装时的偏移量（mm）；

　　　　a_e——侧吃刀量（mm）。

采用不对称逆铣时，选取"＋"号；采用不对称顺铣时，选取"－"号。

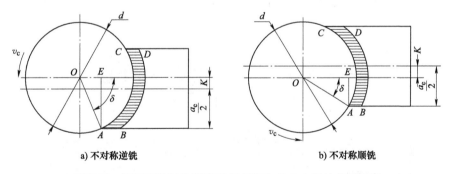

a) 不对称逆铣　　　　　　　　　　　　　b) 不对称顺铣

图 7-21　铣刀安装时的偏移量 K 与切入角 δ 之间的关系示意

第五节　铣刀的刃磨及安装

一、铣刀的刃磨

尖齿铣刀刃磨后刀面，铲齿铣刀刃磨前刀面，一般在万能工具磨床上进行。图 7-22 所示为圆柱铣刀的刃磨，方法与刃磨铰刀相似。刀齿的前刀面由支承片支承，并由其调节刀齿的位置。为了磨出后角，刀齿应低于铣刀中心，高度差 H 可按下式计算

$$H = d\sin\frac{\alpha_o}{2} \tag{7-7}$$

式中　d——铣刀直径；

　　　α_o——铣刀后角。

图 7-23 所示为铲齿成形铣刀的刃磨，刃磨时应严格保证前角的设计值，以防铲齿铣刀刃形发生畸变，影响工件的加工精度。

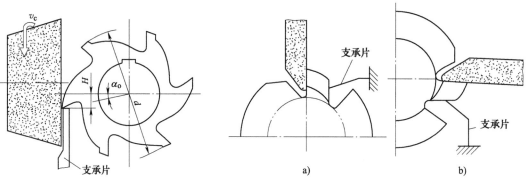

图 7-22　圆柱铣刀（尖齿铣刀）的刃磨　　　图 7-23　铲齿成形铣刀的刃磨

二、常用铣刀的安装

安装铣刀是铣削前必要的准备工作，其安装方法正确与否决定了铣刀的运动精度，并直接影响铣削质量和铣刀寿命。

1. 圆柱铣刀的安装

（1）安装刀杆和铣刀　如图 7-24a 所示，在刀杆上套上几个垫圈，装上键，再套上铣刀。

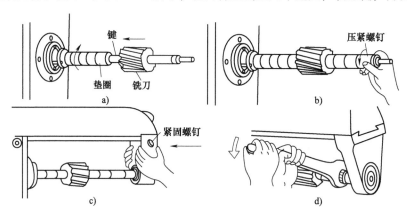

图 7-24　安装圆柱铣刀的步骤

（2）安装压紧螺母　如图 7-24b 所示，在铣刀外侧的刀杆上再套上几个垫圈后，拧上左旋压紧螺母。

（3）安装吊架　如图 7-24c 所示，装上吊架，拧紧吊架的紧固螺钉，轴承孔内加润滑油。

（4）拧紧螺母　如图 7-24d 所示，初步拧紧螺母，开机观察铣刀是否装正，装正后拧紧螺母。

2. 立铣刀的安装

（1）直柄立铣刀的安装　直柄立铣刀常用弹簧夹头来安装，如图 7-25a 所示。安装时，拧紧螺母，使弹簧套做径向收缩而将铣刀的柱柄夹紧。

（2）锥柄立铣刀的安装

1）选择外锥面与铣床主轴锥孔（锥度为 7：24）相配合、内锥面与立铣刀锥柄配合的变径套，并擦净主轴锥孔、铣刀锥柄和变径套的内、外锥面。选择与铣刀柄部内螺纹相同的拉紧螺杆。

2）将立铣刀的锥柄装入变径套锥孔，图 7-25b 所示。

3）将变径套连同铣刀装入主轴锥孔，并使变径套上的缺口对准主轴端部的键。

4）用拉紧螺杆将铣刀连同变径套紧固在主轴上。

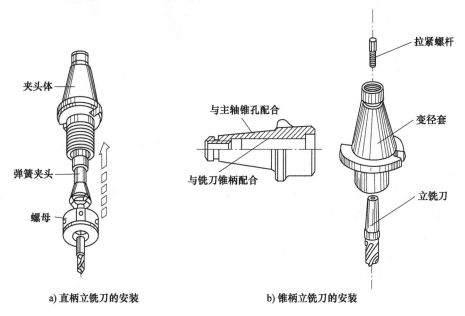

a) 直柄立铣刀的安装　　　　b) 锥柄立铣刀的安装

图 7-25　立铣刀的安装

3. 面铣刀的安装

面铣刀通过短刀轴安装到铣床主轴上。图 7-26 所示为在圆柱面上带有键槽的刀轴，用来安装内孔具有键槽的铣刀或刀体。具体安装步骤如下：

1）安装前，擦净铣刀端面及孔径。

2）安装时，先把面铣刀套在刀轴上，再拧紧螺钉，紧固铣刀。图 7-26 所示的刀轴由刀轴体、凸缘盘和压紧螺钉三部分组成。刀轴体主要起对铣刀定中心的作用，并通过拉紧螺杆固定在铣床主轴上；凸缘盘上的两个键槽与铣床主

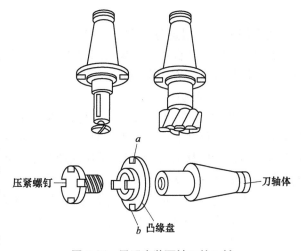

图 7-26　用于安装面铣刀的刀轴

轴端面上的键配合，端面上的两个凸块与主轴的端面键槽相配，是传递转矩的主要零件，损坏后只要调换键即可；压紧螺钉是用来压紧铣刀。目前生产的面铣刀大都是在端面上有键槽，因此安装端铣刀的刀轴，也大都做成图 7-26 所示的形式。

4. 可转位面铣刀刀片的安装

可转位面铣刀的结构如图 7-27 所示，刀片的安装步骤（图 7-28）如下。

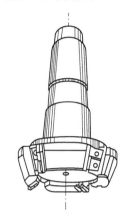

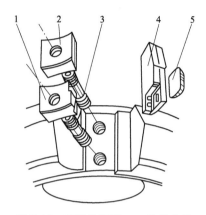

图 7-27　可转位面铣刀的结构　　　　图 7-28　可转位面铣刀刀片的安装

1、2—楔块　3—螺钉　4—刀垫　5—刀片

1）在刀体上装刀垫 4，使刀垫紧贴刀体槽侧面。

2）安装楔块 2，将螺钉 3 旋入螺孔内，用内六角扳手旋紧，将刀垫与刀体槽侧面压紧。

3）安装楔块 1，将螺钉 3 旋入螺孔内。

4）将刀片 5 装入刀垫，使其与两定位面接触，然后用内六角扳手旋紧。

5）安装铣刀和刀片后，应检查刀片的安装精度。检查时可用百分表测量刀片各最低点示值的等同性，也可以试铣一个平面，然后观测刀片最低点与试切平面的间隙来判断刀片的安装精度。此外，为达到平面的要求，注意检查立铣头与工作台面的垂直度。

典型案例及应用

图 7-29 所示为滑道零件图样，材料为 45 钢。请根据图样要求仔细分析滑道零件的结构，并对其进行工艺分析，如果要想完成滑道零件主要平面和键槽的加工，需要选用哪些铣刀？铣削用量和铣削方式应如何选择？

1. 铣刀的种类选择

从图 7-29 可以看出，该滑道主体结构为带台阶的方块，台阶面的表面粗糙度值为 $Ra3.2\mu m$，横孔尺寸的公差等级为 IT7~IT8，基孔制，表面粗糙度值为 $Ra1.6\mu m$。无几何公差要求。该滑道的材料为 45 钢，无热处理要求，各平面采用铣削加工即可；横孔尺寸的公差等级为 IT7~IT8，铰孔可以满足要求。该滑道零件的主要定位基准为底平面和侧平面。

基于零件的结构分析，滑道零件中批量生产时的加工工艺路线为：下料→铣底平面，上平面→铣前后平面→铣左右平面→粗、铣精铣台阶面→钻沉孔→钻、扩、铰孔→铣槽→去毛刺→终检→入库。

根据滑道的轮廓尺寸、加工精度和生产类型，加工设备选用通用机床。其中铣平面、铣台阶、铣槽选用立式铣床 X5032，孔加工选用 Z3040 摇臂钻床。

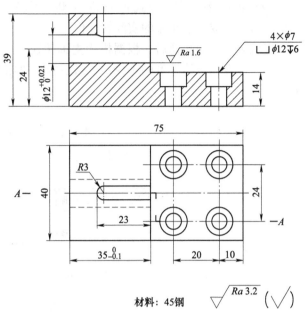

图 7-29　滑道零件图样

　　根据零件需要在铣床加工的工序选择合适的面铣刀和立铣刀。本例中需加工的零件外形尺寸宽度为 40mm，厚度为 39mm，台阶宽度为 40mm。面铣刀直径一般是铣削宽度的 1.2~1.5 倍，由于毛坯都有一定的加工余量，故可选 $\phi80mm$ 和 $\phi63mm$ 的面铣刀各一把，分别用于粗、精铣各平面。用 $\phi63mm$ 的面铣刀粗铣台阶并精铣台阶底面，再用 $\phi20mm$ 直柄立铣刀精铣台阶侧面。宽度为 6mm 的半封闭槽尺寸精度不高，但有 $R3mm$ 的要求，可选用 $\phi6mm$ 直柄立铣刀铣槽。

2. 铣削用量及铣削方式的选择

　　（1）铣削方式的选择　用面铣刀铣削平面和台阶时，应采用不对称逆铣，可以减小切入时的冲击，延长面铣刀寿命。

　　用立铣刀铣槽时，粗铣时吃满刀，为对称铣削。精铣台阶或槽的侧面时可采用逆铣的铣削方式。

　　（2）铣削用量的选择

　　1）切削深度的选择。对于面铣刀，切削深度就是铣背吃刀量 a_p；对于圆柱铣刀，切削深度就是铣侧吃刀量 a_e。由于滑道毛坯表面有硬皮，铣外形六个面时要分为粗铣和半精铣。粗铣时，第一刀的铣削深度要超出硬皮的深度；工件表面粗糙度值为 $Ra3.2\mu m$，留出半精铣余量 0.5mm~1mm 后余量不大于 5mm，可一次进给加工。如果分粗铣、半精铣、精铣三步铣削，当工艺系统刚性一般时，粗铣切削深度 $a_p \leqslant 5mm$，余量较多时可多次进给。半精铣时 $a_p = 1.5~2mm$，精铣时 $a_p = 0.2~0.5mm$。

　　2）每齿进给量 f_z 的选择。选用硬质合金面铣刀时，加工铸铁时的每齿进给量 $f_z = 0.2~0.5mm/z$；加工钢件时的每齿进给量 $f_z = 0.05~0.25mm/z$。选用高速钢立铣刀时，加工铸铁时的每齿进给量 $f_z = 0.08~0.15mm/z$；加工钢件时的每齿进给量 $f_z = 0.02~0.08mm/z$。一般粗铣时取较大值，精铣时取较小值。本例中采用硬质合金面铣刀粗铣时，每齿进给量 $f_z = 0.15mm/z$；精铣时，$f_z = 0.06mm/z$。用高速钢立铣刀粗铣时，每齿进给量 $f_z = 0.05mm/z$；精铣时，$f_z = 0.04mm/z$。

　　3）切削速度 v_c 的选择。45 钢正火后硬度一般小于 229HBW，高速钢铣刀的切削速度 $v_c = 20~30m/min$，硬质合金铣刀的切削速度 $v_c = 80~120m/min$；45 钢调质处理后的硬度一般为 220~250HBW，高速钢铣刀的切削速度 $v_c = 15~25m/min$，硬质合金铣刀的切削速度 $v_c = 60~100m/min$。本例中采用硬质合金面铣刀粗铣时，切削速度 $v_c = 100m/min$；精铣时，切削速度 $v_c = 120m/min$。用高速钢立铣刀粗铣时，切削速度 $v_c = 25m/min$；精铣时，切削速

度 $v_c = 30\text{m/min}$。然后利用公式 $v_c = \pi dn/1000$ 计算出机床主轴转速 n 的理论值，最后根据机床主轴转速表选取一个相近的实际转速值。

确定机床主轴的转速后，根据机床主轴转速 n、刀具齿数 z、每齿进给量 f_z，通过公式 $v_f = nf = nzf_z$ 计算出进给速度的理论值，最后根据机床进给速度表选取一个相近的实际进给速度值。

本 章 小 结

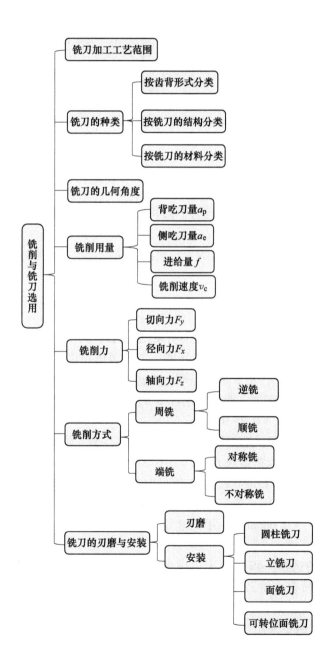

训练与实践

1. 填空题

（1）铣刀属于_____刀具；铣削属于_____切削。

（2）铣削过程中，主运动是_____，进给运动是_____移动。

（3）圆柱铣刀采用_____刀齿可以提高切削工作的平稳性。

（4）面铣刀用于在_____上加工平面，大直径面铣刀刀齿采用_____制成。

（5）尖齿铣刀的齿背是用_____方法加工出来的，这种铣刀磨钝后可沿着_____进行重磨。

（6）铲齿铣刀的齿背是用_____方法加工出来的，适用于切削_____的铣刀，铣刀磨损后可沿着_____进行重磨。

（7）对于面铣刀，规定用_____的前角 γ_o 为其标注前角；对于螺旋齿圆柱铣刀，规定_____前角 γ_n 为其标注前角。

（8）规定铣刀的后角在_____平面内测量。

（9）圆柱铣刀刀齿的螺旋角 β 的作用是便于刀齿_____工件，提高铣削的_____。

（10）铣削用量包括铣削_____、铣削_____、铣削_____及_____等。

（11）铣削层参数包括_____、_____和_____。

（12）铣削过程中，螺旋齿圆柱铣刀刀齿刚接触工件时，切削宽度_____主切削刃工作长度，随着刀齿的切入逐渐_____，切出时又逐渐_____。

（13）凡用铣刀_____的刀齿进行铣削的称为周铣，而用铣刀的_____刀齿进行铣削的称为端铣。前者是在_____铣床上铣平面，后者是在_____铣床上铣平面。

（14）对称铣削时，刀齿切入工件与切出工件的切削厚度_____，铣削宽度在顺铣与逆铣部分_____。

（15）不对称逆铣在开始切入时切削厚度_____，切出时切削厚度_____；不对称顺铣在开始切入时切削厚度_____，切出时切削厚度_____。

（16）立铣刀_____上的切削刃是主切削刃，_____上的切削刃是副切削刃。

（17）加工平面用面铣刀一般采用_____结构，刀齿由_____制成，用于_____铣床上粗、精铣各种大平面。

（18）立铣刀主要用于_____铣床上铣削_____、_____等。

（19）在通常情况下，铣刀的前角和后角是在主剖面内度量的，但对于螺旋齿圆柱铣刀，为了便于制造和测量，规定_____前角和后角为其标注角度。

（20）铣床专用夹具按照铣削时的进给方式可分为三类：_____、_____和_____。

（21）铣削时的铣削合力可以分解为三个相互垂直的力，分别是：_____，_____及_____。其中_____消耗功率最多，是主切削力，_____会使刀杆产生弯曲变形。

（22）三面刃铣刀直径较大时采用_____结构，其圆柱切削刃起_____作用，端面切削刃起_____作用。

（23）键槽铣刀外形与立铣刀相似，重磨时只需刃磨_____切削刃，保证重磨后铣刀直径不变。

2. 判断题

（1）顺铣时，铣刀刀齿与工件产生很大的挤压和摩擦，加剧刀齿前刀面的磨损。
（　　）

（2）圆柱铣刀主要由高速钢制造，用于在卧式铣床上加工平面。（　　）

（3）铲齿铣刀磨钝后是沿着前刀面进行刃磨的。（　　）

（4）粗齿铣刀适用于粗加工，细齿铣刀适用于半精加工和精加工。（　　）

（5）铣削层参数与铣削力无直接关系。（　　）

（6）直齿圆柱铣刀铣削时，其切削宽度等于背吃刀量，即 $a_w = a_p$。（　　）

（7）在同等切削用量的情况下，周铣获得的表面粗糙度值比端铣的小。（　　）

（8）在成批生产加工粗大平面时，面铣刀可以一次加工出数个平面，而周铣刀则不能。
（　　）

（9）区分端铣和周铣的主要依据是主切削刃所在的位置。（　　）

（10）铣刀旋转切入工件的方向与工件的进给方向相同的称为顺铣，相反的称为逆铣。
（　　）

（11）只有在设有丝杠螺母间隙消除机构的铣床上才适宜采用顺铣加工。（　　）

（12）在装有丝杠螺母间隙消除机构的铣床上进行铣削加工时，对不带硬皮的铸件和锻件宜采用逆铣，对带硬皮的铸件和锻件宜采用顺铣。（　　）

（13）高速钢尖齿铣刀中，减小螺旋角，可以增大前角，改善排屑条件，提高铣削平稳性，使切削省力，显著提高生产率和加工质量。（　　）

（14）用圆柱铣刀加工平面，顺铣时刀齿从上面向下切削，刀齿的切削厚度从最大逐渐减少到零。（　　）

（15）逆铣时刀齿从下面向上切削，刀齿从最大厚度处切入，逐渐减少到零。（　　）

（16）三面刃铣刀通常用于较宽的不通槽加工。（　　）

（17）成形铣刀的齿背截形一般为阿基米德螺旋线。（　　）

（18）生产中常用的铣刀大都是尖齿铣刀，如圆柱铣刀、三面刃铣刀和成形铣刀。
（　　）

（19）平行于铣刀轴线测量的切削层尺寸称为铣削宽度。（　　）

（20）待加工表面与已加工表面之间的垂直距离称为铣削背吃刀量。（　　）

（21）圆柱铣刀的刃倾角等于刀齿的螺旋角。（　　）

（22）角度铣刀用于铣削带角度的沟槽和斜面，锯片铣刀用于铣削窄槽或切断。（　　）

3. 选择题

（1）铣削时，当铣刀刀齿刃口圆弧半径（　　）切削厚度时，刃口才能切入金属。
A. 不大于　　　　　　B. 等于　　　　　　C. 不小于

（2）在切削加工相同材质工件时，硬质合金刀具的前角（　　）高速钢刀具的前角。
A. 大于　　　　　　B. 等于　　　　　　C. 小于

（3）铣削时，垂直于铣刀轴线测量的切削层尺寸是（　　）。
A. 铣削背吃刀量　　　B. 铣削宽度　　　C. 切削深度

（4）铣削时，相邻两刀齿主切削刃运动轨迹间的距离称为（　　）。

A. 铣削背吃刀量　　　B. 铣削宽度　　　　C. 切削厚度

（5）在未安装间隙消除机构的铣床上用圆柱铣刀铣削加工平面时，（　　）方式进行加工。

A. 只能用顺铣　　　　B. 可以用顺铣，也可以用逆铣

C. 只能用逆铣

（6）粗铣带断续表面的铸件时，可采用（　　）铣刀。

A. 粗齿　　　　　　　B. 细齿　　　　　　　C. 密齿

（7）适当增大（　　），可以提高铣削平稳性，使切削省力，显著提高生产率和加工质量。

A. 前角　　　　　　　B. 后角　　　　　　　C. 螺旋角

（8）平行于铣刀轴线测得的切削层尺寸是（　　）。

A. 背吃刀量　　　　　B. 铣削深度　　　　　C. 切削厚度

（9）（　　）是指铣刀主切削刃参与切削的长度。

A. 切削厚度　　　　　B. 铣削宽度　　　　　C. 切削宽度

（10）圆柱铣刀的（　　）等于刀齿的螺旋角。

A. 前角　　　　　　　B. 刃倾角　　　　　　C. 后角

（11）（　　）的特点是刃磨时只磨前刀面。

A. 圆柱铣刀　　　B. 三面刃铣刀　　　C. 立铣刀　　　D. 铲齿铣刀

（12）加工平面时，通常采用的铣刀为（　　）。

A. T 形槽铣刀或角度铣刀　　　　　　　B. 锯片铣刀或键槽铣刀

C. 面铣刀或圆柱铣刀　　　　　　　　　D. 圆柱铣刀或成形铣刀

（13）在铣削加工时，进给量一般采用（　　）表示；在调整机床时，进给量常用（　　）表示。

A. 每齿进给量，进给速度　　　　　　　B. 每转进给量，每齿进给量

C. 每齿进给量，每转进给量　　　　　　D. 进给速度，每齿进给量

（14）在铣削过程中，由于铣削厚度较小，铣刀磨损主要发生在（　　），为了减少磨损，通常选择（　　）。

A. 前刀面，较大的前角　　　　　　　　B. 前刀面，较小的前角

C. 后刀面，较大的后角　　　　　　　　D. 后刀面，较小的后角

（15）$\gamma_f > 0$ 的铲齿成形铣刀具有（　　）特点。

A. 可用铲齿方法加工后刀面　　　　　　B. 铣刀刀齿廓形与工件廓形不一致

C. 重磨次数增加，被加工的工件廓形尺寸精度降低

D. 适合加工脆性材料　　　　　　　　　E. 标准刀具

（16）下列（　　）表面不是铣削加工出来的。

A. 键槽　　　B. 台阶　　　C. T 形槽　　　D. 外圆柱面

4. 简答题

（1）试述铣削加工的特点。

（2）试分析逆铣与顺铣的加工特点对加工质量的影响。

（3）尖齿铣刀和铲齿铣刀有何不同？

（4）按铣刀用途及结构特点叙述常用铣刀的类型及适用范围。

（5）铣刀螺旋角的作用是什么？

（6）铣削的进给量有几种表达方式？它们之间的关系如何？

（7）在 X6132 型卧式万能铣床上铣削工件，铣刀直径为 100mm，齿数为 10，铣削速度为 26mm/min，每齿进给量为 0.16mm/z，求铣床的主轴转速和进给速度。

（8）试列举铣削的工艺范围（不少于五种）。

（9）周铣和端铣各有几种铣削方式？试述各种铣削方式的特点。

第八章　磨削与砂轮

【学习目标】

◆ 掌握磨削运动的定义，了解砂轮的组成要素。

◆ 掌握磨削的过程。

◆ 掌握磨削表面质量的影响因素及其改善措施。

【本章要点】

磨削加工是以磨料磨具（砂轮、砂带、油石、研磨剂）为工具在磨床上进行切削的一种加工方法。常用于精加工和超精加工，能获得较高的表面质量。本章介绍磨削的基本知识，主要包括磨削运动、砂轮的组成、磨削过程、磨削表面质量、砂轮的调整与修整以及先进磨削方法简介等内容。通过本章学习，学生能掌握砂轮的选用方法与磨削运动。

第一节　磨削运动

磨削加工是以磨料磨具（砂轮、砂带、油石、研磨剂）为工具在磨床上进行切削的一种加工方法。常用于精加工和超精加工，也可用于荒加工或粗加工；可加工外圆、内圆、平面、螺纹、齿轮、花键、导轨、成形面，还可刃磨刀具和切断等；能加工钢、铸铁等一般材料，还能加工一般刀具难以加工的材料，如淬火钢、硬质合金、陶瓷、玻璃及石材等。

磨削应用范围很广。目前，磨削主要用于精加工和超精加工。常见磨削方法如图 8-1 所示。按加工精度不同可分为普通磨削（加工精度>1μm，$Ra0.8 \sim 0.2\mu m$）、精密磨削（加工精度为 $1 \sim 0.1\mu m$，$Ra0.2 \sim 0.01\mu m$）和超精密磨削（加工精度≤0.1μm，$Ra \leqslant 0.01\mu m$）。

生产中常用的外圆、内圆和平面磨削，一般具有四个运动，即砂轮的旋转、工件的旋转、工件的轴向进给和砂轮的径向进给。

1. 主运动

砂轮的旋转运动为主运动，如图 8-2 所示。

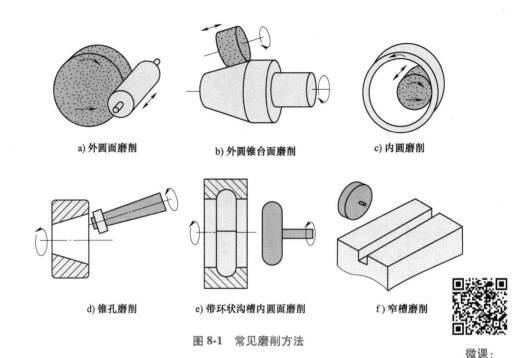

a) 外圆面磨削　　　　b) 外圆锥台面磨削　　　　c) 内圆磨削

d) 锥孔磨削　　　e) 带环状沟槽内圆面磨削　　　f) 窄槽磨削

图 8-1　常见磨削方法

微课：
磨削与砂轮

2. 进给运动（图 8-2）

（1）工件的旋转进给运动　即工件的旋转运动。工件进给速度用 v_w 表示，单位为 mm/min。工件进给速度比砂轮线速度小得多，两者的比例为

$$v_w = \left(\frac{1}{160} \sim \frac{1}{80}\right) v_c。$$ v_w 一般为 $10 \sim 30$mm/min。

在实际生产中，工件直径是已知的，工件进给速度应根据加工条件选定，因此加工时通常需要确定的是工件转速，计算公式为

$$n = \frac{1000v_w}{\pi d} \qquad (8\text{-}1)$$

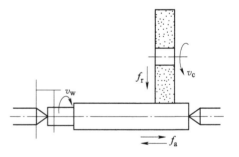

图 8-2　磨削的主运动与进给运动

（2）工件相对砂轮的轴向进给运动　即工件相对于砂轮的轴向运动。用进给量 f_a 表示。f_a 是指工件每转一转，工件相对于砂轮的轴向移动量，单位为 mm/r。粗磨时，$f_a = (0.3 \sim 0.7)B$；精磨时，$f_a = (0.3 \sim 0.4)B$（B 为砂轮宽度，单位为 mm）。

（3）砂轮的径向进给运动　即砂轮切入工件的运动。用进给量 f_r 表示。f_r 是指工作台每单行程或双行程，砂轮切入工件的深度（磨削深度 t），单位为 mm/单行程或 mm/双行程。粗磨时，f_r 为 $0.015 \sim 0.05$mm/单行程或 $0.015 \sim 0.05$mm/双行程；精磨时，f_r 为 $0.005 \sim 0.01$mm/单行程或 $0.005 \sim 0.01$mm/双行程。

需要注意的是，对内、外圆进行磨削时，在生产车间中，常常采用双面的磨削深度，即 $2t$，而不是 t。例如，吃刀深度为 0.01mm，意思是说将直径磨去 0.01mm，而砂轮切入工件表面的深度仅为 0.005mm。

第二节　砂轮的组成

砂轮是磨削加工中最常用的工具，它是由结合剂将磨料颗粒黏结而成的多孔体。

一、砂轮的组成要素

砂轮组成的三要素包括磨料（包括磨粒和微粉）、结合剂和气孔，如图8-3所示。

磨料起切削、刻划和滑擦作用；结合剂把磨料结合起来，经压坯、干燥、焙烧，使之具有一定形状和硬度。结合剂并未填满磨料之间的全部空间，因而有气孔存在。

1. 磨料

磨料在磨削时担负主要切削工作。磨料有天然磨料和人造磨料两大类。常用磨料的特性及使用范围见表8-1。

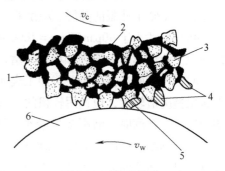

图 8-3　砂轮的构造
1—砂轮　2—结合剂　3—磨粒
4—磨屑　5—气孔　6—工件

表 8-1　常用磨料的特性及使用范围

系列	磨料名称	代号	特性	使用范围
氧化物系	棕刚玉	A	棕褐色。硬度大、韧性大、价格低廉	碳钢、合金钢、可锻铸铁、硬青铜
	白刚玉	WA	白色。硬度高于棕刚玉，韧性低于棕刚玉	淬火钢、高速钢、高碳钢、合金钢、非金属及薄壁零件
	铬刚玉	PA	玫瑰红或紫红色。韧性高于白刚玉，磨削表面粗糙度值小	淬火钢、高速钢、轴承钢及薄壁零件
	单晶刚玉	SA	浅黄色或白色。硬度和韧性高于白刚玉	不锈钢、高钒高速钢等高强度、韧性大的材料
	锆刚玉	ZA	黑褐色。强度和耐磨性都高	耐热合金钢、钛合金钢和奥氏体不锈钢
	微晶刚玉	MA	棕褐色。强度、韧性和自锐性能良好	不锈钢、轴承钢、特种球墨铸铁，适用于高速精密磨削
碳化硅系	黑碳化硅	C	黑色有光泽。硬度比白刚玉高，性脆而锋利，导热性和抗导电性好	铸铁、黄铜、铝、耐火材料及非金属材料
	绿碳化硅	GC	绿色。硬度和脆性比黑碳化硅高，导热性和抗导电性好	硬质合金、宝石、玉石、陶瓷、玻璃
	碳化硼	BC	灰黑色。硬度比黑、绿碳化硅高，耐磨性好	硬质合金、宝石、玉石、陶瓷、半导体材料
高硬磨料系	人造金刚石	MBD等	无色透明或淡黄色、黄绿色、黑色。硬度高，比天然金刚石略脆	硬质合金、宝石、光学材料、石材、陶瓷、半导体材料
	立方氮化硼	CBN	黑色或淡白色。立方晶体，硬度略低于金刚石，耐磨性高，发热量小	硬质合金，高速钢，高钼、高钒、高钴钢，不锈钢，镍基合金钢及各种高温合金

2. 粒度

粒度是指磨料颗粒的大小。粒度分磨粒与微粉两种类型。磨粒用筛选法分类，粒度号以筛网上每英寸（1in＝25.4mm）长度内的孔眼数来表示。例如60#粒度的磨粒，说明能通过每英寸长有60个孔眼的筛网，而不能通过每英寸70个孔眼的筛网。120#粒度说明能通过每英寸长有120个孔眼的筛网。粗磨料以"F＋粒度号"表示，范围为F4～F220。

颗粒尺寸小于40μm（1mm＝1000μm）的磨料，称为微粉。微粉用显微测量法分类，包括一般工业用途的F系列和精密研磨用的J系列。

磨料粒度的选择，主要与加工表面粗糙度和生产率有关。粗磨时，磨削余量大，要求的表面粗糙度值较大，应选用较粗的磨粒。因为磨粒粗、气孔大，磨削深度较大，砂轮不易堵塞和发热。精磨时，磨削余量较小，要求的表面粗糙度值较低，可选取较细磨粒。一般来说，磨粒越细，磨削表面质量越好。但粒度不是起决定性作用的唯一因素，用80K砂轮也可以磨出镜面般的表面质量。不同粒度砂轮的适用范围见表8-2。

表8-2　不同粒度砂轮的适用范围

类别		粒度号	适用范围
磨粒	粗粒	F4，F5，F6，F7，F8，F10，F12，F14，F16，F20，F22，F24	荒磨
	中粒	F30，F36，F40，F46	一般磨削，加工表面粗糙度值可达 $Ra0.8\mu m$
	细粒	F54，F60，F70，F80，F90，F100	半精磨，精磨和成形磨削，加工表面粗糙度值可达 $Ra0.8\sim0.1\mu m$
	微粒	F120，F150，F180，F220	精磨，精密磨，超精磨，成形磨，刀具刃磨，珩磨
微粉		F230，F240，F280，F320，F360，F400，F500，F600	精磨，精密磨，超精磨，珩磨，螺纹磨
		F800，F1000，F1200	超精磨，镜面磨，精研，加工表面粗糙度值可达 $Ra0.05\sim0.01\mu m$

3. 结合剂

结合剂的作用是将磨粒黏结在一起，使砂轮具有必要的形状和强度。

（1）陶瓷结合剂（V）　化学稳定性好、耐热、耐蚀、价格低廉，但性脆，不宜制成薄片，不适用于高速磨削，线速度一般为35m/s。

（2）树脂结合剂（B）　强度高、弹性好，耐冲击，适用于高速磨削或开槽、切断等，但耐蚀性和耐热性差（300℃），自锐性好。

砂轮的磨削作用主要靠磨粒外露的锋利的棱角，在磨削过程中，锋利的棱角会被慢慢磨掉而变钝，削弱砂轮的磨削能力，这时表面的磨粒会脱落或断裂，从而形成新的磨削刃，以达到锋利的磨削效果，这就是自锐性。

（3）橡胶结合剂（R）　强度高、弹性好，耐冲击，适用于抛光轮、导轮及薄片砂轮，但耐蚀性和耐热性差（200℃），自锐性好。

（4）金属结合剂（M）　如青铜、镍等，强度和韧性高，成形性好，但自锐性差，适用于金刚石、立方氮化硼砂轮。常用结合剂的适用范围见表8-3。

表 8-3　常用结合剂的适用范围

名　称	代号	特　性	适　用　范　围
陶瓷结合剂	V	耐热、耐蚀，强度较高，但性较脆	适用范围最广，除切断砂轮外的大多数砂轮
树脂结合剂	B	强度高并富有弹性，但坚固性、耐热性、耐蚀性差。不宜长期存放	高速磨削、切断和开槽砂轮；镜面磨削的石墨砂轮；对磨削烧伤和磨削裂纹特别敏感的工序；荒磨砂轮
橡胶结合剂	R	弹性好、密度大，但磨粒易脱落，耐热性、耐蚀性差，有臭味	无心磨床的导轮，切断、开槽和抛光砂轮
金属结合剂	M	成形性好，强度高，有一定的韧性，但自锐性差	金刚石砂轮，珩磨、半精磨硬质合金，切断光学玻璃、陶瓷及半导体材料

4. 硬度等级

砂轮的硬度是指砂轮表面上的磨粒在磨削力作用下脱落的难易程度。砂轮的硬度低，即砂轮软，表明砂轮的磨粒容易脱落；砂轮的硬度高，即砂轮硬，表明磨粒较难脱落。砂轮的硬度和磨料的硬度是两个不同的概念。同一种磨料可以做成不同硬度的砂轮。砂轮的硬度主要取决于结合剂的黏结强度。

一般来说，磨削硬材料时，选用软砂轮，以使磨钝的磨粒及时脱落，使砂轮保持有锋利的磨粒。磨削软材料时，为了充分发挥磨粒的切削作用，应选硬度大一些的砂轮。选择砂轮的主要原则如下。

1）一般来说，粗磨用粗磨粒，以保证较高生产率；精磨用细磨粒，以减小表面粗糙度值。

2）工件材料软、塑性大和磨削面积大时，为避免堵塞砂轮和产生烧伤，可采用粗磨粒。

3）磨削硬材料选用软砂轮；磨削软材料选用硬砂轮。但磨削硬度很高的材料时，砂轮的硬度也不能太低，以免磨削过分容易脱落。

4）与粗磨相比，精磨和成形磨削时，应选用硬度高一些的砂轮，以保持砂轮必要的形状精度。

砂轮的硬度等级名称及代号见表 8-4。

表 8-4　砂轮的硬度等级名称及代号

硬度等级				软硬级别
A	B	C	D	超软
E	F	G	—	很软
H	—	J	K	软
L	M	N	—	中
P	Q	R	S	硬
T	—	—	—	很硬
—	Y	—	—	超硬

5. 组织号

砂轮的组织表示磨料、结合剂和气孔三者在数量上的分布状况。简单来说，就是磨料颗粒之间的距离。磨料之间的距离非常难测量，以砂轮体积中磨料所占的百分比，即磨料率作为组织评定的标准。

根据组织的不同，可以制成紧密或松散等不同密度的砂轮，以适合不同的研磨状况。组织紧密的砂轮气孔少，组织疏松的砂轮气孔多。气孔多虽然结合度弱，但有较大的容屑空间，可提高生产率。气孔大、孔数少的称为粗砂轮；气孔小、孔数多的称为密砂轮。简单来说，大气孔的砂轮适合磨削质软、较黏的材料，比如铝、铜等；反之，适合磨削质地坚硬、较脆的物质。

根据磨料在砂轮中占有的体积分数（磨料率）规定砂轮的组织号。砂轮组织分为紧密、中等、疏松三大类，细分为0~14号，其中0~3号属紧密型，4~7号为中等，8~14号为疏松。中等组织的砂轮适用于一般磨削。砂轮的组织号及选用见表8-5。

表8-5 砂轮组织号及选用

组织号	0	1	2	3	4	5	6	7	8	9	10	11	12	13	14
磨料率（%）	62	60	58	56	54	52	53	48	46	44	42	40	38	36	34
疏松程度	紧密				中等				疏松						
用途	成形磨削，精密磨削				磨削淬火钢，刃磨刀具				磨削韧性好、硬度低的材料					磨削热敏性高的材料	

二、砂轮的形状、尺寸和标志

常用形状有平形（P）、碗形（BW）、碟形（D）等，砂轮的端面上一般都有标志（见表8-6）。从管理和选用方便的角度出发，砂轮参数的表示顺序是形状、尺寸、磨料、粒度号、硬度、组织号、结合剂和最高工作速度。例如，1 300×50×75–A/F60L5V–35m/s，含义如下。

表8-6 常用砂轮形状、尺寸标记及用途

型号	名称	断面形状	形状和尺寸标记	主要用途
1	平形砂轮		1 型 $D×T×H$	磨外圆、内孔、平面及刃磨刀具
2	筒形砂轮		2 型 $D×T×W$	端磨平面
4	双斜边砂轮		4 型 $D×T/U×H$	磨齿轮及螺纹
6	杯形砂轮		6 型 $D×T×H–W×E$	端磨平面，刃磨刀具后刀面

（续）

型号	名称	断面形状	形状和尺寸标记	主要用途
11	碗形砂轮	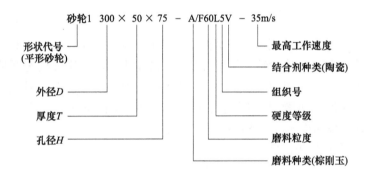	11 型 $D/J×T×H-W×E$	端磨平面，刃磨刀具后刀面
12a	碟形一号砂轮		12a 型 $D/J×T/U×H-W×E$	刃磨刀具前刀面
41	平形切割砂轮		41 型 $D×T×H$	切断及磨槽

注："→" 所指表示基本工作面。

砂轮1　300 × 50 × 75 － A/F60L5V － 35m/s

形状代号　　　　　　　　　　　　最高工作速度
(平形砂轮)

外径D　　　　　　　　　　　　结合剂种类(陶瓷)

厚度T　　　　　　　　　　　　组织号

孔径H　　　　　　　　　　　　硬度等级

　　　　　　　　　　　　　　　磨料粒度

　　　　　　　　　　　　　　　磨料种类(棕刚玉)

三、砂轮的强度

砂轮高速旋转时，受到很大的离心力作用，如果没有足够的强度，工作时会因其破裂而引起严重事故。砂轮旋转时产生的离心力，随砂轮的线速度的平方成正比增加，因此当砂轮回转速度增大至一定程度，离心力超高砂轮强度所允许的数值时，砂轮就会破裂。由于这一原因，砂轮的强度通常都用安全线速度来表示。安全线速度比砂轮破裂时的速度低得多，在安全线速度下工作时，可保证不发生由于离心力过大而造成砂轮破裂。各种砂轮，按其强度的高低都规定了安全使用的线速度，并标注在砂轮上或说明书中，使用时绝对不能超过它。一般磨削用砂轮的安全线速度见表8-7。

表 8-7　一般磨削用砂轮的安全线速度

砂轮名称	安全线速度/（m/s）		
	陶瓷结合剂	树脂结合剂	橡胶结合剂
平形砂轮	35	40	35
磨钢锭用平形砂轮	40	45	—
双斜边砂轮	35	40	—
单斜边砂轮	35	40	—
单面凹砂轮	35	40	—

（续）

砂轮名称	安全线速度/(m/s)		
	陶瓷结合剂	树脂结合剂	橡胶结合剂
单面凹锥砂轮	35	40	—
双面凹砂轮	35	40	35
双面凹锥砂轮	35	40	—
平行切割砂轮	35	50	50
碗型砂轮	30	35	—
杯形砂轮	30	35	—
碟形一号砂轮	30	35	—
碟形二号砂轮	30	—	—
碟形砂轮	30	—	—
磨量规砂轮	30	30	—
丝锥抛光砂轮	—	—	20
板牙抛光砂轮	—	—	20
磨螺纹砂轮	50	50	—

在实际工作中，除高速磨削需要按磨削速度订购特殊的高速砂轮外，其余情况下一般采用安全线速度为 25~35m/s 的砂轮，使用时必须注意检查砂轮的实际线速度是否超过了安全线速度。在砂轮尺寸与转速可以变换的磨床（如内圆磨床）上工作时，应特别注意这一点。

【例 8-1】 在 M250A 型磨床上磨削内孔，拟选用砂轮转速 $n_{砂轮} = 4200$ r/min，砂轮直径 $D_{砂轮} = 170$ mm，安全线速度 $v_{安全} = 35$ m/s，试检验砂轮是否安全。

解：计算砂轮的实际线速度

$$v_{砂轮} = \frac{\pi 170 \times 4200}{60 \times 1000} \text{m/s} \approx 37.4 \text{m/s} > v_{安全}$$

由于砂轮使用时的实际线速度超过了允许的安全线速度，因此必须改用较小直径的砂轮。

四、人造金刚石砂轮

金刚石砂轮主要以金刚石为主要磨料，再由结合剂黏结成形，结合剂大致分为四种：金属、树脂、陶瓷和电镀金属，可以制成多种形状。

金刚石砂轮可用作磨削、抛光、研磨切削等用途。同时，用于研磨高硬度的合金、非金属材料。金刚石硬度高、抗压强度高、耐磨性好，使金刚石砂轮在磨削加工中成为硬脆材料及硬质合金最理想的工具。金刚石砂轮不但效率高、精度高，而且磨削后工件表面质量好、砂轮消耗少、砂轮寿命长，同时磨削时也不会产生大量粉尘，改善了工作条件。

金刚石砂轮可用于普通砂轮难以加工的低铁含量的金属和非金属硬脆性材料，例如硬质合金、玛瑙、半导体材料、玻璃、高铝陶瓷、石材等。金刚石砂轮的构造如图 8-4 所示。

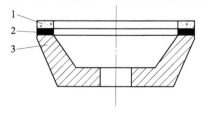

图 8-4 金刚石砂轮的构造
1—磨料层 2—过渡层 3—基体

第三节　磨　削　过　程

一、磨粒的形貌

砂轮上磨粒的形貌由磨料种类、粒度号、组织号、修整情况决定，如图 8-5 所示。

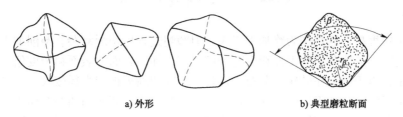

a) 外形　　　　　　　　　　　b) 典型磨粒断面

图 8-5　砂轮上磨粒的形状

二、砂轮磨削过程分析

磨削过程是一个包括切削、刻划和抛光作用的综合复杂过程，如图 8-6 所示。

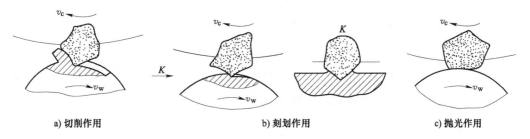

a) 切削作用　　　　　　　　b) 刻划作用　　　　　　　　c) 抛光作用

图 8-6　磨削过程中磨粒的切削、刻划和抛光作用

1. 磨削阶段

（1）砂轮开始接触工件时　由于工艺系统的弹性变形，实际背吃刀量比磨床刻度盘显示的径向进给量小。

（2）初磨阶段　工艺系统弹性变形达到一定程度时，继续径向进给，实际背吃刀量基本等于径向进给量。

（3）稳定阶段　磨去主要加工余量后，可以减少径向进给量或完全不进给再磨一段时间。实际背吃刀量大于径向进给量。

（4）清磨（光磨）阶段　为了提高磨削精度和表面质量。

2. 磨削特点

磨削过程的特点概括起来主要有以下几点：

1）由于磨削速度高，所以被磨削的金属变形速度很快，在磨削区内短时间大量地发热，温度很高，易使工件加工表面层发生变化。

2）磨削过程复杂。磨削所用刀具为砂轮，砂轮可以看作是许多刀齿随机分布的多齿刀具，使磨削过程复杂化。

3）冷作硬化严重。磨粒多数是在负前角情况下切削，且带有较大的钝圆半径，使工件表层金属受到强烈的挤压变形，冷作硬化严重。

4）单个磨粒的切削厚度很小，可以得到较高的加工精度和较小的表面粗糙度值。

5）磨粒的自砺作用。磨钝的磨粒在磨削力作用下会产生开裂和脱落，使新的锐利的切削刃参加切削，有利于磨削加工。

第四节　磨削表面质量

磨削加工精度高，通常作为终加工工序。但磨削过程比切削复杂。磨削加工采用的工具是砂轮。磨削时，虽然单位加工面积上的磨粒很多，加工表面的表面粗糙度值本应很小，但在实际加工中，由于磨粒在砂轮上分布不均匀，磨粒切削刃钝圆半径较大，并且大多数磨粒是负前角，很不锋利，加工表面是在大量磨粒的滑擦、耕犁和切削的综合作用下形成的，磨粒将加工表面刻划出无数细微的沟槽，并伴随着塑性变形，形成粗糙表面。同时，磨削速度高，通常 $v_{砂} = 40 \sim 50 m/s$，目前甚至高达 $v_{砂} = 80 \sim 200 m/s$，因而磨削温度很高，磨削时产生的高温会加剧加工表面的塑性变形，从而增大了加工表面的粗糙度值；有时磨削点附近的瞬时温度可高达 $800 \sim 1000 ℃$，这样的高温会使加工表面金相组织发生变化，引起烧伤和裂纹。另外，磨削的径向切削力大，会使机床发生振动和弹性变形。

一、表面粗糙度

工件表面粗糙度由砂轮的形貌和磨削用量决定（图8-7）。磨削的优点是精度高，表面粗糙度值小。磨削的缺点是切除单位体积切屑所消耗的功率大；磨削表面变形、烧伤、应力比较大。

影响磨削加工表面粗糙度的因素有很多，主要包括以下几点。

1. 砂轮

砂轮的粒度越细，单位面积上的磨粒数越多，在磨削表面的刻痕越细，表面粗糙度值越小；但粒度太细，在加工时砂轮易被堵塞反而会使表面粗糙度值增大，还容易产生波纹和引起烧伤。砂轮的硬度应大小合适，其半钝化期越长越好。砂轮的硬度太高，磨削时磨粒不易脱落，使加工表面受到的摩擦、挤压作用加剧，从而增加

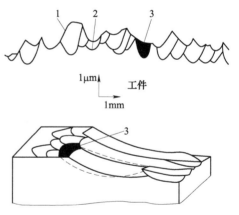

图8-7　磨削时磨粒的切削层和
工件表面的微观形状
1—某次磨削所得的表面　2—后一次磨削所得表面
3—某磨粒所切削的材料断面

了塑性变形，使得表面粗糙度值增大，还易引起烧伤；但砂轮太软时，磨粒太易脱落，会使磨削作用减弱，导致表面粗糙度值增大，因此要选择合适的砂轮硬度。砂轮的修整质量越高，砂轮表面的切削微刃数越多，各切削微刃的等高性越好，磨削表面的粗糙度值越小。

2. 磨削用量

提高砂轮速度，单位时间内通过加工表面的磨粒数增多，每颗磨粒磨去的金属厚度减小，工件表面的残留面积减少；同时提高砂轮速度还能减少工件材料的塑性变形，这些都可使加工表面的表面粗糙度值减小。降低工件速度，单位时间内通过加工表面的磨粒数增多，表面粗糙度值减小；但工件速度太低时，工件与砂轮的接触时间长，传到工件上的热量增

多，反而会增大表面粗糙度值，还可能增加表面烧伤。

增大磨削深度和纵向进给量，使工件的塑性变形增大，会导致表面粗糙度值增大。径向进给量增加，磨削过程中的磨削力和磨削温度都会增加，磨削表面塑性变形程度增大，从而会增大表面粗糙度值。在保证加工质量的前提下，为了提高磨削效率，可将要求较高的表面的粗磨和精磨分开进行，粗磨时采用较大的径向进给量，精磨时采用较小的径向进给量，最后进行无进给磨削，以获得表面粗糙度值很小的表面。

3. 工件材料

工件材料的硬度、塑性、导热性等对表面粗糙度的影响较大。塑性大的软材料容易堵塞砂轮，导热性差的耐热合金容易使磨料早期崩落，这些因素都会导致磨削表面粗糙度值增大。

另外，由于磨削温度高，合理使用切削液既可以降低磨削区的温度，减少烧伤，还可以冲去脱落的磨粒和切屑，避免划伤工件，从而降低表面粗糙度值。

二、表面烧伤及措施

1. 表面烧伤

机械加工过程中产生的切削热会使工件的加工表面产生剧烈的温升，当温度超过工件材料金相组织变化的临界温度时，将发生金相组织转变。在磨削加工中，由于多数磨粒为负前角切削，磨削温度很高，产生的热量远远高于切削时的热量，而且磨削热有 60%~80% 传给工件，所以极容易出现金相组织的转变，使得表面层金属的硬度和强度下降，产生残余应力，甚至引起显微裂纹，这种现象称为磨削烧伤。产生磨削烧伤时，加工表面常会出现黄、褐、紫、青等烧伤色，这是磨削表面在瞬时高温下的氧化膜颜色。不同的烧伤色，表明工件表面的烧伤程度不同。磨削后工件表面烧伤的颜色依次为：浅黄—黄—褐—紫—青，深色者为严重烧伤，肉眼可分辨，浅色者为轻度烧伤，须经酸洗后才能显现，如图 8-8 所示。

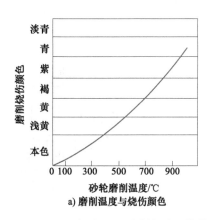

a) 磨削温度与烧伤颜色

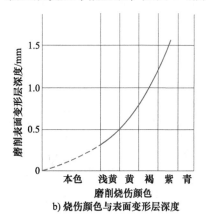

b) 烧伤颜色与表面变形层深度

图 8-8　磨削温度、烧伤颜色、表面变形层深度曲线

磨削淬火钢时，工件表面层由于受到瞬时高温的作用，可能产生以下三种金相组织变化：

1）如果磨削表面层温度未超过相变温度，但超过了马氏体的转变温度，这时马氏体将转变成为硬度较低的回火屈氏体或索氏体，这种现象称为回火烧伤。

2）如果磨削表面层温度超过相变温度，则马氏体转变为奥氏体。这时若无切削液，则磨削表面硬度急剧下降，表层被退火，这种现象称为退火烧伤。干磨时很容易产生这种现象。

3）如果磨削表面层温度超过相变温度，但有充分的切削液对其进行冷却，则磨削表面层将急冷形成二次淬火马氏体，硬度比回火马氏体高，不过该表面层很薄，只有几微米厚，其下为硬度较低的回火索氏体和屈氏体，使表面层总的硬度仍然降低，这种现象称为淬火烧伤。

2. 控制措施

影响磨削烧伤的因素主要是磨削用量、砂轮、工件材料和冷却条件。由于磨削热是造成磨削烧伤的根本原因，所以要避免磨削烧伤，就应尽可能减少磨削时产生的热量及尽量减少传入工件的热量。具体可采用下列措施：

（1）合理选择磨削用量　不能采用太大的磨削深度，因为当磨削深度增加时，工件的塑性变形会随之增加，工件表面及里层的温度都将升高，烧伤也会增加；工件速度增大时，磨削区表面温度会升高，但由于热作用时间减少，因而可减轻烧伤。

（2）工件材料　工件材料对磨削区温度的影响主要取决于它的硬度、强度、韧性和热导率。工件材料硬度、强度越高，韧性越大，磨削时耗功越多，产生的热量越多，越易产生烧伤；导热性较差的材料，在磨削时也容易出现烧伤。

（3）砂轮的选择　硬度太高的砂轮，钝化后的磨粒不易脱落，容易产生烧伤，因此用软砂轮较好；选用粗粒度砂轮磨削，砂轮不易被堵塞，可减少烧伤；结合剂对磨削烧伤也有很大影响，树脂结合剂比陶瓷结合剂更容易产生烧伤，橡胶结合剂比树脂结合剂更易产生烧伤。

（4）冷却条件　为降低磨削区的温度，在磨削时广泛采用切削液冷却。为了使切削液能喷注到工件表面上，通常会增加切削液的流量和压力并采用特殊喷嘴。图8-9所示为采用高压大流量切削液，并在砂轮上安装带有空气挡板的切削液喷嘴，这样既可加强冷却作用，又能减轻高速旋转砂轮表面的高压附着作用，使切削液顺利地喷注到磨削区。此外，还可采用多孔砂轮、内冷却砂轮和浸油砂轮。图8-10所示为内冷却砂轮结构，切削液被引入砂轮的中心腔内，由于离心力的作用，切削液再经过砂轮内部的孔隙从砂轮四周的边缘甩出，这样切削液即可直接进入磨削区，发挥有效的冷却作用。

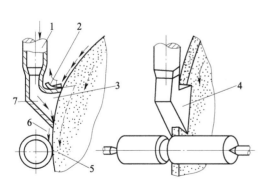

图8-9　带有空气挡板的切削液喷嘴
1—液流导管　2—可调气流挡板　3—空腔区
4—喷嘴罩　5—磨削区　6—排液区　7—喷嘴

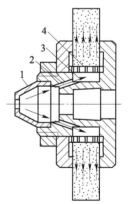

图8-10　内冷却砂轮结构
1—端盖　2—通道
3—砂轮中心腔　4—带孔薄壁套

三、表层残余应力

残余应力是指零件在去除外力和热源作用后，存在于零件内部的保持零件内部各部分平衡的应力，如图8-11所示。表面残余应力产生的原因包括以下方面。

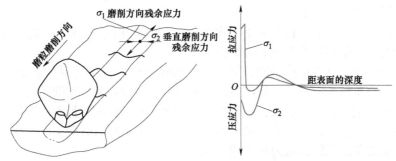

图 8-11 因磨削表面塑性变形而产生的残余应力

1. 金属组织相变引起的体积变化

磨削时，磨削温度使表层组织的体积发生膨胀，于是在里层产生残余拉应力，表层产生残余压应力。

2. 不均匀的热胀冷缩

磨削时，表层与里层的温度相差较多。

3. 残留的塑性变形

磨粒切削、刻划磨削表面后，在磨粒磨削方向上，工件表面上存在着残余拉应力；在垂直于磨削方向上，由于磨粒挤压金属所引起的变形受两侧材料的约束，工件表面上存在着残余压应力。

为防止因磨削表面塑性变形而产生的残余应力，比较有效的应对措施为：采用立方氮化硼砂轮，减小砂轮切入量，采用切削液，增加轻磨次数等。

第五节 砂轮的磨损与修整

一、砂轮的磨损

砂轮的磨损可分为磨耗磨损和破碎磨损。磨耗磨损是由磨粒与工件之间的摩擦引起的，一般发生在磨粒与工件的接触处。在磨损过程中，磨粒逐渐变钝，并形成磨损小平面。当变钝的磨粒逐渐增多时，磨削力随之增大，如不及时修整砂轮，将引发工件表面烧伤、振颤等。破碎磨损是由磨粒的破碎或结合剂的破碎而引起的。表现为磨粒破碎或磨粒脱落。破碎磨损的程度取决于磨削力的大小和磨粒或结合剂的强度。磨削过程中，若作用在磨粒上的应力超过磨粒本身的强度时，磨粒上的一部分就会以微小碎片的形式从砂轮上脱落，形成磨粒破碎磨损。若砂轮结合剂破坏，会形成磨粒脱落磨损（图 8-12）。

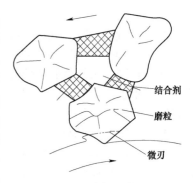

图 8-12 磨粒的磨损、破碎和脱落

二、砂轮的修整

新砂轮使用一段时间后，磨粒逐渐变钝，由于磨削过程中砂轮不可能时时具有自锐性，且磨屑和碎磨粒会堵塞砂轮工作表面空隙，致使砂轮丧失外形精度和切削能力。因此，砂轮工作一段时间后必须进行修整。

砂轮需进行修整（达到寿命）的判别依据为：砂轮磨损量达到一定数值时会使工件发生振颤、表面粗糙度值突然增大或表面烧伤。

修整砂轮常用的工具有单粒金刚石笔、多粒细碎金刚石笔和金刚石滚轮，如图 8-13 所示。应用最多的是单粒金刚石笔，其修整过程相当于用金刚石车刀车削砂轮外圆，如图 8-14 所示。多粒金刚石笔修整效率较高，所修整的砂轮磨出的工件表面粗糙度值较小。金刚石滚轮修整效率更高，适用于修整成形砂轮。修整时，应根据不同的磨削条件，选择不同的修整用量。一般砂轮的单边总修整量为 0.1~0.2mm。

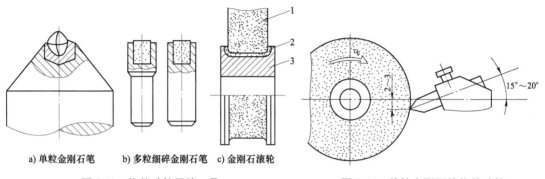

a) 单粒金刚石笔　　b) 多粒细碎金刚石笔　　c) 金刚石滚轮

图 8-13　修整砂轮用的工具 　　　　　　图 8-14　单粒金刚石笔修整砂轮

1—被修整砂轮　2—金刚石　3—轮体

三、砂轮的安装

磨削时砂轮高速旋转，而且由于制造误差，其重心与安装的法兰盘中心线不重合，从而产生了不平衡的离心力，加速了砂轮轴承的磨损。因此，如果砂轮安装不当，不但会降低磨削工件的质量，还会使砂轮突然碎裂而造成较严重的事故。安装砂轮应注意以下几个方面：

1）砂轮安装前，必须校对其安全速度。若标志不清或为无标志砂轮，则必须重新经过回转试验。

2）安装前，要用木槌轻敲砂轮，如发现有哑声，说明砂轮内可能有裂纹，不能使用。

3）安装时，要求砂轮不松不紧地套在砂轮主轴上，夹在砂轮两边的法兰盘，其形状、大小必须相同。法兰盘的直径约为砂轮直径的一半，内侧要求有凹槽。在砂轮端面和法兰盘之间，要垫上一块厚度为 1~2mm 的弹性纸板或皮革、耐油橡皮垫片，垫片的直径略大于法兰盘的外径。

4）应依次对称地拧紧法兰盘螺钉，使夹紧力分布均匀。但拧紧力不宜过大，以免压裂砂轮。需要注意的是，紧固螺钉螺纹的旋向应与砂轮的旋向相反，即当砂轮逆时针旋转时，用右旋螺纹，这样砂轮在磨削力的作用下将带动螺母越旋越紧。

5）砂轮安装好后，至少需要经过一次静平衡才能安装到磨床上。

第六节　先进磨削方法简介

一、高速与超高速磨削

磨削速度大于 50m/s 时，属于高速磨削；磨削速度大于 150m/s 时，属于超高速磨削。

高速与超高速磨削生产率高、砂轮寿命长、加工精度高、表面粗糙度值小,但对机床和砂轮要求高。

二、强力磨削

强力磨削即以较大的磨削深度($a_p = 2 \sim 30mm$ 或更多)和很低的工作台进给量($5 \sim 200mm/min$)磨削工件。一次进给中几乎将全部加工余量切除,实现了以磨代替车、铣等切削加工,并实现了粗精结合的加工,具有生产率高,磨削质量好,砂轮磨损小的特点,但是设备费用高。

三、超精密磨削与镜面磨削

磨削后表面粗糙度值达到 $Ra0.01 \sim 0.04\mu m$ 的磨削方法,称为超精密磨削,表面粗糙度 Ra 值小于 $0.01\mu m$ 的磨削方法称为镜面磨削。

超精密磨削和镜面磨削要求使用具有高刚度、高回转精度的主轴和微量进给机构的磨床,对砂轮材质、形状精度、修整要求很高。

四、砂带磨削

用高速运动的砂带作为磨削工具,磨削各种表面的方法,称为砂带磨削,如图 8-15 和图 8-16 所示。

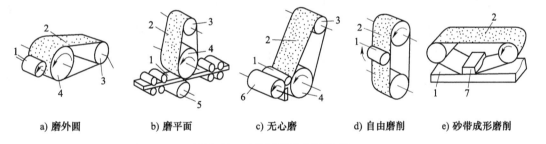

a) 磨外圆 b) 磨平面 c) 无心磨 d) 自由磨削 e) 砂带成形磨削

图 8-15 砂带磨削的几种形式
1—工件 2—砂带 3—张紧轮 4、5、6—导轮 7—成形导向板

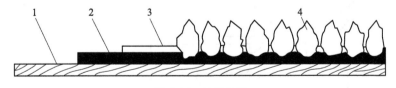

图 8-16 砂带结构
1—工件 2—底胶 3—复胶 4—磨粒

典型案例及应用

图 8-17 所示为某公司生产的材料为 40Cr 的输出轴零件图样,请仔细分析零件的表面质量要求,说明零件的哪些表面需要磨削,砂轮的结构类型和参数应该如何选择。

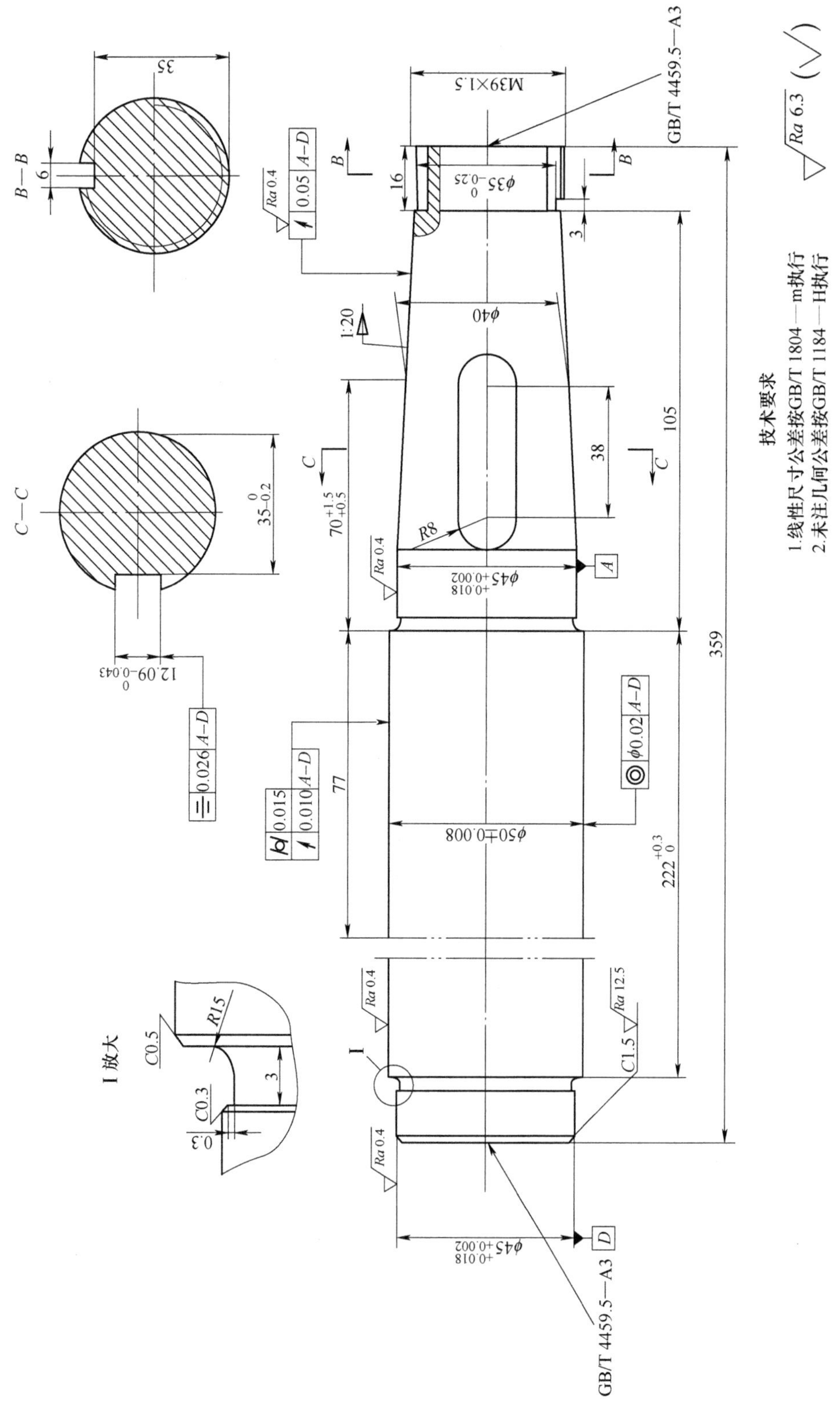

图 8-17 材料为 40Cr 的输出轴零件图样

技术要求
1. 线性尺寸公差按GB/T 1804—m执行
2. 未注几何公差按GB/T 1184—H执行

根据图 8-17 所示图样对输出轴进行分析可知，支承轴颈、配合轴颈及圆锥面都需要磨削，现以粗磨 $\phi50mm\pm0.008mm$ 外圆为例，说明磨削加工时磨床、砂轮及磨削用量的选择。

1. 磨床的选用

根据输出轴的轴颈处的加工尺寸公差等级为 IT6 和 $\phi50mm\pm0.008mm$ 外圆的直径、长度以及工厂设备情况等，选择 M131W 型万能外圆磨床。主要技术规格如下。

（1）主要规格　万能外圆磨床的主要规格有 $\phi315\times710$、$\phi315\times1000$、$\phi315\times1400$，根据输出轴的长度和直径的大小及工厂设备情况选用规格 $\phi315\times710$。

（2）加工范围

1）磨削工件外圆的直径：用中心架时，为 8～60mm；不用中心架时，为 8～315mm。

2）磨削工件内圆的直径：用中心架时，为 30～110mm；不用中心架时，为 3～125mm。

3）磨削工件的最大长度：磨削外圆时，为 710mm；磨削内圆时，为 125mm。

4）顶尖距：710mm。

（3）头架

1）头架主轴转速：35r/min、70r/min、140r/min、280r/min。

2）头架回转角度：-30°～90°

3）自定心卡盘直径：200mm。

4）头架顶尖孔锥度：莫氏 4 号。

（4）砂轮架

1）砂轮架最大移动量：270mm。

2）砂轮架快速进退量：50mm。

3）刻度盘每转一转砂轮架进给量：粗进给时，进给量为 2mm；细进给时，进给量为 0.5mm。

4）刻度盘每转一格砂轮架进给量：粗进给时，进给量为 0.01mm；细进给时，进给量为 0.0025mm。

5）工作台往复一次砂轮架自动进给量：0.0025～0.04mm。

6）纵磨法的磨削深度 t（供参考）：粗磨时，$t = 0.01～0.04mm$；精磨时，$t = 0.0025～0.01mm$。

7）砂轮架回转角度：±30°

8）砂轮尺寸（外径×宽度×孔径）：$(280～400)mm\times50mm\times203mm$。

9）砂轮主轴转速：1670r/min。

10）砂轮线速度：35m/s。

（5）内圆磨头　砂轮尺寸（外径×宽度×孔径）：最大为 80mm×32mm×20mm；最小为 12mm×16mm×5mm。

（6）工作台

1）工作台最大纵向移动量：780mm、1100mm、1540mm。

2）手轮每转一转工作台移动量：6mm。

3）工作台最大回转角度：顺时针转动时，为 3°；逆时针转动时，为 3°、6°、9°。

（7）尾架

1）尾架顶尖孔锥度：莫氏 4 号。

2）尾架套筒移动量：25mm。

2. 砂轮的选择

（1）磨料、粒度、硬度、结合剂及组织的选择　根据加工材料为调质的合金钢40Cr、加工表面带有圆角以及径向公差小于0.5mm，选择如下。

选择磨料：棕刚玉（代号为A）。

选择粒度：F60~80。粗磨时，为了提高磨削效率而选用粒度为F60。

选择砂轮硬度等级为K~N。由于粗磨时磨削深度大，容易发热，磨料容易磨钝，为了使磨钝的磨料能及时脱落，应选择较软的砂轮，硬度等级为M。

选择结合剂为陶瓷，代号为V。

选择组织号为6~8。粗磨时的磨削深度大，为了磨屑排除方便，砂轮不易堵塞，从而提高生产率，可选用组织较松的砂轮，砂轮的组织号为6。

（2）形状与尺寸

1）形状：根据输出轴的磨削表面选择单面凹锥砂轮（型号为23）。

2）尺寸：磨削输出轴时，为了提高砂轮的线速度，从而可获得较高的生产率和较小的表面粗糙度值，选用砂轮的尺寸为400mm×50mm×203mm。

（3）砂轮的表示　通过以上的选择，该砂轮的各种特性全部用代号的形式为：砂轮GB/T 4127　23 N-400×50×203-A/F60M6V-35m/s。

3. 纵磨法粗磨外圆的切削用量

（1）砂轮主轴转速　砂轮主轴转速为1670r/min。

（2）砂轮线速度 v_c

1）计算：$v_c = \dfrac{\pi n D}{1000 \times 60} = \dfrac{3.14 \times 1670 \times 400}{1000 \times 60}$m/s ≈ 34.96m/s。

2）校核砂轮的安全线速度：查表8-7得，砂轮形状为单面凹锥砂轮、陶瓷结合剂的砂轮的安全线速度为35m/s，$v_c = 34.96$m/s 小于砂轮的安全线速度，合格。

（3）工件转速 $n_工$　查《金属机械加工工艺人员手册》得工件转速为77~154r/min，而M131W型万能外圆磨床的头架主轴转速只有35r/min、70r/min、140r/min、280r/min四种不同的转速，因此取 $n_工 = 140$r/min。

（4）工件的回转速度 v_w

1）计算：$v_w = \dfrac{\pi n_工 D}{1000} = \dfrac{3.14 \times 140 \times 50}{1000}$m/min = 21.98m/min

2）校核：为了保证砂轮在一定时间内切下最多的切屑和获得高的表面质量，同时充分利用砂轮的切削性能，须使 $v_w = \left(\dfrac{1}{80} \sim \dfrac{1}{160}\right) v_c$。将 $v_c = 35$m/s 代入，得 $v_w = 13.125 \sim 26.25$m/min，而 $v_w = 21.98$m/min 在此范围内，合格。

（5）纵向进给量 f_a　查《金属机械加工工艺人员手册》得 $f_a = (0.5 \sim 0.8)B$，式中 B 为砂轮宽度。$B = 50$mm，0.5~0.8 中取 0.5，则 $f_a = 0.5 \times 50$mm/r = 25mm/r。

（6）横向进给量 f_r　查《金属机械加工工艺人员手册》得棕刚玉砂轮顶尖间外圆砂轮的中等耐磨时间 $T = 6$min。

查《金属机械加工工艺人员手册》，取横向进给量 $f_r = 0.0118$mm/单行程，横向进给量 f_r

的修正系数 $K_1 = 1.25$，$K_2 = 0.95$，因此 $f_r = 0.0118 \times 1.25 \times 0.95$mm/单行程 ≈ 0.014mm/单行程，圆整为 $f_r = 0.015$mm/单行程。细进给时，刻度盘每转一格砂轮架进给量为 0.0025mm，刻度盘转过 6 格，工作台一次往复行程的横向进给量为 $f_{r双} = 0.03$mm，磨削深度 $t = 0.03$mm。

本 章 小 结

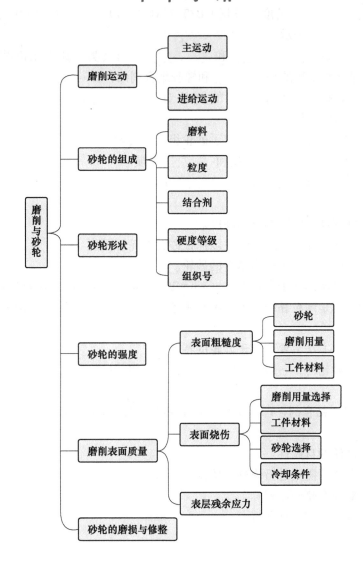

训练与实践

1. 填空题

（1）砂轮的硬度是指磨粒在磨削力作用下，从砂轮表面脱落下来的_____。砂轮硬，即表示磨粒_____；砂轮软，表示磨粒_____。

（2）磨料的_____称为粒度。粗磨时，一般选择_____粒度砂轮；精磨时，一般选择_____粒度砂轮。

（3）磨削运动分为_____和_____两种。

（4）外圆磨削的磨削用量包括_____、_____、径向进给量和背吃刀量。

（5）砂轮由_____、_____和_____三个要素组成。

（6）粒度是_____量度。根据 GB/T 2481.1—1998 对磨粒尺寸的分级标记得知，粒度用粒度代号_____表示。

（7）常用结合剂有_____和_____两大类。其中无机结合剂常用的是_____；有机结合剂常用的是_____和橡胶结合剂两种。

（8）磨削过程就是砂轮表面上的磨粒对工件表面的_____、_____和_____的综合作用过程。

（9）磨料、结合剂和_____构成了砂轮组成三要素。

（10）砂轮的磨损可分为磨耗磨损和_____磨损。

（11）一般砂轮的单边总修整量为_____ mm。

2. 判断题

（1）砂轮的硬度就是磨料本身的硬度。　　　　　　　　　　　　（　　）

（2）粗磨时，应选择高硬度砂轮，以保证砂轮的轮廓精度。　　（　　）

（3）精磨时，应选择组织较为紧密的砂轮。　　　　　　　　　　（　　）

（4）粒度号就是所用筛子在每英寸（1in＝25.4mm）长度上所包含的孔眼数。（　　）

（5）砂轮硬，就是磨粒黏结得牢，不易脱落；砂轮软，就是磨粒黏结得不牢，容易脱落。　　　　　　　　　　　　　　　　　　　　　　　（　　）

（6）砂轮的修整方法主要取决于砂轮的特性。　　　　　　　　（　　）

（7）修整外圆砂轮时，一般先修整砂轮端面，再修整砂轮的圆周面。（　　）

3. 名词解释

（1）磨料　（2）结合剂　（3）磨削　（4）砂轮硬度　（5）强力磨削

4. 简答题

（1）什么是砂轮的自锐性？

（2）怎样判断砂轮需要进行修整？依据是什么？

（3）砂轮的磨损有哪些形式？

（4）简述磨削加工的原理和特点。

9

第九章 其他刀具简介

【学习目标】

◆ 了解刨刀、拉刀的结构，掌握其工艺范围。
◆ 掌握螺纹刀具的类型及结构。
◆ 了解齿轮加工方法及刀具类型。
◆ 了解自动化刀具类型。

【本章要点】

本章主要介绍刨刀、螺纹刀具、齿轮刀具、自动化刀具的结构及应用。通过本章学习，学生应掌握螺纹和齿轮的加工方法，并了解在自动化生产中，选用自动化用刀具的方法，提高其在操作过程中的选刀能力。

第一节 刨 刀

一、刨床

刨床的主运动和进给运动均为直线运动。刨床主要用于加工各种平面（水平面、垂直面及斜面等）和沟槽（T形槽、燕尾槽及V形槽等），也可以加工一些直线成形面。根据结构和性能的不同，可将刨床分为牛头刨床、龙门刨床、单臂刨床及专门化刨床（如刨削大钢板边缘部分的刨边机、刨削冲头和复杂形状工件的刨模机）等。

二、刨削加工工艺范围

刨削是以刨刀相对工件的往复直线运动与工作台（或刀架）的间歇进给运动实现切削的加工方法。刨削可以加工平面、平行面、垂直面、台阶、沟槽、斜面、曲面等，如图9-1所示。刨削加工的尺寸公差等级为IT10~IT7，最高可达IT6，表面粗糙度值可达 $Ra12.5$ ~ $1.6\mu m$，最低可达 $0.8\mu m$，能满足一般平面加工的要求。

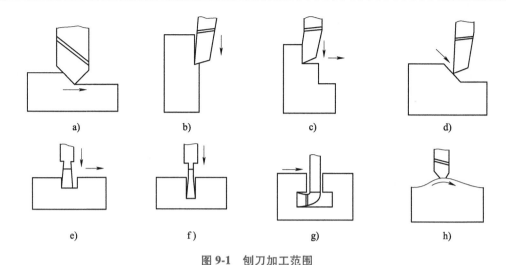

图 9-1　刨刀加工范围

三、刨削加工的特点

刨削加工具有以下特点：

1）刨削过程是一个断续的切削过程，返回行程一般不进行切削，刨刀又属于单刃刀具，因此生产率比较低，但很适宜刨削狭长平面。

2）刨刀结构简单，刀具制造、刃磨和工件安装比较简便，刨床的调整也比较方便。刨削特别适合于单件、小批生产的场合。

3）刨削属于粗加工和半精加工的范畴，尺寸公差等级为 IT10~IT7、表面粗糙度值为 $Ra12.5~1.6\mu m$。

4）刨床无抬刀装置时，在返回行程刨刀后刀面与工件已加工表面发生摩擦，影响工件的表面质量，也会使刀具磨损加剧。

5）刨削加工的切削速度低并有一次空行程，产生的切削热少，散热条件好。

四、刨刀的种类

刨刀是刨削加工使用的刀具。刨刀的种类很多，可按加工表面的形状和用途分类，也可按刀具的形状和结构分类。

1. 按加工表面的形状和用途分类

刨刀可以分为平面刨刀、偏刀、切刀、弯切刀、角度刀和样板刀等。其中，平面刨刀用于刨削水平面；偏刀用于刨削垂直面、台阶面和外斜面等；切刀用于切断和刨削直槽等；弯切刀用于刨削 T 形槽；角度刀用于刨削燕尾槽和内斜面等；样板刀用于刨削 V 形槽和特殊形状的表面等。

2. 按刀具的形状和结构分类

刨刀可分为左刨刀和右刨刀、直头刨刀和弯头刨刀、整体刨刀和组合刨刀等。

图 9-2 所示为直头刨刀和弯头刨刀。当刨削力过大或刨削较硬的工件时，直头刨刀的刀杆受力变形向后弯曲，刀尖容易嵌入已加工表面，发生"扎刀"或"崩刀"现象，影响加

工表面质量,而弯头刨刀切削时就不易产生这种现象。

图 9-3 所示为一种宽刃精刨刀。这种刨刀的切削刃宽度小于 50mm 时,刀片材料采用硬质合金(K20,K30);切削刃宽度大于 50mm 时,刀片材料采用高速钢。刀片安装的前角一般为 $-10° \sim -15°$,后角为 $3° \sim 15°$。刨刀刃磨后要对前、后刀面进行研磨,使其表面粗糙度 Ra 值小于 $0.1\mu m$。

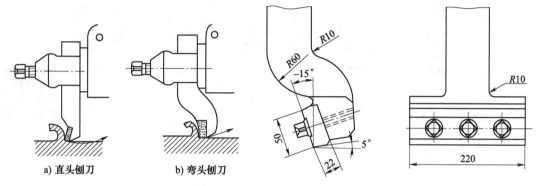

a) 直头刨刀　　b) 弯头刨刀

图 9-2　直头刨刀和弯头刨刀

图 9-3　宽刃精刨刀

五、刨削加工注意事项

1)多件划线毛坯同时加工时,必须按各工件的加工线找准在同一表面上。

2)工件高度较大时,应增加辅助支承进行装夹,以增加工件支承的稳定性和刚性。

3)装夹刨刀时,尽量缩短刀具伸出长度;插刀杆应与工作台表面垂直;插槽刀和成形刀的主切削刃中线应与圆工作台中心平面重合;装夹平面插刀时,主切削刃应与横向进给方向平行。

4)刨削薄板类工件时,应先刨削周边,以增大撑板的接触面积,并根据余量情况多次翻面装夹加工,以减少和消除工件的变形。

5)刨插有空刀槽的面时,为减小冲击和振动,应降低切削速度,并严格控制刀具行程。

6)精刨时,如果发现工件表面有波纹或异常声响时,应停机检查。

7)在龙门刨床上加工时,应尽量采用多刀刨削,以提高生产率,降低成本。

第二节　拉　　刀

一、拉刀概述

拉刀是高效率、高精度的多齿刀具。拉削时,利用拉刀上相邻刀齿尺寸的变化(即齿升量)来切除加工余量。拉削能加工各种形状贯通的内、外表面(图 9-4)。拉削加工后尺寸公差等级能达到 IT9 ~ IT7,表面粗糙度值为 $Ra3.2 \sim 0.5\mu m$,主要用于大批大量的零件加工。

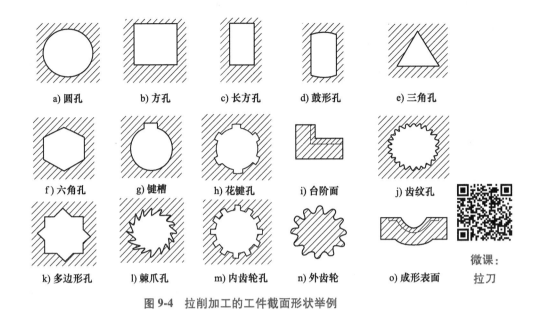

图 9-4　拉削加工的工件截面形状举例

二、拉刀的种类与用途

拉刀的种类很多，可根据被加工表面部位、拉刀结构和受力方式的不同来分类。

1. 按被加工表面部位分类

按被加工表面部位的不同，拉刀可分为内拉刀与外拉刀。图 9-5 所示为常用拉刀，其中圆拉刀、花键拉刀、四方拉刀、键槽拉刀属于内拉刀；平面拉刀属于外拉刀。

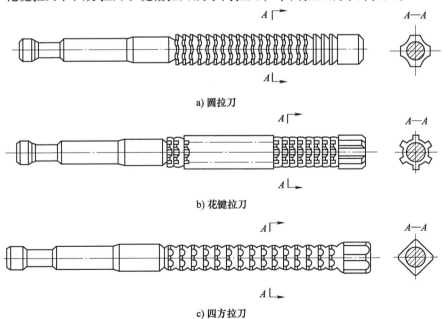

a) 圆拉刀

b) 花键拉刀

c) 四方拉刀

图 9-5　常用内拉刀和外拉刀

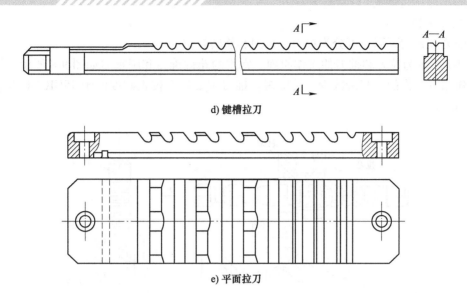

d) 键槽拉刀

e) 平面拉刀

图 9-5 常用内拉刀和外拉刀（续）

2. 按拉刀结构分类

按拉刀结构的不同，拉刀可分为整体拉刀、焊接拉刀、装配拉刀和镶齿拉刀。

加工中、小尺寸表面时，拉刀常用高速钢制成整体形式，加工大尺寸、复杂形状表面时，拉刀可由几个零部件组装而成；对于硬质合金拉刀，多采用焊接或机械镶装的方法，将刀齿固定在结构钢刀体上。

装配式直角平面拉刀、装配式内齿轮拉刀和拉削气缸体平面的镶齿硬质合金拉刀如图9-6所示。

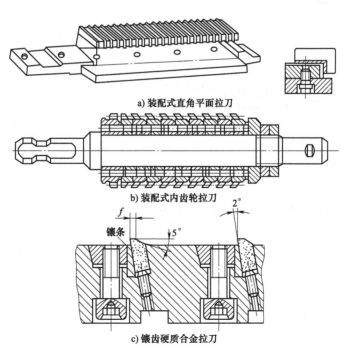

a) 装配式直角平面拉刀

b) 装配式内齿轮拉刀

c) 镶齿硬质合金拉刀

图 9-6 装配拉刀和镶齿拉刀

3. 按受力方式分类

按受力方式的不同，可分为拉刀、推刀和旋转拉刀。

图 9-7 所示为拉刀和推刀的工作原理。常用的花键推刀和圆推刀如图 9-8 所示。推刀是在压力作用下工作的，其齿数少，长度短。推刀主要用于校正硬度低于 45HRC 且变形量小于 0.1mm 的孔。

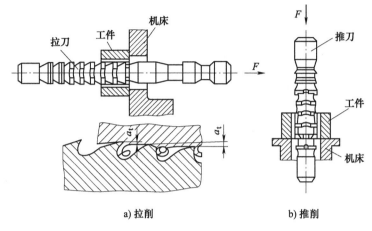

a) 拉削   b) 推削

图 9-7 拉刀和推刀工作原理

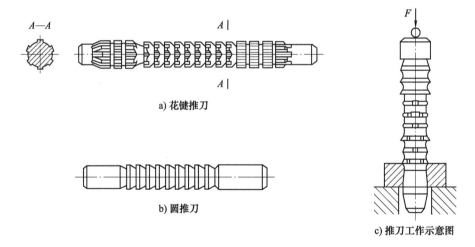

a) 花键推刀

b) 圆推刀

c) 推刀工作示意图

图 9-8 推刀

旋转拉刀（图 9-9）是在转矩作用下，通过旋转运动进行切削的刀具。

三、拉刀的结构

以圆孔拉刀为例介绍拉刀的结构及组成。圆孔拉刀由工作部分和非工作部分组成，其结构如图 9-10 所示。

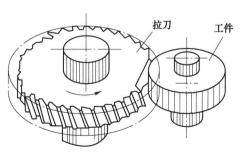

图 9-9 旋转拉刀

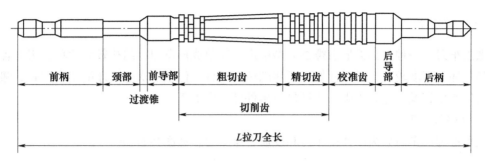

图 9-10　圆孔拉刀结构

1. 工作部分

圆孔拉刀的工作部分有很多齿，根据它们在拉削时所起作用的不同分为以下两部分。

（1）切削部分　这部分的刀齿起切削作用。刀齿的直径逐齿依次增大，依次切去全部加工余量。根据加工余量的不同，又可将切削齿分为粗切齿、精切齿和校准齿，有的拉刀在粗切齿和精切齿之间还有过渡齿。

（2）校准部分　这部分的刀齿起修光与校准作用。校准部分的齿数较少，各齿直径相同。当切削齿经过刃磨直径变小后，前几个校准齿依次变成切削齿。拉刀的刀齿都具有前角 γ_o 与后角 α_o 并在肩面上做出圆柱刃带。相邻两刀齿间的空隙是容屑槽。为便于切屑的折断与清除，在切削齿的切削刃上沿着轴向磨出分屑槽。

2. 非工作部分

拉刀的非工作部分由下列几部分组成。

（1）前柄　前柄部分与拉床连接，用于传递运动和拉力。

（2）颈部　拉刀的前柄与过渡锥之间的连接部分为颈部，它的长度与机床有关。拉刀的标号通常打印在颈部。

（3）过渡锥　前导部前端的圆锥部分即为过渡锥，用以引导拉刀逐渐进入工件内孔中。

（4）前导部　工件预制孔套在拉刀前导部上，用以保持孔和拉刀的同轴度，防止因工件安装偏斜造成拉削厚度不均而损坏刀齿。

（5）后导部　用于支承零件，防止刀齿切离前因工件下垂而损坏已加工表面和拉刀的刀齿。

（6）后柄　拉刀后端用于夹持或支承的部分。能防止拉刀下垂，并可减轻装卸拉刀的繁重劳动。

第三节　螺纹刀具

螺纹是零件上常见的表面之一，它有多种形式。按照螺纹的种类、精度和生产批量的不同，可以采用不同的方法和螺纹刀具来加工螺纹。按加工方法不同，螺纹刀具可分为切削法和滚压法两大类。

切削螺纹的刀具主要有螺纹车刀、丝锥、板牙、螺纹铣刀、自动开合螺纹切头。

一、螺纹车刀

螺纹车刀是一种刀具刃形由螺纹牙型决定的简单成形车刀，结构较为简单。刃形容易制造准确，加工精度较高，通用性好，可切削精密丝杠，但须多次进给才能切出完整的螺纹廓形，故生产率较低，适合于中、小批量及单件螺纹的加工。

1. 外螺纹车刀

三角形螺纹车刀分为高速钢车刀和硬质合金车刀，如图 9-11 所示。

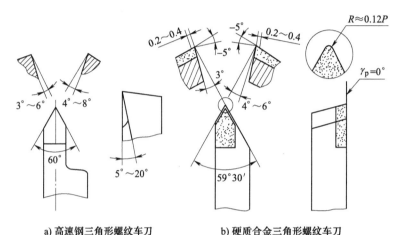

a) 高速钢三角形螺纹车刀　　　b) 硬质合金三角形螺纹车刀

微课：
螺纹刀具

图 9-11　三角形螺纹车刀的刃磨角度

三角形螺纹车刀的前角在粗加工时可以磨成 5°～ 20°，这是为了排屑顺利，但牙型角误差大，因此在精加工时车刀前角一般磨成 0°，此时刀尖角等于螺纹牙型角。普通三角形米制螺纹的牙型角为 60°。寸制螺纹的牙型角为 55°。

螺纹升角（导程角 φ）是在中径圆柱或中径圆锥上，螺旋线的切线与垂直于螺纹轴线平面间的夹角。为了保证切削顺利，磨刀时应将车刀进给方向一侧的后角 α_{oL} 加上一个螺纹升角，即 $\alpha_{oL} = (3°～5°) + \varphi$。为了保证车刀强度，应将车刀背向进给方向一侧的后角 α_{oR} 减去一个螺纹升角，即 $\alpha_{oR} = (3°～ 5°) - \varphi$。

根据粗加工和精加工要求，要刃磨出合理的前角、后角；粗加工车刀前角大、后角小，精加工车刀正好相反；刃磨后的左、右两边切削刃必须呈直线，无崩刃；刀头不能歪斜，牙型半角相等。

外三角形螺纹的车削方法如下：

1）螺纹车刀刀尖应与车床主轴轴线等高，一般可根据尾座顶尖高度进行调整和检查。

2）螺纹车刀刀尖角的对称中心线应与工件轴线垂直，如图 9-12 所示。

3）外螺纹车刀装夹时要使车刀刀尖角度与对刀样板的角度相吻合，如图 9-13 所示。

4）外螺纹车刀不宜伸出刀架过长，以免在车削时引起车刀振动，影响车削加工精度，如图 9-14 所示。

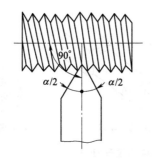

a) 牙型半角相等 　　　b) 牙型半角不相等造成螺纹歪斜

图 9-12　车刀的安装要求

动画：
螺纹加工

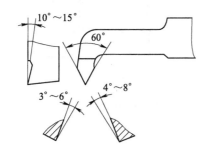

图 9-13　外三角形螺纹样板对刀的方法

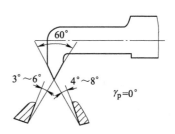

图 9-14　加工螺纹的过程

2. 内螺纹车刀

内螺纹车刀分为高速钢内螺纹车刀（图 9-15）和硬质合金内螺纹车刀（图 9-16）。

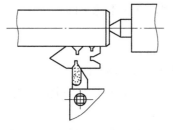

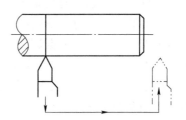

图 9-15　高速钢三角形内螺纹车刀

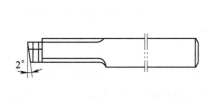

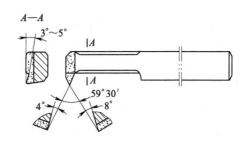

图 9-16　硬质合金三角形内螺纹车刀

车削内螺纹时，应根据不同的螺纹形式选用不同的内螺纹车刀。常见的内螺纹车刀如图 9-17 所示。

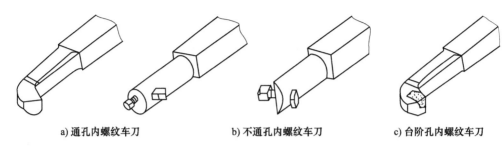

a) 通孔内螺纹车刀　　　　b) 不通孔内螺纹车刀　　　　c) 台阶孔内螺纹车刀

图 9-17　常见的内螺纹车刀

内螺纹车刀刀杆受螺纹孔径尺寸的限制，刀杆应在保证顺利车削的前提下截面积尽量选大些，一般选用车刀切削部分径向尺寸比孔径小 3~5mm 的螺纹车刀。若刀杆太细，车削时容易振动；若刀杆太粗，退刀时会碰伤内螺纹牙顶，甚至不能车削。

内螺纹车刀的装夹应注意以下问题：

1）刀杆的伸出长度应比内螺纹长度长 10~20mm。

2）调整车刀的位置，使刀尖对准工件回转中心，并轻轻压住。

3）将内螺纹对刀样板侧面紧靠工件端平面，刀尖部分进入样板的槽内进行对刀，调整并夹紧车刀，如图 9-18 所示。

4）装夹好的螺纹车刀应在底孔内试走一次（手动），防止刀杆与内孔相碰而影响车削，如图 9-19 所示。

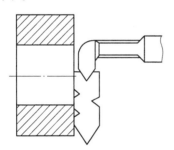

图 9-18　内螺纹车刀的对刀方法

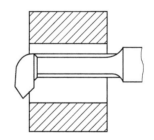

图 9-19　检查刀柄是否与底孔相碰

二、丝锥

丝锥是加工各种内螺纹用的标准刀具之一，本质上是一个带有纵向容屑槽的螺栓，结构简单，使用方便，生产率较高，适用于中、小尺寸的螺纹加工。

1. 丝锥的结构

丝锥的结构如图 9-20 所示，主要由刀体 L_1 和刀柄 L_2 组成。刀体由切削部分和校准部分组成，主要由刀齿、容屑槽、芯部等组成。刀柄主要由颈部和夹持部分组成，主要作用是装夹和传递转矩，端部制成方头，标记打在刀柄上。

2. 丝锥的几何参数

（1）丝锥的几何角度　丝锥的几何角度主要有前角、后角，均在端剖面上测量。丝锥前角的大小视加工材料性质而定，加工钢材时，可取前角 $\gamma_p = 5° \sim 13°$；加工铝合金时，$\gamma_p = 12° \sim 14°$；加工铸铁时，$\gamma_p = 2° \sim 4°$。标准丝锥因具有通用性，一般按 $\gamma_p = 8° \sim 10°$ 制造，如

图 9-21 所示。

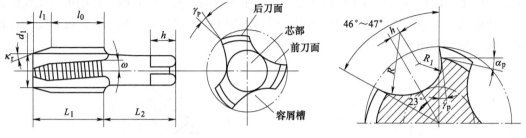

图 9-20 丝锥的结构   图 9-21 丝锥工作部分的几何参数

（2）容屑槽数目 丝锥的容屑槽数 Z 就是每一圈螺纹上的刀齿数。若槽数少，则容屑空间增大，切屑不易堵塞，刀齿强度也高，且每齿切削厚度大，单位切削力和切削转矩减小。

3. 典型丝锥

（1）手用丝锥 采用方头圆柄，用手操作，适用于小批和单件修配工作，齿形不铲磨。中、小规格的通孔丝锥，单只丝锥一次加工完成。螺孔尺寸较大和在材料较硬、强度较高的工件上加工不通孔螺纹时，成组丝锥依次切削，如图 9-22 所示。

（2）机用丝锥 机用丝锥需用专门的辅助工具装夹在机床上，由机床传动来切削螺纹。它的刀柄除有方头外，还有环形槽，以防止丝锥从夹头中脱落；齿形均经铲磨，因机床传递的转矩大，故切削导向性好，常用单只丝锥加工。加工直径大、材料硬度高或韧性大的螺孔时，则用两只或三只成组丝锥依次进行切削，如图 9-23 所示。

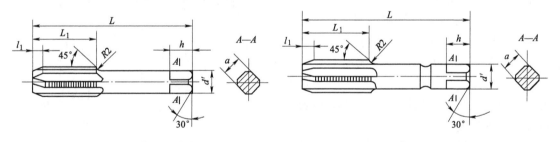

图 9-22 手用丝锥   图 9-23 机用丝锥

（3）拉削丝锥 因切削速度高，拉削丝锥工作部分常用高速钢制造，并与 45 钢的刀柄对焊而成，金属的切除量较大，生产率较高，适用于较长的内螺纹加工，如图 9-24 所示。

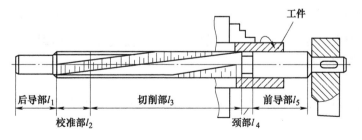

图 9-24 拉削丝锥

（4）无槽丝锥　无槽丝锥轴向不开通槽，而只在它的前端开有短槽，丝锥强度和刚度增加，螺纹加工质量提高。由于切削部分前刀面上各点的前角是变化的，切削锥小端处的前角大，所以切削力小，而且切屑向前导出，适合于加工难加工材料上的通孔螺纹，能获得较高的螺纹质量，如图 9-25 所示。

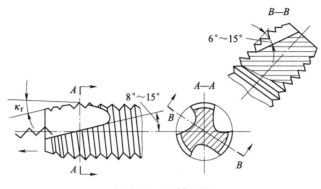

图 9-25　无槽丝锥

三、板牙

板牙是加工外螺纹的标准刀具之一，实质上是具有切削角度的螺母。板牙分为圆板牙、方板牙、六角板牙、管形板牙、钳式板牙等。下面主要介绍圆板牙。

圆板牙结构简单，使用方便，价格低廉，其螺纹廓形是内表面，难以磨削，热处理产生的变形等缺陷无法消除，影响被加工螺纹的质量和板牙寿命，在单件、小批量生产及修配中的应用仍很广泛。但仅用来加工精度和表面质量要求不高的螺纹。

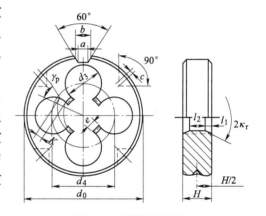

图 9-26　圆板牙的结构

圆板牙（图 9-26）的外形像一个圆螺母，只是沿轴向钻有 3~8 个排屑孔以形成切削刃，并在两端做出切削锥部，用于加工圆柱螺纹。加工锥形螺纹的圆板牙只做出一个切削锥部。

四、螺纹铣刀

螺纹铣刀是用铣削方式加工内、外螺纹的刀具，主要分为盘形螺纹铣刀、梳形螺纹铣刀、高速铣削螺纹用刀盘。

1. 盘形螺纹铣刀

盘形螺纹铣刀用于铣切螺距较大、长度较长的螺纹，如单头或多头的梯形螺纹和蜗杆等，如图 9-27 所示。

2. 梳形螺纹铣刀

梳形螺纹铣刀用于加工长度较短且螺距不大的三角形内、外圆柱螺纹和圆锥螺纹，也可加工大直径的螺纹和带肩螺纹，如图 9-28 所示。

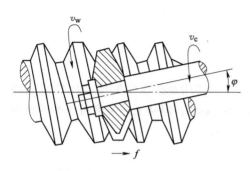

图 9-27　盘形螺纹铣刀铣螺纹

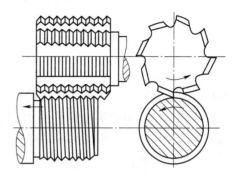

图 9-28　梳形螺纹铣刀铣螺纹

3. 高速铣削螺纹用刀盘

高速铣削螺纹用刀盘是利用装在特殊刀盘上的几把硬质合金切刀高速铣削各种内、外螺纹的刀具，是一种高效的螺纹加工刀具，加工螺纹的尺寸公差等级一般为 IT8～IT7，表面粗糙度值达 $Ra0.8\mu m$。

螺纹铣刀的生产率要比丝锥和板牙的低，加工出的螺纹质量也没有用螺纹车刀的好，当工件批量较小时，用于调整机床所占的时间也较多，适用于加工批量大、精度要求不高的螺纹。加工精度较高的螺纹时，可用于螺纹的粗加工。

4. 自动开合螺纹切头

自动开合螺纹切头是一种高生产率、高精度的螺纹刀具，主要分为切削外螺纹用的自动开合板牙头和切削内螺纹用的自动开合丝锥，其中自动开合板牙头应用较多。

5. 滚压加工螺纹刀具

滚压加工螺纹刀具是利用金属材料表层塑性变形的原理来加工各种螺纹的高效工具。此类刀具的特点是生产率高，加工螺纹质量较好、力学性能好，滚压工具的磨损小、寿命长。广泛应用于连接螺纹、丝锥和量规等的大批量生产中。其分类主要有滚丝轮（图 9-29）、搓丝板（图 9-30）及螺纹滚压头。

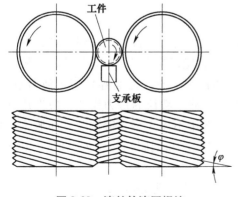

图 9-29　滚丝轮滚压螺纹

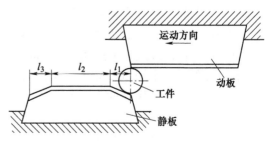

图 9-30　搓丝板工作情况

第四节 齿轮加工刀具

一、圆柱齿轮概述

1. 功用与结构特点

圆柱齿轮是机械中应用最为广泛的零件之一，其功用是按规定的传动比传递运动和动力。圆柱齿轮的结构根据使用要求不同而具有不同的形状，但从工艺角度可将齿轮视为由齿圈和轮体两部分构成，常用齿轮的结构如图9-31所示。

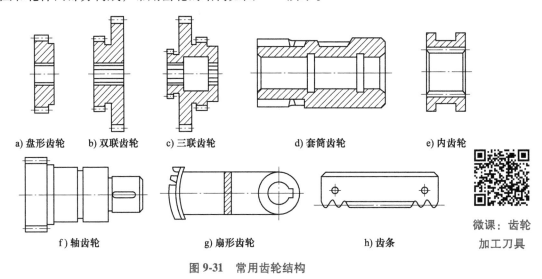

a) 盘形齿轮　b) 双联齿轮　c) 三联齿轮　　d) 套筒齿轮　　e) 内齿轮

f) 轴齿轮　　　　　　g) 扇形齿轮　　　　　h) 齿条

微课：齿轮
加工刀具

图 9-31　常用齿轮结构

2. 齿轮的主要技术要求

1）齿轮的回转精度要求齿轮本身的制造精度较高，这对整个机器的工作性能、承载能力及使用寿命都有很大的影响。

2）齿坯的内孔（或轴颈）、端面（有时还有顶圆）常被用作齿轮加工、检验和安装的基准，因此齿坯的加工精度对齿轮加工和回转精度均有较大的影响。齿坯的主要技术要求包括基准孔（或轴）的直径公差和基准端面的轴向圆跳动公差。相关标准已规定了对应于不同齿轮精度等级的齿坯公差等级和公差值。

3. 齿轮的材料与热处理

（1）材料的选择　应按照使用时的工作条件选用合适的齿轮材料。一般来说，对于低速重载的传力齿轮，齿面受压会产生塑性变形和磨损，且轮齿易折断，应选用强度、硬度等综合力学性能较好的材料，如40Cr。对于线速度高的传力齿轮，齿面容易产生疲劳点蚀，因此齿面应有较高的硬度，可选用38CrMoAl。对于承受冲击载荷的传力齿轮，应选用韧性好的材料，如低碳合金钢20CrMnTi。非传力齿轮可以选用不淬火钢、铸铁及夹布胶木、尼龙等非金属材料。一般用途的齿轮均用45钢等中碳结构钢和低碳结构钢如20Cr、40Cr等制成。

（2）齿轮的热处理　在齿轮加工中根据不同的目的，安排两类热处理工序。

1）毛坯热处理。在齿坯加工前后安排预备热处理（正火或调质）。其主要目的是消除锻造及粗加工所引起的残余应力，改善材料的切削加工性能，提高材料的综合力学性能。

2）齿面热处理。齿形加工完毕后，为提高齿面的硬度和耐磨性，常进行渗碳淬火、高频淬火、碳氮共渗和氮化处理等热处理工序。

4. 齿轮毛坯

齿轮毛坯的形式主要有棒料、锻件和铸件。棒料常用于小尺寸、结构简单且对强度要求不太高的齿轮。当齿轮强度要求高，并要求耐磨损、耐冲击时，多用锻件毛坯。当齿轮的直径大于400mm时，常用铸造齿坯。为了减少机械加工量，对于大尺寸、低精度的齿轮，可以直接铸出轮齿；对于小尺寸、形状复杂的齿轮，可以采用精密铸造、压力铸造、精密锻造、粉末冶金、热轧和冷挤等新工艺制造出具有轮齿的齿坯，以提高劳动生产率，节约原材料。

二、齿轮加工刀具分类

按照齿形的形成原理，可将切齿刀具分为两大类。

1. 成形法切齿刀具

这类刀具的切削刃廓形与被切齿槽形状相同或近似相同。较典型的成形法切齿刀具有以下两类。

（1）盘形齿轮铣刀（图 9-32a）　它是一把铲齿成形铣刀，可加工直齿、斜齿轮。工作时铣刀旋转并沿齿槽方向进给，铣完一个齿后工件进行分度，再铣第二个齿。盘形齿轮铣刀加工精度不高，效率较低，适合单件小批量生产或修配工作。

（2）指形齿轮铣刀（图 9-32b）　它

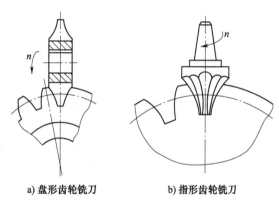

a) 盘形齿轮铣刀　　b) 指形齿轮铣刀

图 9-32　成形法切齿刀具

是一把成形立铣刀，工作时铣刀旋转并进给，工件分度。这种铣刀适合于加工大模数的直齿、斜齿轮，并能加工人字齿轮。

2. 展成法切齿刀具

这类刀具切削刃的廓形不同于被切齿轮任何剖面的槽形。切齿时除主运动外，还有刀具与齿坯的相对啮合运动，称为展成运动。工件齿形是由刀具齿形在展成运动中若干位置包络切削形成的。

展成切齿法的特点是一把刀具可加工同一模数的任意齿数的齿轮，通过机床传动链的配置实现连续分度，因此刀具通用性较广，加工精度与生产率较高，在成批加工齿轮时被广泛使用。较典型的展成法切齿刀具如图 9-33 所示。

图 9-33a 所示为齿轮滚刀的工作情况。滚刀相当于一个开有容屑槽和切削刃的蜗杆状的螺旋齿轮。滚刀与齿坯的啮合传动比由滚刀的头数与齿坯的齿数决定，在展成法滚切过程中切出齿轮齿形。滚齿可对直齿或斜齿轮进行粗加工或精加工。

图 9-33b 所示为插齿刀的工作情况。插齿刀相当于一个有前角和后角的齿轮。插齿刀与齿坯的啮合传动比由插齿刀的齿数与齿坯的齿数决定，在展成法切削过程中切出齿轮齿形。插齿刀常用于加工带台阶的齿轮，如双联齿轮、三联齿轮等，特别是能加工内齿轮及无空刀

槽的人字齿轮，故在齿轮加工中应用很广。

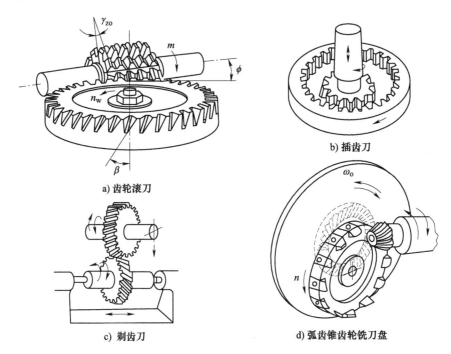

a) 齿轮滚刀

b) 插齿刀

c) 剃齿刀

d) 弧齿锥齿轮铣刀盘

图 9-33　展成法切齿刀具

图 9-33c 所示为剃齿刀的工作情况。剃齿刀相当于齿侧面开有容屑槽形成切削刃的螺旋齿轮。剃齿时剃齿刀带动齿坯滚转，相当于一对螺旋齿轮的啮合运动。在啮合压力下，剃齿刀与齿坯沿齿面的滑动切除齿侧的余量，完成剃齿工作。剃齿刀一般用于 6、7 级精度齿轮的精加工。

图 9-33d 所示为弧齿锥齿轮铣刀盘的工作情况。这种铣刀盘是专门用于铣切螺旋锥齿轮的刀具。例如加工汽车后桥传动齿轮必需使用这类刀具。铣刀盘的高速旋转是主运动。刀盘上刀齿回转的轨迹相当于假想平顶齿轮的一个刀齿，这个平顶齿轮由机床摇台带动，与齿坯做展成啮合运动，切出齿坯的一个齿槽，然后齿坯退回分齿，摇台反向旋转复位，再展成切削第二个齿槽，依次完成弧齿锥齿轮的铣切工作。

按照被加工齿轮的类型，切齿刀具又可分为以下几类：

1）加工渐开线圆柱齿轮的刀具，如滚刀、插齿刀、剃齿刀等。

2）加工蜗轮的刀具，如蜗轮滚刀、飞刀、剃刀等。

3）加工锥齿轮的刀具，如直齿锥齿轮刨刀、弧齿锥齿轮铣刀盘等。

4）加工非渐开线齿形工件的刀具，如摆线齿轮刀具、花键滚刀、链轮滚刀等。这类刀具有的虽然不是用于切削齿轮，但其齿形的形成原理也属于展成法，因此也属于切齿刀具类。

3. 齿轮铣刀

齿轮铣刀一般做成盘形，可用于加工模数为 0.3~15mm 的圆柱齿轮。实质上它就是一把铲齿成形铣刀，其廓形由齿轮的模数、齿数和分度圆压力角决定。如图 9-34 所示，齿轮的齿数越小，渐开线齿形曲率半径也就越小。齿数多到无穷大时，齿轮变为齿条，齿形变为直线。因此从理论上说，加工任意一种模数、齿数的齿轮都需备用一种刃形的齿轮铣刀来切削。

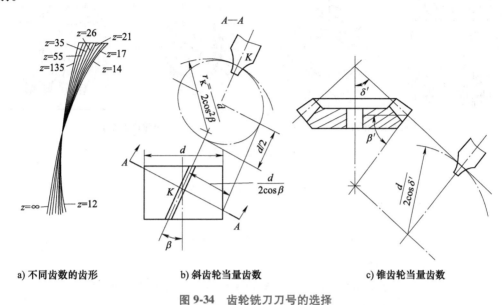

a) 不同齿数的齿形   b) 斜齿轮当量齿数   c) 锥齿轮当量齿数

图 9-34　齿轮铣刀刀号的选择

为减少铣刀的储备，每一种模数的铣刀，由 8 把或 15 把铣刀组成一套，每一刀号用于加工某一齿数范围的齿轮，见表 9-1。

表 9-1　齿轮铣刀刀号及其加工齿数

铣　刀　号		1	$1\frac{1}{2}$	2	$2\frac{1}{2}$	3	$3\frac{1}{2}$	4	$4\frac{1}{2}$
加工齿数	$m=0.3\sim8\text{mm}$，8件一套	12~13		14~16		17~20		21~25	
	$m=9\sim16\text{mm}$，15件一套	12	13	14	15~16	17~18	19~20	21~22	23~25
铣　刀　号		5	$5\frac{1}{2}$	6	$6\frac{1}{2}$	7	$7\frac{1}{2}$	8	
加工齿数	$m=0.3\sim8\text{mm}$，8件一套	26~34		35~54		55~134		≥135	
	$m=9\sim16\text{mm}$，15件一套	26~29	30~34	35~41	42~54	55~79	80~134	≥135	

4. 滚刀

（1）滚刀的类型　齿轮滚刀与蜗杆相似，但它开有容屑槽并经铲齿而形成切削刃，也称为铲形蜗杆或基本蜗杆，其结构如图 9-35 所示。滚刀轴肩的端面上标有技术参数，滚刀的参数与结构见表 9-2。

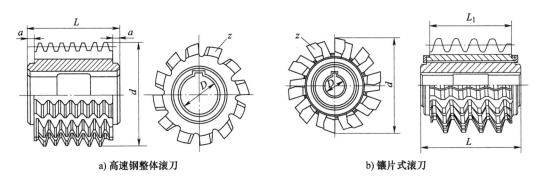

a) 高速钢整体滚刀   b) 镶片式滚刀

图 9-35 滚刀类型

表 9-2 滚刀的参数与结构

名称		参数与应用
模数 m		0.1~3mm。用同一模数、压力角的滚刀，可滚切同模数、压力角的任何齿数的齿轮
压力角 α		20°（模数制）；14.5°（径节制）
精度等级	AA	可直接滚切出 7 级精度齿轮，常用于不能用剃齿、磨齿加工的 7 级齿轮
	A	可直接滚切出 8 级精度齿轮，也可作为剃齿前或磨削滚刀用
	B	可滚切出 9 级精度齿轮
	C	可滚切出 10 级精度齿轮
滚刀类型		齿轮滚刀、剃前滚刀、圆弧齿轮滚刀
滚刀结构	整体式	制造容易，一般模数 $m_n = 0.1~10mm$
	镶片式	一般模数 $m_n \geq 10mm$ 的滚刀采用镶片式，刀片为硬质合金或高速钢，刀体为碳素结构钢

（2）滚刀的工作原理　齿轮滚刀是利用一对螺旋齿轮啮合原理工作的，如图 9-36a 所示。滚刀相当于小齿轮，工件相当于大齿轮。滚刀的基本结构是一个螺旋齿轮，但只有一个或两个齿，因此其螺旋角 β_o 很大，螺旋升角 γ_{zo} 就很小，使滚刀的外貌不像齿轮，而呈蜗杆状。

由于滚刀轴向开槽，齿背铲磨形成切削刃，故滚刀在与齿坯啮合运动过程中就能切出齿轮槽形。被切齿轮的法向模数 m_n 和分度圆压力角 α 与滚刀的法向模数和法向压力角相同，齿数 z_2 由滚刀的头数 z_0 与传动比 i 决定。齿轮滚刀端面齿形为渐开线，则滚切出的齿轮也具有渐开线齿形。

为保持滚刀与工件齿向一致（图 9-36），安装齿轮滚刀时令其轴线与工件端面倾斜 ϕ 角。ϕ 角的调整有以下三种情况。

1）滚刀与被切齿轮螺旋角旋向一致时（图 9-36a）：

$$\phi = \beta - \gamma_{zo} \tag{9-1}$$

2）滚刀与被切齿轮螺旋角旋向相反时（图 9-36b）：

$$\phi = \beta + \gamma_{zo} \tag{9-2}$$

3）被切齿轮是直齿轮时：

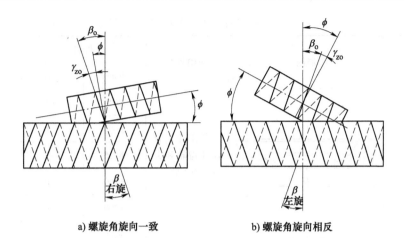

a) 螺旋角旋向一致　　　　　b) 螺旋角旋向相反

图 9-36　齿轮滚刀的安装角

$$\phi = \gamma_{zo} \tag{9-3}$$

式中　ϕ——安装角；

　　　β——被切齿轮螺旋角；

　　　γ_{zo}——滚刀螺旋升角。

5. 插齿刀

（1）插齿刀的工作原理　如图 9-37 所示，插齿刀的外形像一个齿轮，在齿顶、齿侧做出后角，端面做出前角，形成切削刃。

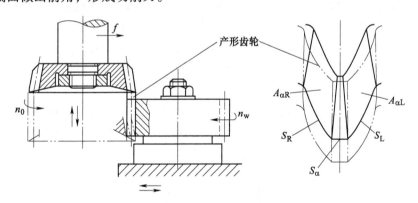

图 9-37　插齿刀的工作原理

插齿的主运动是插齿刀的上下往复运动。切削刃上下运动轨迹形成的齿轮称为产形齿轮。插齿刀与齿坯相对旋转形成圆周进给运动，相当于产形齿轮与被切齿轮做无间隙的啮合，因此插齿刀切出齿轮的模数、压力角与产形齿轮的模数、压力角相同，齿数由插齿刀与齿坯啮合运动的传动比决定。

插齿刀开始切齿时有径向进给，切到全齿深时停止进给。为减少插齿刀与齿面的摩擦，插齿刀在返回行程时，齿坯有让刀运动。这些都靠机床上的机构（如凸轮）得以实现。

（2）插齿刀的类型　直齿插齿刀按加工模数范围和齿轮形状的不同可分为盘形、碗形、锥柄等几种。它们的主要规格与应用范围见表 9-3。

表 9-3 插齿刀类型、规格与应用范围

序号	类型	简图	应用范围	规格		D/mm 或莫氏锥度
				d/mm	m/mm	
1	盘形直齿插齿刀		加工普通直齿外齿轮和大直径内齿轮	φ75	1~4	31.743
				φ100	1~6	
				φ125	4~8	88.90
				φ160	6~10	
				φ200	8~12	101.6
2	碗形直齿插齿刀		加工塔形、双联直齿轮	φ50	1~3.5	20
				φ75	1~4	31.743
				φ100	1~6	
				φ125	4~8	
3	锥柄直齿插齿刀		加直齿内齿轮	φ25	1~2.75	Morse No. 2
				φ38	1~3.5	Morse No. 3

插齿刀的精度分为 AA、A、B 三级，分别用于加工 6、7、8 级精度的圆柱齿轮。

（3）插齿刀安装　插齿刀的安装精度直接影响齿轮加工的精度。刀具安装的要求是：装夹可靠，垫板尽可能有较大直径与厚度，两端面平行且与插齿刀保持良好的接触。安装时需校正前刀面与外径的跳动量，一般不大于 0.02mm。

6. 剃齿刀

剃齿刀是一种精加工齿轮刀具，主要限制是不能加工淬硬的齿轮。剃齿刀按其结构的不同可以分为齿条形剃齿刀、盘形剃齿刀、小模数剃齿刀和蜗轮剃齿刀，如图 9-38 所示。

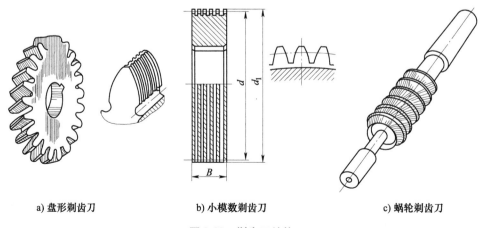

a) 盘形剃齿刀　　　　b) 小模数剃齿刀　　　　c) 蜗轮剃齿刀

图 9-38　剃齿刀结构

目前广泛使用的盘形剃齿刀实际上是一个斜齿圆柱齿轮,在每个齿的两侧面开有许多与端面平行的小槽来形成切削刃,并在工作时容纳切屑和切削液。剃齿刀安装孔直径为 $\phi63.5mm$,用键与主轴相配。

7. 珩磨轮

珩齿是利用含有磨料的塑料珩磨轮,带动被珩齿轮自由转动,借助齿面间的压力和相对滑动进行切削。其工作原理与剃齿基本相同,但珩磨轮没有剃齿刀那样的刃口,而是依靠齿面无数锋利的砂粒在相对滑动下进行切削。珩磨轮实际上也是一个齿轮,采用钢材为轮坯,外径环槽上套上由塑料材料浇铸而成的珩磨轮。珩磨轮分为内珩磨轮和外珩磨轮,其中外珩磨轮应用最多。

第五节 自动化加工刀具

一、自动化加工刀具的特点

刀具的切削性能必须稳定可靠,应具有较长的寿命和可靠性;刀具应能可靠地断屑或卷屑;刀具应具有较高的加工精度;刀具结构应保证其能快速或自动更换和调整;刀具应配有其工作状态的在线检测与报警装置;应尽可能地采用标准化、系列化和通用化的刀具,以便于刀具的自动化管理。

二、自动化加工刀具的类型及选用

自动化加工刀具通常分为标准刀具和专用刀具两大类。在以自动生产线为代表的刚性自动化生产中,应尽可能提高刀具的专用化程度,以取得最佳的总体效益。而在以数控机床、加工中心为主体构成的柔性自动化加工系统中,为了提高加工的适应性,同时考虑到加工设备的刀库容量有限,应尽量减少使用专用刀具,而选用通用标准刀具、刀具标准组合件或模块式刀具。

自动化加工常用的刀具种类有可转位车刀、高速钢麻花钻、机夹扁钻、扩孔钻、铰刀、镗刀、立铣刀、面铣刀、丝锥和各种复合刀具等。

刀具的选用与其使用条件、工件材料与尺寸、断屑情况及刀具和刀片的生产供应等许多因素有关。此外,刀具的结构类型有时对工艺方案的拟定也起着决定性作用,因此必须慎重对待,综合考虑。

1. 模块化组合刀具

一般选用原则:为了延长刀具寿命和提高刀具可靠性,应尽量选用各种高性能、高效率、长寿命的材料制成的刀具;应选用机夹可转位刀具的结构;为了集中工序,提高生产率及保证加工精度,应尽可能采用复合刀具;应尽量采用各种高效刀具。图 9-39 和图 9-40 所示为几种模块化组合刀具类型。

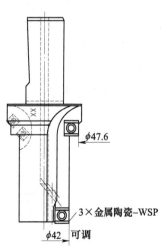

$\phi47.6$

$3\times$金属陶瓷-WSP

$\phi42$ 可调

图 9-39 刀片位置可调
组合刀具

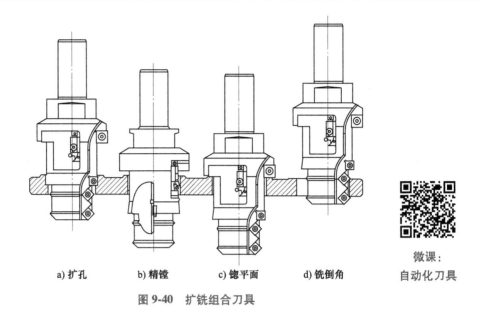

a) 扩孔   b) 精镗   c) 锪平面   d) 铣倒角

微课：
自动化刀具

图 9-40   扩铣组合刀具

2. 加工设备用辅具

自动化加工设备的辅具主要有镗铣类数控机床用工具系统（简称 TSG 系统），车床类数控机床用工具系统（简称 BTS 系统）。辅具主要由刀具的柄部（刀柄）、接杆（接柄）和夹头等部分组成，更完善的工具系统还包括自动换刀装置、刀库、刀具识别装置和刀具自动检测装置等。

数控工具系统有整体和模块两种不同的结构类型。整体式结构是每把工具的柄部与夹持工具的工作部分连成整体，因此不同品种和规格的工作部分都必须加工出一个能与机床连接的柄部，致使工具的规格和品种繁多，给生产、使用和管理都带来不便。

模块式工具系统是把工具的柄部和工作部分分割开来，制成各种系列化的模块，然后经过不同规格的中间模块，可组装成一套不同规格的工具。这样既便于制造、使用与保管，又能以最少的工具库存来满足不同零件的加工要求，因而它代表了工具系统发展的总趋势。

1）镗铣类数控机床工具系统如图 9-41~图 9-43 所示。

图 9-41   弹簧夹头刀杆   图 9-42   三面刃铣刀刀柄   图 9-43   可转位面铣刀刀柄

2）换工具系统如图 9-44~图 9-46 所示。

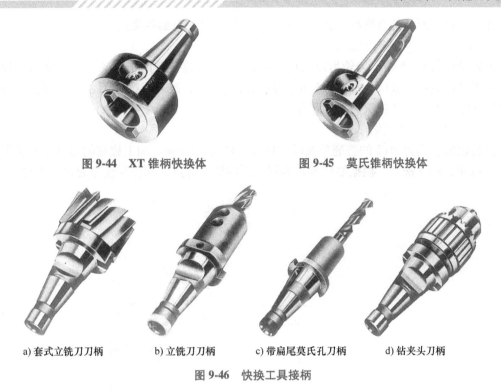

图 9-44　XT 锥柄快换体　　　　图 9-45　莫氏锥柄快换体

a) 套式立铣刀刀柄　　b) 立铣刀刀柄　　c) 带扁尾莫氏孔刀柄　　d) 钻夹头刀柄

图 9-46　快换工具接柄

典型案例及应用

图 9-48 所示为齿轮轴零件图样，通过对其结构进行分析，了解齿轮轴上的齿轮和螺纹等结构要求，如果按照图样要求对其进行切削加工，则加工齿轮的刀具都有哪些？该如何选

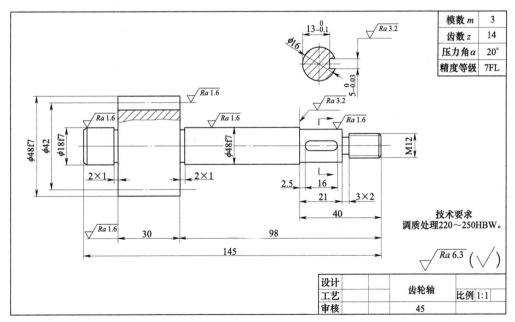

模数 m	3
齿数 z	14
压力角 α	20°
精度等级	7FL

技术要求
调质处理220～250HBW。

设计		齿轮轴	
工艺			比例 1:1
审核		45	

图 9-47　齿轮轴零件图样

用？加工螺纹的刀具都有哪些？该如何选用？其他刀具还有哪些类型？

1. 齿轮加工刀具种类的选用

齿轮轴材料为 45 钢，齿轮齿顶圆直径为 ϕ48f7，齿轮主要用于传动。为提高加工效率，齿轮加工方法选择展成法。加工齿轮的刀具有齿轮铣刀、滚刀、插齿刀、剃齿刀、珩磨轮。根据零件结构特点，选择滚刀加工齿轮。

2. 螺纹加工刀具种类的选用

该齿轮轴右端为 M12 的普通外螺纹，螺纹大径为 ϕ12mm。加工螺纹的刀具有螺纹车刀、丝锥、板牙、螺纹铣刀。根据零件外形为圆柱形的结构特点，选择螺纹车刀加工螺纹。

本 章 小 结

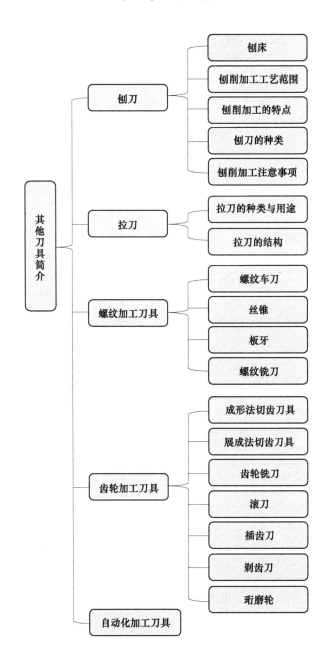

训练与实践

1. 填空题

（1）拉刀是一种_____精加工刀具。

（2）圆孔拉刀通常由_____、_____、_____、_____、_____、后导部和_____组成。

（3）螺纹车刀是一种刀具刃形由_____决定的成形车刀。

（4）丝锥是加工各种_____螺纹的标准刀具。

（5）板牙是加工各种_____螺纹的标准刀具。

（6）刨削属于_____，为了便于断屑，刨刀前刀面磨有_____。

（7）刨刀按加工表面的形状和用途分为_____、_____、_____、弯切刀、角度刀和样板刀等。

（8）插齿刀刀杆应与工作台表面_____，装夹平面插刀时，主切削刃应与_____平行。

（9）按照齿轮齿形的形成原理，齿轮刀具有_____法齿轮刀具和_____法齿轮刀具两大类。

（10）成形法切齿刀具切削刃的_____与被切齿轮_____相同或近似相同，常用的有_____齿轮铣刀和_____齿轮铣刀等。

（11）展成法切齿刀具_____廓形不同于被切齿轮任何剖面的_____，工件齿形是由刀具在_____中若干位置包络切削形成的。

（12）齿轮滚刀是利用一对_____齿轮啮合的原理工作的。

（13）滚刀加工齿轮时，主运动是滚刀的_____运动，进给运动包括齿坯的_____及滚刀沿工件轴线方向的_____。

（14）齿轮滚刀切削刃组成的蜗杆称为滚刀的_____。

（15）采用径向进给方式加工时，蜗轮滚刀转过一转，被切蜗轮转过的齿数应_____滚刀的螺纹头数。

（16）插齿刀有_____插齿刀、_____插齿刀和_____插齿刀三种类型。

（17）插齿主要运动有切削运动、_____、_____和_____。

（18）标准齿轮滚刀精度分为四级：_____、_____、_____、_____。

（19）插齿刀分为三个精度等级：_____、_____、_____，选取时应根据被加工齿轮的 6、7、8 精度等级选取。

2. 判断题

（1）拉削主要用于成批和大量生产中加工各种形状的通孔、通槽及外表面。　（　　）

（2）拉削通常有多个主运动。　（　　）

（3）圆孔拉刀切削部分各刀齿的形状和尺寸完全相同。　（　　）

（4）刨削过程是一个断续的切削过程。　（　　）

（5）刨削薄板类工件时，应该先刨削周边，并根据余量情况，多次翻面装夹后加工。

（　　）

（6）装夹刨刀时，尽量缩短刀具的伸出长度。 （　　）

（7）插削实际上是一种立式刨削。 （　　）

（8）插削能加工直线的成形内、外表面，如内孔键槽、多边形孔和花键孔等，尤其是能加工一些不通孔或有障碍台阶的内花键槽。 （　　）

（9）板牙是一种常用的加工精度较高的外螺纹刀具。 （　　）

（10）用丝锥和板牙加工内、外螺纹，可以手工操作，也可以在机床上进行，而且螺纹的加工精度高。 （　　）

（11）加工通孔右旋螺纹，用左旋槽丝锥；加工不通孔右旋螺纹，用右旋槽丝锥。

（　　）

（12）盘形螺纹铣刀用于粗切蜗杆或梯形螺纹。 （　　）

（13）搓丝板只适宜加工 M24 以下的螺纹。 （　　）

（14）搓丝板的螺纹方向应和工件螺纹方向相同，其斜角应大于工件中径的螺纹升角。

（　　）

（15）用拉削方法加工螺纹时必须使用切削液。 （　　）

（16）成形法切齿刀具加工齿轮的精度和生产率都较低。 （　　）

（17）盘形齿轮铣刀可以加工直齿、斜齿或人字齿轮。 （　　）

（18）指状齿轮铣刀可用于加工大模数的直齿、斜齿或人字齿轮。 （　　）

（19）用展成法切齿刀具加工齿轮时，一把刀具可以加工同一个模数不同齿数的各种齿轮。 （　　）

（20）齿轮滚刀可以对直齿、斜齿轮进行粗、精加工。 （　　）

（21）插齿刀的加工精度比滚刀略低，且不能加工内齿轮及人字齿轮。 （　　）

（22）剃齿精度不受剃前齿轮的加工精度的影响，剃齿加工后其精度可以提高几个级别。

（　　）

（23）插齿机是按展成法原理加工齿轮的，很像两个齿轮做无间隙的啮合传动。（　　）

（24）采用锥形砂轮磨齿时，由于形成展成运动所需机床传动链较长，结构复杂，故传动误差较大，磨齿精度较低。 （　　）

（25）冷挤齿轮属于无切削加工，能挤多联齿轮。 （　　）

（26）珩齿后表面质量较好，故可以修正前道工序的齿形误差。 （　　）

（27）由于剃齿刀与齿轮间没有强制性的啮合运动，所以对齿轮的传递运动准确性精度提高很大。 （　　）

3. 选择题

（1）圆孔拉刀的齿升量是相邻两刀齿（或两组切削齿）的（　　　）。

    A. 直径差　　　　　　B. 半径差　　　　　　C. 齿距差

（2）确定拉刀齿距时，首先要保证有足够的容屑空间，应使同时参加切削的拉刀齿数（　　　）。

    A. 多于 3 个　　　　　B. 等于 3 个　　　　　C. 少于 3 个

（3）组合式拉削的实质也是一种（　　　）。

A. 同廓拉削　　　　　B. 渐成拉削　　　　　C. 轮切（分块）拉削

（4）拉刀切削齿的齿升量不宜过小，不得小于（　　）mm。

A. 0. 5　　　　　　　B. 0. 05　　　　　　　C. 0. 005

（5）在牛头刨床上刨削时，刨刀的（　　）为主运动。

A. 横向运动　　　　　B. 纵向运动　　　　　C. 往复直线移动

（6）刨刀的返回行程一般（　　）切削

A. 不进行　　　　　　B. 进行

（7）在龙门刨床上刨削时，刨刀做（　　）进给运动。

A. 间歇性的　　　　　B. 持续性的　　　　　C. 往复直线移动

（8）（　　）不是刨削的加工范围。

A. 平面　　　　　　　B. 阶台　　　　　　　C. 齿条　　　　　　D. 曲面

（9）目前一般工具厂制造的标准齿轮滚刀是（　　）。

A. 渐开线滚刀　　　　B. 阿基米德滚刀　　　C. 法向直廓滚刀

（10）选择标准齿轮滚刀时，滚刀的模数和齿形角应与被加工齿轮的（　　）齿形角相同。

A. 模数　　　　　　　B. 切向模数和端面　　C. 法向模数和法向

（11）用径向进给法加工蜗轮，当滚刀沿被切蜗轮径向进给达到规定值时，（　　）。

A. 继续进给，展成运动继续　　　　　B. 停止进给，展成运动继续

C. 停止进给，展成运动停止

（12）用蜗轮滚刀加工齿距精度要求较高的蜗轮时，应选用（　　）方式。

A. 切向进给　　　　　B. 径向进给　　　　　C. 轴向进给

（13）蜗轮滚刀的外径应和工作蜗杆的外径相比应（　　）。

A. 稍大　　　　　　　B. 略小　　　　　　　C. 相等

（14）加工斜齿轮时，插齿刀的铲形齿轮是与被切齿轮螺旋角大小（　　）的斜齿轮。

A. 相等、旋向相同　　B. 不等、旋向相反　　C. 相等、旋向相反

（15）（　　）不属于渐开线圆柱齿轮刀具。

A. 盘形齿轮铣刀　　　B. 插齿刀　　　　　　C. 剃齿刀　　　　　D. 花键滚刀

（16）（　　）属于成形法切齿刀具。

A. 指形齿轮铣刀　　　B. 插齿刀　　　　　　C. 剃齿刀　　　　　D. 花键滚刀

（17）（　　）齿形加工方案可以使齿轮精度达到 5 级以上。

A. 粗滚齿—精滚齿—表面淬火—校正基准—粗磨齿—精磨齿

B. 滚齿—齿端加工—表面淬火—校正基准—磨齿

C. 插齿—齿端加工—表面淬火—校正基准—磨齿

D. 滚齿—剃齿或冷挤—表面淬火—校正基准—内啮合珩齿

4. 简答题

（1）简述拉削加工的特点与应用。

（2）简述刨削加工的特点与工艺范围。

（3）什么是拉削方式？拉削方式可分为几类？各应用在什么场合？

（4）螺纹刀具有哪些类型？各适用于什么场合？

（5）试比较刨削加工与铣削加工有哪些异同点？

（6）齿轮铣刀为何要分套制造？各号铣刀的加工齿数范围按什么原则划分？

（7）用盘形齿轮铣刀加工模数 $m = 8\text{mm}$，齿数分别为 $z_1 = 34$、$z_2 = 36$ 的两个齿轮，试选择齿轮铣刀刀号。在相同切削条件下，哪个齿轮精度要求高？为什么？

（8）按齿轮齿形加工原理，齿轮刀具有哪两大类？各包含哪些刀具？

（9）简述滚齿工作原理和工艺特点。

（10）插齿时切削运动都有哪些？

参 考 文 献

［1］武友德，甯福贵．金属切削加工与刀具［M］.2 版．北京：机械工业出版社，2019.
［2］陆剑中，周志明．金属切削原理与刀具［M］.2 版．北京：机械工业出版社，2016.
［3］李悦凤．刀具切削与选用［M］.北京：清华大学出版社，2012.
［4］王启仲．金属切削原理与刀具［M］.北京：机械工业出版社，2008.
［5］吴拓．金属切削加工及装备［M］.3 版．北京：机械工业出版社，2016.
［6］芦福桢．金属切削原理与刀具［M］.北京：机械工业出版社，2008.
［7］王晓霞．金属切削原理与刀具［M］.北京：航空工业出版社，2000.
［8］陆剑中，孙家宁．金属切削原理与刀具［M］.5 版．北京：机械工业出版社，2011.
［9］袁广．金属切削原理与刀具［M］.北京：化学工业出版社，2006.
［10］王茂元．机械制造技术［M］.北京：机械工业出版社，2002.
［11］陈宏钧．机械加工工艺施工员手册［M］.北京：机械工业出版社，2008.
［12］静恩鹤．车削刀具技术及应用实例［M］.北京：化学工业出版社，2006.
［13］王平嶂．机械制造工艺与刀具［M］.北京：清华大学出版社，2005.
［14］朱正心．机械制造技术：常规技术部分［M］.北京：机械工业出版社，2000.
［15］黄鹤汀，吴善元．机械制造技术［M］.北京：机械工业出版社，2006.
［16］孙学强．机械制造基础［M］.3 版．北京：机械工业出版社，2016.
［17］张普礼．机械加工工艺装备：修订本［M］.南京：东南大学出版社，2002.
［18］赵如福．金属机械加工工艺人员手册［M］.4 版．上海：上海科学技术出版社，2006.
［19］杨叔子．机械加工工艺师手册［M］.2 版．北京：机械工业出版社，2011.
［20］艾兴，肖诗纲．切削用量简明手册［M］.3 版．北京：机械工业出版社，1994.

ISBN 978-7-111-71456-9

机工教育微信服务号

9 787111 714569 >

定价：45.00元